書設計

【長銷15年經典版】

入行必備權威聖經, 編輯、設計、印刷、風格全事典

安德魯・哈斯蘭(Andrew Haslam) ——— 著

陳建銘 ——— 譯

Book
Design

原點

本書「Ⅳ製作」感謝江瑞璋先生審訂。

I What is a book?
何謂「一本書」?

書籍是最古老的文獻形式；它儲存了全世界的知識、思想，以及理念。本書第一部將簡略追索書籍的起源；檢證「書」的涵義；並藉著逐一介紹出版產業的各項分工，審視一本書的形成方式；再進一步釐清若干描述書籍構造各組成部位的詞彙；最後，探討幾種設計書籍的手法。

書的過去、現在與未來

書籍的歷史悠久綿長，幾可溯及超過四千年前；本章將扼要敘述其源流。藉由審視我們平日用以描述書籍的各種不同字眼，讓大家得以深入了解書籍的身世，同時也更了解書籍本身。

書的起源

英文的「書」（book）這個字，源自古英文「bok」，乃從「山毛櫸」（beech tree）演化而來。山毛櫸木板是古代撒克遜民族（Saxons）與日耳曼人用來書寫的媒材，依其字面所示，書的定義乃是「寫字的板子」。至於用以指稱久遠以前的書籍，譬如聖經抄本或古籍的「冊」（codex），其語源也有與此雷同的木質關聯：拉丁文的「樹幹」是「caudex」，當時的人便是利用樹幹的切片表面來書寫。如今我們所謂「書葉」（leaves）一詞，則來自古埃及學者書寫記事的有機材料。當時人們在棕櫚樹的寬闊葉片上寫字，後來則用搗碎的紙莎草（papyrus）莖，經過編織、曬乾，製作成適合墨水的書寫材料。

埃及的書記官可說是書籍設計的先驅，他們在紙卷上分欄書寫，間或繪上插圖。埃及的文獻形式並非裝訂成「冊子」，而是「卷子」──將一片、一片紙莎草紙的頭尾相黏，接成長長的卷子。儘管埃及、希臘、羅馬時期皆有若干在皮革或乾燥獸皮上書寫的例證，紙莎草仍是古代長期被用做書寫的最主要材料。小亞細亞的白加孟（Pergamum）國王歐邁尼斯二世（Eumenes II, 225–160BC）可能是率先研發以獸皮取代紙莎草紙的頭一人。他的宮廷學士以框架把獸皮拉開撐平、曬乾、以白堊刷白，再用輕石削平、磨光，為他製作出雙面皆可使用的獸皮。如今我們稱呼這種書寫素材為「羊皮紙」（parchment）。

把數張羊皮紙裝訂成冊，早在希臘、羅馬時代初期便已屢屢可見其源頭，當時是將浸蠟的木片疊在一起，再固定其中一邊。羊皮紙本身所具備的物質特性，進一步刺激了書冊形式的發展。羊皮紙的尺寸通常比脆弱的紙莎草紙大，來回翻摺也比較不易造成損傷。冊子的出現斷絕了卷子傳統，原本一張接著一張的卷子，變成一張疊著一張、沿著其中一邊裝訂起來，成為書冊。一張完整的羊皮紙經過對摺便成了兩個「對開」（folio, 此字源自拉丁文的「葉」，我們現在則以folio做為計算書頁的基本單位）；繼續對摺全張紙，便出現四個頁面，即所謂「四開」（quarto, quaternion）；再對摺一次即成八頁──即「八開」（octavo）。這三個源自摺疊全張紙的名詞，現今都用以描述紙張的大小。羅馬、希臘時代的抄寫員遵循埃及卷子的傳統，在冊頁上分欄寫字。形容一張書葉之單面的「頁」（page），由拉丁文「pagina」演化而來，意思是：「固定繫牢的物件」，正足以印證其裝訂形式並非源自卷子。

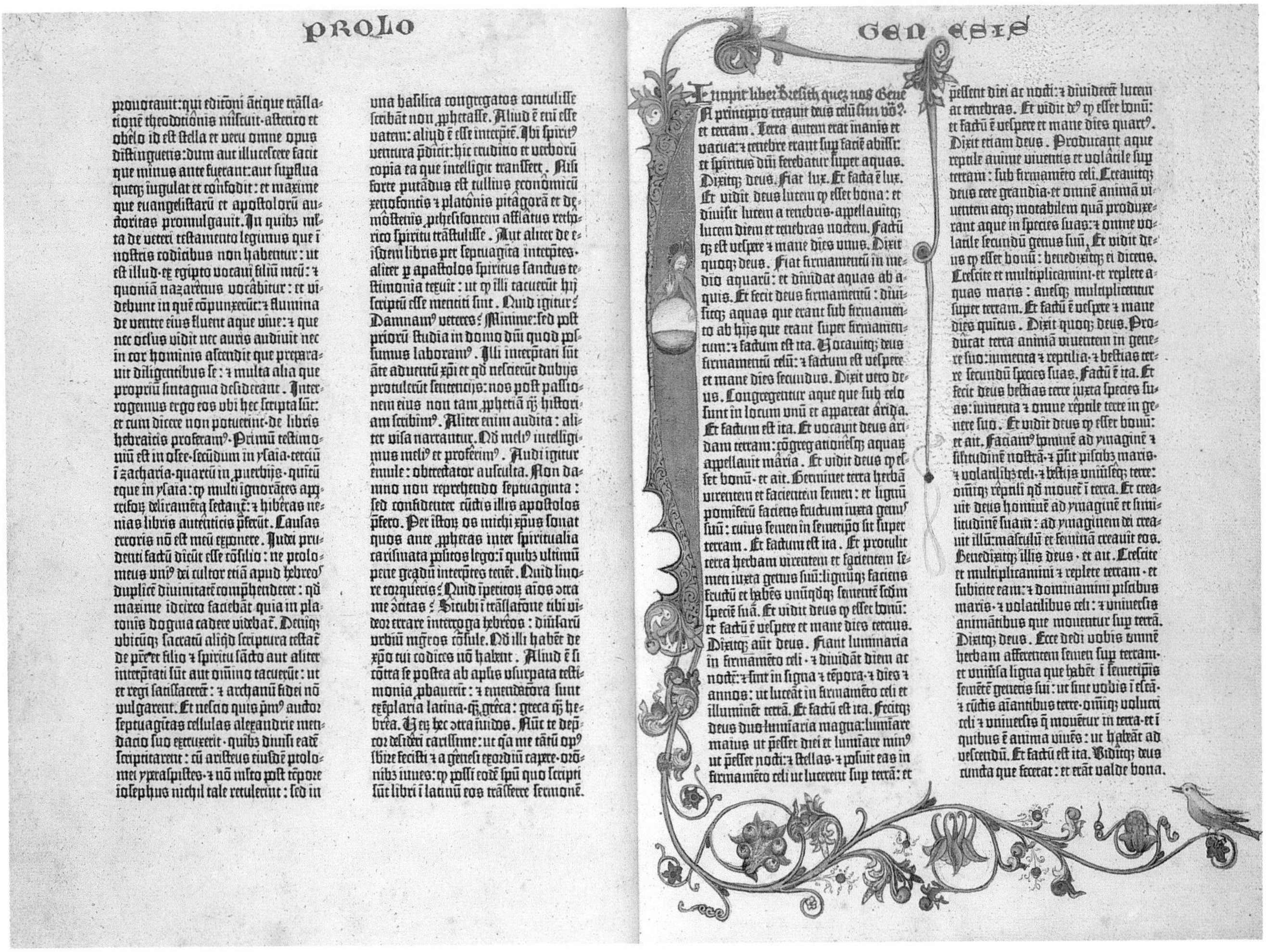

大約於公元前200年，中國發展出「紙」（paper，此字即源自「紙莎草」），儘管根據中國正史記載，紙張是公元104年由當時的宮廷監造官蔡倫所發明。中國初期以桑葉或竹葉為造紙原料，將纖維攪拌化漿、以布簾篩取、任其乾燥而成。公元751年前，造紙術已傳入伊斯蘭地區，到了公元1000年，巴格達已具備產製紙張的能力。後來摩爾人又將造紙技術引進西班牙，公元1238年，在加泰隆尼亞的卡佩雅地斯（Capellades）設立了歐洲境內最早的造紙作坊。

出身美因茨（Mainz）的日耳曼人約翰・古騰堡（Johannes Gutenberg）於1455年印出歐洲第一部活字印本書。以拉丁文印行的古騰堡聖經，運用了多種不同領域的技術。古騰堡本身具備冶金知識，對於榨取葡萄汁釀酒的壓榨機具的運用也很嫻熟。他自己擁有並讀過裝訂成冊的書，也知道紙張。古騰堡偶爾被世人尊稱為「印刷之父」，這個非正式的稱號源自某種程度的誤導，加上歐洲本位主義的心態作祟使然。早在1241年，韓國便有了泥活字；某部大約於1377年印製的韓文書已確定是採用泥活字。自七世紀起中國便以木雕板印製遊

上圖 1455年古騰堡印製的第一部聖經印本。聖經早已成為有史以來印行量最大的書，廣泛傳布於全歐洲以及世界上其他信奉猶太教與承襲基督信仰文化的地區。

①此處應指中國第一部版刻佛經《蜀版大藏經》，於宋朝開寶四年（公元971）在益州（今四川境內）開雕，故又名《開寶藏》。

戲牌和紙幣，流通的時間更可溯及公元960年，而公元868年，一部以紙本刊印的南傳佛教經典《大藏經》（Tripitaka），使用的版片總數即高達十三萬塊①。

姑且不論學術界對於印刷術發明的確切年代如何眾說紛紜，印本書對於西歐歷史發展造成的衝擊自是無可置疑。因為從羅馬時代開始，由二十二個字母組成的西方字母系統已運用在書寫上，但每本書均是由一名抄寫員逐字、逐詞、逐句個別寫成，一次只能製作一冊。而活字及其產物——印本書，則能由一名印刷工，在完成組字之後，一次複製出好幾本書。早期的印刷工匠不但要負責揀字排版、設計版面，還要負責印製內文的工作。印本書使語文的生產邁入工業化。印刷比手工謄抄更速捷，因而，語言文字從此不再昂貴得高不可攀，也得以流傳得更無遠弗屆。

必也正名乎：書是什麼？

既然闡釋過「書」與「冊」以及若干相關詞彙的涵義，我覺得如果再給書下一個清楚的定義，對各位將會更有幫助。《簡明牛津辭典》列出兩條簡單解釋：

> 1.「書寫或印刷在加以固定的複數紙張上的可攜記述。」
> 2.「登載在一系列紙張上之著作。」

②之所以列入「可攜」這個條件，應是為了清楚區別古代的石刻、摩崖等「不動」文獻形式。

以上這兩個簡短的說明，點出兩個關鍵要素：一是「可攜、印刷的複數紙張」之物質描述②，二是交代此物與「書寫、撰述」相關。《大英百科全書》上則說：

> 3.「……一份具備相當篇幅、以書寫（或印刷）方式記錄於質輕、可供方便攜帶的材質之上、用以在公眾間流通的信息。」
> 4.「溝通的器具。」
>
> 《大英百科全書》第一版，1964年，第3卷，頁870

此定義揭櫫了兩個概念：「閱讀」以及「溝通」。傑佛瑞・艾許・葛萊斯特（Geoffrey Ashall Glaister）在《書籍百科全書》（Encyclopedia of the Book, 1996）中，則從費用與規制的角度出發，提出具體數據：

> 5.「為了便於統計，英倫書業對於『書』曾有如下規範：價格六便士以上之出版品。」

6.「其他國家往往以內頁數量之下限做為定義書籍的準繩；聯合國教科文組織於 1950 年通過一項決議將書定義為：一份非定期刊行、除封皮之外包含不低於四十九頁內容的文藝出版物。」③

這兩個定義皆明顯著眼於法律條文與賦稅規章。列出紙張、裝訂等物理描述或許精確，但是上述所舉的幾種定義似乎都未提及書籍所產生的影響與威力。容我在此提出個人的見解，或許對於接下來更深入的探討有所助益：

7.「書：由經過印刷、裝訂的一系列紙頁構成，對古今中外具備文化水平的讀眾進行保存、宣示、闡釋和傳播知識的可攜載體。」

出版產業：書籍的商業價值

當今出版業已是一門龐大的產業。1999 年世界上最大的出版商是貝塔斯曼集團（Bertelsmann AG），這個出版集團總部設在德國，它所創造的盈餘大約是兩百七十億馬克（超過一百四十億美元）──已超過許多國家的總體經濟規模。全世界每年印行的圖書越來越多，儘管許多出版品並未採用國際標準書號（ISBN），所以很難確切統計出確實數量。沒有人曉得自 1455 年以來，全世界總共印行了多少書，也沒有人說得出全世界圖書館裡的藏書到底有多少，因為還有許許多多書籍尚待編目、上架。埃及國王托勒密二世於公元前三世紀創立、於公元 640 年毀於大火的亞歷山大圖書館，是古代規模最大的藏書機構，當時館藏的卷子數量在四十二萬八千到七十萬之間。時至今日，美國國會圖書館中登記有案的藏書為一億一千九百萬部，涵蓋四百六十種語文，而大英圖書館則宣稱其藏書有一億五千萬部，其中囊括「絕大多數現知的語種」。大英圖書館每年的採購量為三百萬種。它保存了英國境內印行的每一部書籍，同時擁有數量龐大的外文書以及各門類的特藏。目前全球最大的一家書店則是座落於紐約第五大道 105 號的邦諾書店（Barnes and Noble），店內的書架總長度為二十萬零七千公尺。

印刷的威力：書籍的影響力

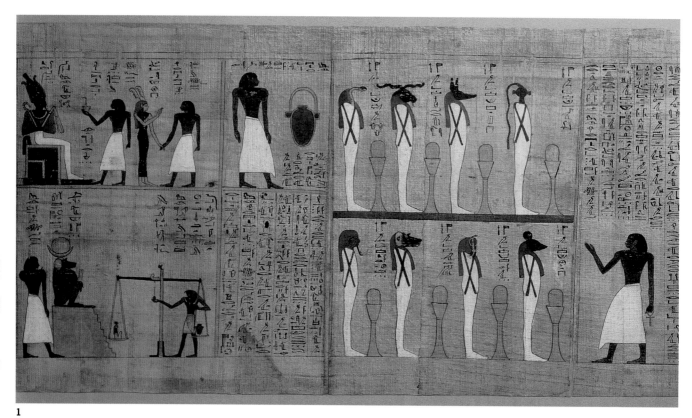

1

1 埃及的胡奈斐（Hunefer）約於公元前
1300年擔任塞特王（Seti）的御用書記時寫
下的《死者之書》（*Book of the Dead*）。內
文垂直排列在用直線區隔的狹窄欄位內。
放大處理、用以説明重大事件的椽帶圖飾
則貫穿在各欄位間。此處呈現的頁面並非
實際尺寸。

2 《金剛經》（*Diamond Sutra*）往往被視
為世上最古老、最完整且明確交代刊印
年代的印刷品；它標示的年代是公元868
年。它被埋藏在中國北方某個塵封的洞穴
裡長達好幾個世紀。「經」（sutra）字源自
梵文（一種古老、神聖的印度語文），意
思是「教諭」或「道」。此經文以中文書
寫，被認為是佛教最重要的文獻。文字以
垂直排列，插圖則是木刻版畫。

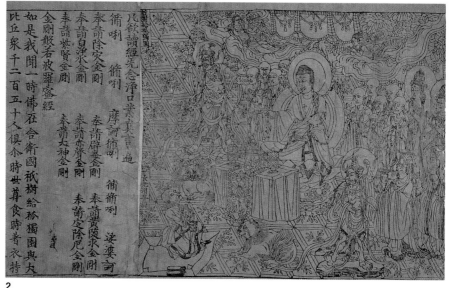

2

3 出版於 1925 年的希特勒《我的奮鬥》
（*Mein Kampf*）以偏激的納粹主義宣告有
別於左翼思想的另一條路。此書糅混了捏
造的自傳、冒進的政治論調與昭然若揭的
種族主義，當希特勒仍在世時，單於德國
一地便售出九百萬冊，甚至翻譯成許多外
文版本。此書冷酷地揭露了國家社會主義
的張本，並且為希特勒的法西斯獨裁政權
奠下根基。

4 毛澤東主席畢生思想盡匯於這本名聞遐
邇的「小紅書」（即《毛語錄》）之中。這
部集思想啟迪、道德指引、獨裁言論之大
成的文集，當年紅遍整個中國，所有的勞
動人民，不管文化水平高低，皆人手一
冊。毛澤東試圖利用民族自尊的情感，團
結廣大農民群眾，並提出與資本主義徹底
背道而馳的主張，推行集體共有的理念。

新科技：書籍的未來

圖書館裡頭所儲存包羅萬象的知識內容，與年復一年推陳出新的出版品數量，在在都令我們無法想像這個世界一旦沒有書籍的景況。書籍的影響力與功用簡直無可衡量；英國報紙《泰晤士報》甚至曾於2000年票選古騰堡為上一個千年最重要的人士。他所發明的活字印刷術，以及伴隨而來的大量複製印本書，創造出史上頭一個大眾媒體。十九世紀晚期到二十世紀初期之間，隨著聲音傳播技術的發展，出現了新形態的大眾媒體：電話、無線電和留聲機。接著，又出現結合聲音與活動影像的電影和電視。但是，書籍（與書籍的後輩晚生——報紙、期刊、雜誌）目前仍然是平面大眾傳播的主流形態。

隨著日新月異的數位科技以及網路的誕生，印刷形式的式微，書籍的末日已迫在眉睫。直至今日，數位科技雖然已經徹底改變了世人書寫、設計、生產、販賣書籍的方式，然而，萬維網（World Wide Web）並未取代書籍。自從進入網路時代以來，書籍的銷售數字仍年年攀升，更令樂觀派的愛書人感到振奮。相對地，抱持悲觀看法的人則援引報紙發行量逐步下滑的事實，預測同樣的情形有朝一日終會反映在書籍的銷售數字上。不過雜誌與專業期刊的種類數量和銷售總額的提高，已推翻了這種論調。資訊市場似乎總是持續不斷擴展，從目前的形勢看來，伴隨網路而來的閱讀新技術對於它的老大哥，也就是書籍而言，是一項助力而不是威脅。目前，讀取電腦螢幕依然比閱讀紙頁不舒服，但是，隨著螢幕讀取科技的進步、電子報紙的出現，讓書籍下載的可能性出現曙光，它可能會比照MP3在音樂版圖上取得全勝的模式，成為未來的書籍形式。

印刷的威力：書籍的影響力

印本書在歷史上向來扮演舉足輕重的角色，因為有了它，各種思想才得以散播，進而左右了知識、文化、經濟等各層面的歷史進程。只須舉出區區幾個例子：聖經、古蘭經、《共產黨宣言》、《毛語錄》（即名聞遐邇的「小紅書」）和希特勒的《我的奮鬥》（見頁11），只要想想這幾本書所散發的威力，其他所有書籍的影響便可思過半矣。即使我們實在無從估量這些書全部加起來，在古往今來數百萬人身上到底總共造成多少影響，但它們確實為現代世界奠立了許多宗教與政治的基礎則無庸置疑。說穿了，世上的一切學問，舉凡醫學、科學、哲學、文學、戲劇……等領域，也都同樣能列出數部足以當做基石的書籍。這些書全球盡知，姑且不管其理念、作者受到極度推崇抑或遭到百般詆毀，但若是沒有那些隱身其後、普遍遭到世人遺忘的書籍設計人員和印刷工匠的貢獻，書本之中蘊藏的理念其影響力勢必無法延續至今。

催生一本書

本章將藉由逐一解說出版與印刷產業的各個不同分工，檢視催生一本書的人，並且探討生產書籍的幾個簡單模式。以下列出的各種職銜與工作內容，視各家出版機構的性質與出版流程的差異，或許與實際情況有所出入。

出版舞台上的要角

每一冊印本書都是一連串分工合作的產物。面對每部不同的書籍，設計者肩負的任務或許有所差別，但同樣都必須和其他人協同作業，進行團隊合作。對出版業界各項業務分工建立基本知識，能使設計者對於書籍出版過程的各個環節有更活絡的理解。

著作人 / 寫作者 author, writer

小說或非虛構作品的寫作者一旦萌生「一本書的想法」，或許會將它寫出來，然後將完成的稿子交給經紀人或出版商過目。有過出版紀錄的作者，可能會先與目前有合作關係的經紀人商議下一個值得開發的題材。對於出版商和沒有出版經驗的小說或紀實作品作者而言，試探雙方興趣的方式則是先擬出一份內容大綱，做為經紀人與出版商進行研商的依據。一旦有初步的正面結果，出版商便會開出合約，作者再著手進行完整作品的撰寫工作。在實際作業展開之前，設計者的工作還不需要與作者產生關係。

經紀人 agents：著作經紀人、插畫經紀人、設計經紀人、攝影經紀人

經紀人的任務是將客戶的作品呈遞給可能有出版意願的出版商。每個經紀人通常都會劃定自己的專業領域，為某特定類型的書籍服務，譬如：史學傳記類、兒童文學，或科學類。著作經紀人扮演的角色是將作者的作品呈遞給出版商，並且代作者本人出面，居中與出版商洽談稿酬。著作經紀人提供此項業務，會收取固定費用或是從作者的稿酬或版稅中抽成。對作者而言，這項服務非常寶貴，因為一名優秀的經紀人會與眾多出版商保持活絡的關係。至於插畫經紀人、設計經紀人與攝影經紀人亦依循類似的運作模式，把客戶的作品集或以往的出版品呈交給出版商過目，供後者在進行某些有委外需要的特定出版計畫時作參考。

出版商 publisher

出版商乃是投入書籍生產事業的單位，也許是個人，也可能是一家公司。其職責包括支付書籍編寫、製作、印刷、裝訂，以及發售的各項開銷。出版商通常

會以合約的形式和作者達成協議。此運作模式延續至今，儘管出版商有時也會和境外出版商進行交易，印行共同版本（co-edition）或外文版本。出版商的產品就是印本書，和作者、其他出版商的合約協議則明訂該項產品將採何種方式、在哪些地區、以多少價格出售。出版商必須承擔生產書籍的經濟風險，當售書所得高於原始開銷，出版商才能獲得盈餘。出版商與作者之間的關係非常密切：出版商需要作者寫書，作者則需要出版商製作、銷售其著作；少了任何一方，彼此的理念便無從傳播，也不能營生。為了釐清作者與出版者之間的利益關係，合約中通常都會翔實載明雙方在該書銷售所得中的分配比例。大多數出版商採行的付費方式是：先付一筆預付金，供作者於寫作期間使用，出版後再加上版稅（扣除該書製作費用成本之後的實際銷售盈餘的百分比）。若干出版商傾向支付一筆固定稿酬④，但絕大部分的專業寫作者都不喜歡這種方式。

④ 即此間習稱之「買斷」。

　　出版商有責任推銷旗下的出版品。出版商會根據個別類型、內容，或依照不同通路的特性編製分類目錄，譬如：犯罪小說、園藝、建築，或兒童文學……等。用心建立書目資料對出版商非常重要，因為零售商都是藉著出版品的品質與性格來認識出版商。一家出版社的品牌形象通常來自某種類型的書籍，某個書系的設計風格與產品的價值感給予人的印象。大多數小型出版商都專注經營某特定形態的書籍或市場。某些較具規模的出版商則會自創或併購「獨立出版單位」，亦即其他專門經營特定類型書籍的小出版社。

書籍編製承包者 book packager

書籍編製承包者受出版商委託製作書籍。這些公司把編輯、設計、製作（有的時候還包括行銷）統合在一起，「承攬」一本書的編製工作，不過他們不須承擔因支付製作與發行書籍的開銷所產生的商業風險。

特約企劃編輯 commissioning editor

特約企劃編輯擔負每季的出版選題任務。進行選題的過程通常必須和出版者、編輯部門共同研商。這個工作非常重要，攸關出版商的成敗；特約企劃編輯若是錯過某部深具暢銷潛力的好書，等於平白錯失一筆鉅額收入。特約企劃編輯的工作內容包括：與具備潛力的作者洽談合作方案，開發新構想，並且在寫手、設計師、插畫家和攝影師之間建立合作網絡。特約企劃編輯必須對閱讀風向的變化隨時保持敏銳的觀察和獨到的眼光，同時還要密切注意其他出版商的出版品。除此之外，還要肩負管理的責任，作好流程規劃、掌控出版進度，並且監督編輯團隊在各個出版計畫中的運作流程。書籍設計者的工作和特約企劃編輯十分密切。

編輯 editor

編輯的工作是和作者一起推動文稿內容的創作，一方面適時給予刺激、督促，同時也提出各種針貶意見，聰慧的作者往往據此反饋在寫作工作上。編輯的工作可以外包，也可以由內部編制人員來執行，每名編輯手上通常都同時處理好幾部文稿。編輯們大部分的時間花在閱讀、修訂文稿，從中挑出他們認為文義不夠清楚的詞句，並且將問題彙整起來，供作者參酌。一名優秀編輯應該要提出各種重整文稿的方案，譬如適時劃分章節，讓行文更加合理順暢。文稿經過編輯的仔細檢查、挑出問題、組織、訂正之後，再交到設計者手上。編輯本身必須具備高超的寫作技巧、熟悉各種編排與文法的慣例，並且有能力對作者提出客觀的建議，還要能夠管控工作進度，有時還得負責請人製作插圖、攝製照片……等。針對某些書籍，編輯或許還要撰寫圖註並整理腳註、誌謝與引用授權等種種明細。拜數位科技之賜，編輯現在已經可以與設計者共同進行完稿，在印刷之前的編排過程中可以隨時調整、更動。手上同時處理許多稿件的資深編輯或許還能得到數名編輯助理（assistant editor）從旁協助，後者通常負責校對工作。所謂的文稿編輯（copy editor）則是整個流程只須專注處理文稿，而不必負責管理或行政方面的業務。

校閱員 / 校對員 proofreader

如同字面所示，校閱（proofreading）原本是指閱讀、檢查最終的印成校樣（final printer's proof）這道程序。現今，這道校閱手續可能代表整個編輯過程進行當中任何階段的校對工作。校閱員通常針對已經編輯過的作者文稿進行爬梳，檢查其中有無文法或拼寫錯誤，如果該筆錯誤出自作者本人，傳統上稱做「筆誤」（literals）；如果是揀字員或打字員造成的錯誤，則稱做「誤植」（typos）。過往的出版傳統，出版商進行最後印刷之前，每本書籍的校對稿都得交由專業校閱者負責簽結；現在這項任務往往由編輯來執行。

顧問 consultant

致力開發非虛構類書籍的出版商經常得藉助各領域的顧問提供廣泛的專業知識。打算出版園藝書系的出版商或許已選定某園藝作家負責執筆，但可能還須另外再找一位精於各種蔬果或花卉植栽知識的專業顧問。顧問的任務是提供專業意見、審閱寫作大綱與初稿，考量是否要在書中添加更多內容。顧問通常經由外聘，個別針對某部專業書籍或某套書系提供服務。

審讀人 reader

審讀人或稱「批閱者」（reviewer），跟顧問一樣，都必須具備某書內容所涉及的相關專業知識，但他們並不直接參與作者創作內文的過程。出版商根據個別書籍的需要分別聘用審讀人，審讀人則對文稿提出客觀的見解，評斷內容的正確性與品質，找出其中的缺失，並且評估成書結果對於讀者是否合宜。審讀人將意見彙報給編輯、作者和設計者，再由他們對文稿進行修改。

美術指導 art director

所謂美術指導，指的是出版社編制內的特定職銜，同時也是指稱某位和插畫家或攝影師共同作業的設計人員。由於美術指導必須負責出版社旗下所有出版品的外觀，可想而知，他們通常都受過專業的設計訓練。書籍的外觀、商品價值，加上出版書目，三者相結合，便形成該出版品牌在讀者心目中的形象。大多數優質出版商都非常重視旗下出版品的外觀。美術指導必須為各書系建立一套策略方針，包括字型選用、文字編排的慣例、封面、統一版式、識別標誌的運用，等等。

設計者 designer

設計者負責形塑一本書的硬體結構、視覺外觀、傳達的手段，以及頁面上所有元素的配置。與出版商、編輯會商之後，設計者會選擇該書的版式並決定裝幀形式。設計者負責規劃版型、選擇用字風格，並動手編排頁面。他們通常也會配合圖片查找員、插畫家、攝影師一起工作，一邊進行設計、一邊對外委製圖片。設計者接受編輯給予的資料和指示之後進入作稿階段，通常使用電腦完稿，然後將完成檔案交給印務人員或直接送往印刷廠。由於現今許多非虛構類的書籍越來越以圖像取勝，設計者常常就是向出版商提出一部或一系列書籍構想的人。

圖片查找員 picture researcher

針對內容收錄大量分屬各個不同來源圖片的書籍，圖片查找員的任務便是逐一追查圖片的來源，並且向該圖的版權擁有者徵求使用許可，以便刊載於出版品中。圖片查找員最常利用的管道包括圖片典藏機構（picture libraries）、坊間的收費影像銀行（commercial image banks），還有各博物館、檔案館，以及私人的收藏品。他們也會尋求攝影師配合，進行翻攝圖片的工作。

授權經理 permissions manager

當出版商打算在一本書中延伸使用其他人所擁有的文稿或圖片時，必須在該書出版之前與版權所有人達成書面協議。版權所有人可能會向出版商索取一筆針對特定地區使用的費用，譬如只允許英文版本刊登，或者釋出「全球通用權」，方便出版社提供給其他語文譯本使用。其他影響收費高低的因素還包括：該圖運用於商業宣傳抑或教育用途、所佔篇幅之大小（通常分為：跨頁、全頁、半頁或四分之一頁），以及該出版品的印行數量。授權經理同時還負責控管出版社自家擁有版權的文稿和圖片之對外授權事宜：如果其他出版單位、廣告公司或設計事務所有意使用某本書中的材料，也須向授權經理洽談。

供圖者 image-maker：插畫家、攝影師、繪圖員

為書籍創作圖像的專業人員往往都是自由工作者，由出版社聘用，針對某部書籍製作一系列圖片。其計費方式可能是每幀插畫或照片收取單次使用費，如果那是一部以圖片為主的書，則可能會要求採用「稿費加版稅」（fee-plus-royalty）的計費方式。某些書籍，圖片是其中最重要的元素，由供圖者負責創作圖片，而撰寫者、編輯和設計人員則在供圖者的主導之下配合作業。許多童書繪本的編製都是依循這種模式：由插畫家主導創作出角色和情節，再由寫手據此發展出文字。某些書籍設計者會自行繪製插圖，或指導攝影師拍出所需的圖片。

版權經理 rights manager

版權經理負責在書籍創作者（作者、插畫家、攝影師等等）與出版社之間協調合約細則。他們還負責處理出版社自家材料在其他不同市場的轉載翻印事宜，例如國外版本。版權經理通常要同時具備商業或法律背景，或者必須尋求這兩項後援，以保障出版社的權利，同時盡量拓展自家出版品的出路。版權經理必須與出版商、行銷部門密切合作，慎重選擇將在其他國家或透過專業圖書俱樂印行、銷售的共同出版者（co-publisher）。

行銷經理 marketing manager

行銷經理與版權經理合作，負責把自家出版品推銷給其他出版商和零售商，同時還要督導發行業務。行銷經理最主要的任務，是為某系列出版品或整批同類型書籍制定適當的行銷策略。行銷經理還必須負責向業務代表們進行彙報，並且赴國內、外各書展推銷自家出版品。書展是出版商會晤其他出版商，洽談旗下出版品售予海外的重要場合。目前全球規模最大的書展是每年在德國舉行的法蘭克福書展。

印務／印製經理 print buyer, production manager

印務（也稱做：印製經理）受僱於出版商，其職掌通常和設計者的工作關係密切，並監督書籍印製作業的進行。他們必須掌控書籍印製的品質和開支。工作內容包括擔任印刷廠的聯絡窗口，控制每部個別書籍的製作成本，並安排印製與配送的進度。

印刷者 printer

設計者或印務將完稿或數位檔案交付給印刷者。印刷者會為每本書進行印前作業：掃描高解析度圖片，在打樣（proofing）之前備妥印版（plate）以便進行組版（imposition）。打樣可由印刷者自行處理，也可能會發包給專業的打樣公司執行。為了降低印製成本、確保印製品質，出版商往往會與世界各地的印刷者合作。

印後加工人員 print finisher

印後加工指的是：紙張印製完成之後的所有後續工作，包括：配頁（collating）或裝訂。若干印後加工通常得使用特殊配備的機械才能進行，譬如：打孔（perforating）、拱凸（embossing）、燙金（gilding）、模切（die-cutting）、摺疊印張……等。某些較繁複的加工作業則只能徒手完成；舉例來說，大部分立體書的製作，對於機械而言都太過繁複，於是每個頁面上的個別零件的摺疊和上膠等程序，都必須仰賴手工作業。

裝訂者 binder

裝訂者的處理對象是「書芯」（book block），其任務是組裝印刷完成的書頁，並將書頁固定在封皮之間。裝訂者必須向設計者、印務、印刷者提供關於紙質的專業知識，並針對各種規模不一（此處指頁數多寡）的書籍，建議可行、適當的裝訂方式。大多數裝訂者在進行正式作業之前會先做出一本假書（bulking dummy）（一本完全依照實際用紙、封皮材質裝訂，但沒有印上內容的空白書）交給出版商做為樣本。裝訂完成的書會直接運往倉庫，倉庫通常都會選擇比較鄰近銷售地的地點，而不是出版商所在地。

發行經理 distribution manager

發行經理必須隨時掌握庫存數據，並督導書籍從倉庫到零售點的配送動作。配送程序往往會凸顯種種後勤問題，由於遠程配送少量書籍既耗成本又缺乏效率，但如果減少配送次數，雖然比較省錢，卻很可能導致零售點頻頻發生斷貨的情形，這兩方面的拿捏非常重要。

業務代表 sales representative

較具規模的出版商會派遣業務代表團隊出面與各零售商、圖書俱樂部、其他出版商接觸。小出版社則會將此工作委外代理。有熱誠的業務代表會和零售商建立一套合作網絡，摸熟對方的採購習性和偏好。許多業務代表都以抽佣金的方式收取費用，如此一來，只要他們有能力銷售更多書籍，便能獲得更高的酬勞。

零售商 retailer

書籍銷售的管道不斷擴展。因為無法比照連鎖書店動輒給予顧客可觀的折扣，也不像書報攤只須儲備某幾種特定的暢銷書刊，許許多多只擁有單一店鋪的獨立書店長年以來始終處於凋蔽狀態，甚至紛紛被迫歇業。如今，由於書籍的分眾市場越來越細，加上出版社開發出越來越多出版品類型，專業的獨立書店得以集中經營某個門類、鎖定特定的購書客層。專業市場的持續拓展同時也提高了郵購市場的商機。如果會員每年從俱樂部寄送的刊物（即郵購書單）中選購的書籍數量達到某個額度，圖書俱樂部就會提供折扣優惠。童書、烹飪書、園藝書、旅遊書、美術書、歷史書等各類專業圖書俱樂部，售出數百萬本書給從未上過書店的人。以美國一地為例：每年的圖書銷售總額之中有20%是經由圖書俱樂部達成。另一個不斷拓展的市場則是網路，專營線上書店的「亞馬遜」是目前最成功的網路零售通路。

⑤本節所敘述皆以西文橫排的精裝書為準，若干內容描述與中文豎排書籍略有差異，讀者務必特別留意；鑑於其中部分詞彙尚無統一中文對應詞，譯文盡可能將幾種現行不同說法並列。

一本書的構造

一本書的每個部位都各有出版業界慣用的專門術語。熟諳這些基本用語，將有助於理解接下來的各篇章內容。其他專業名詞則會在講述書籍設計過程的章節中陸續提出、解釋，同時，讀者也可以翻查頁252的詞彙釋義。我把一本書的基本構造區分為三大部分：書芯、頁面，和版面結構。⑤

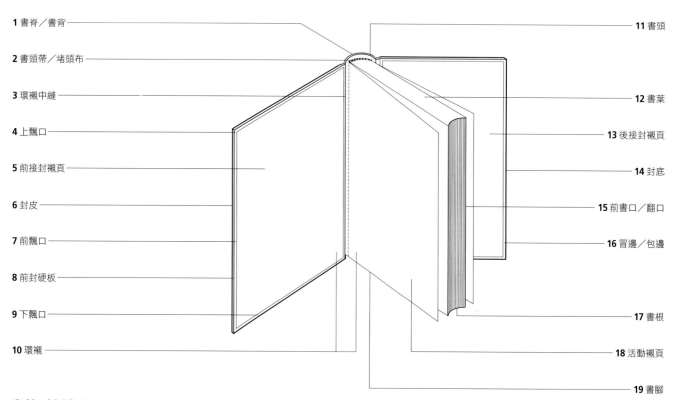

1 書脊／書背
2 書頭帶／堵頭布
3 環襯中縫
4 上飄口
5 前接封襯頁
6 封皮
7 前飄口
8 前封硬板
9 下飄口
10 環襯

11 書頭
12 書葉
13 後接封襯頁
14 封底
15 前書口／翻口
16 冒邊／包邊
17 書根
18 活動襯頁
19 書腳

書芯／書體 The book block

1 書脊／書背 spine：包覆內頁裝訂邊的封皮。

2 書頭帶／堵頭布 head band：牢貼於摺帖裝訂邊的上、下窄布條，通常選用可以搭配封皮裝幀的花色。

3 環襯中縫 hinge：襯頁對摺後，介於接封襯頁與活動襯頁之間的摺線。

4 上飄口 head square：封皮硬板上方略大於書葉的一小段凸緣，藉以保護書葉。〔飄口通常只見於精裝書，飄口需比書葉面積往外突出約三毫米，才具備保護書葉切口的功用。〕

5 前接封襯頁 front pastedown：緊實貼覆於前封硬板裡側的半邊環襯。

6 封皮 cover：三面包覆整本書、藉以保護書芯的厚紙或硬板。〔完整的封皮由三個部分組成——前封（封面）、背封（書脊）、後封（封底）。〕

7 前飄口 foredge square：封皮硬板前方略大於書葉的一小段突出於切口之外的凸緣，用以保護書葉。

8 前封硬板 front board：書本前面的封皮硬板。

9 下飄口 tail square：封皮硬板下方略大於書葉的一小段突出於切口之外的凸緣，用以保護書葉。

10 環襯 endpaper：黏貼於封皮硬板、藉以加強連結封皮與內頁的厚紙。分為兩部分：接封襯頁與活動襯頁。〔一本精裝書的前、後各有一張環襯。〕

11 書頭 head：整本書的頂端。

12 書葉 leaves：經過裝訂後的紙張，每單張書葉皆由兩面（單數頁與偶數頁）構成。

13 後接封襯頁 back pastedown：貼覆於後封硬板裡側的半邊環襯。

14 後封硬板 back board：書本後面的封皮硬板。

15 前書口／翻口 foredge：書芯的最前端。

16 冒邊／包邊 turn-in：包覆硬板的材料從外往內摺入的部分。

17 書根 tail：頁面的底端。

18 活動襯頁 fly leaf：襯頁可翻動（與內頁相接）的另半邊。

19 書腳 foot：整本書的底端。

摺帖／印帖 signature：經摺疊、依序排妥、裝訂的印張，構成完整書芯的內頁組成單位（無圖示）。〔此間常用的術語「台」，是以裝訂的角度而言；「一台」意指若干頁面拼合成大版，一份摺帖等同「一台」。〕

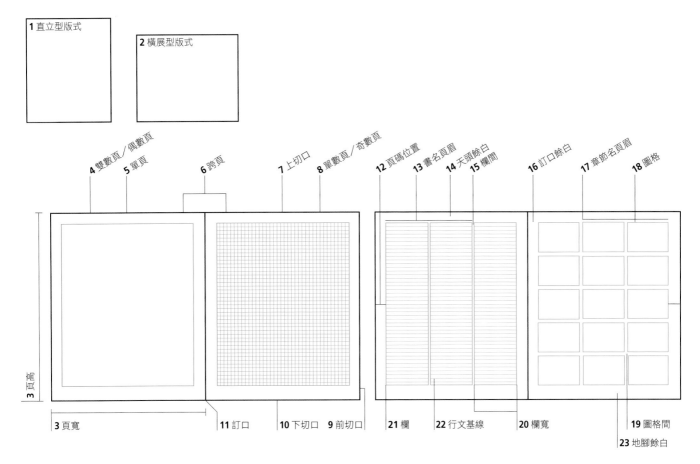

頁面 The page

1 直立型版式 portrait：高度大於寬度的版式。

2 橫展型版式 landscape：寬度大於高度的版式。

3 頁高與頁寬 page height and width：整體頁面的尺寸。

4 雙數頁／偶數頁 verso：橫排書的左手頁，通常標以偶數頁碼。

5 單頁 single page：裝訂完成後的單一頁面。

6 跨頁 double-page spread：攤開書本的左右兩個相對頁面，因內容會橫跨訂口進行，設計時往往視為一個完整的頁面來處理。

7 上切口 head：頁面的頂部。

8 單數頁／奇數頁 recto：橫排書的右手頁，通常標以奇數頁碼。

9 前切口 foredge：頁面的前緣。

10 下切口 foot：頁面的底部。

11 訂口 gutter：書頁的內緣裝訂邊。

版面結構 The grid

12 頁碼位置 folio stand：安放頁碼的位置。

13 書名頁眉 title stand：安放書名的位置。

14 天頭餘白 head margin：頁面上方的留白區域。

15 欄間 interval：區隔各個欄框的垂直空間。

16 訂口餘白／裝訂邊餘白 gutter margin/ binding margin：靠近訂口（內側）的留白區域。

17 章節名頁眉 running head stand：安放隨頁章節名稱的位置。

18 圖格 picture unit：現代設計理論的版面規劃，依據基線平均架構、由圖格間或未使用的行文行列加以區隔的網格欄框。

19 圖格間 dead line：圖格與圖格之間的間距。

20 欄寬／行幅／行長 column width：欄框的寬度，用以控制每行行文的長度。

21 欄 column：頁面上依據網格配置、用以排列內文的矩形範圍。依據網格劃定的欄框，在頁面上容或可寬可窄，但欄高不宜小於欄寬。

22 行文基線 baseline：安放內文的位置，小寫字母 x 的下緣恰可抵靠於基準；降幕字母的下筆劃則懸出基線以下。〔由於小寫 x 字母本身不具升幕部（ascender）與降幕部（descender），且左右恰好佔滿單一字母的主體（body）之最大橫幅，故「x 高」（x-height）被用來當做字體大小的度量基準單位。「降幕字母」指小寫 g、j、p、q、y 等有下筆劃的字母；b、d、f、h、k、l 等有上筆劃字母則屬於「升幕字母」。〕

23 地腳餘白 foot margin：頁面下方的留白區域。

前切口餘白 shoulder/foredge：靠外側切口的頁面留白區域（無圖示）。

欄高 column depth：欄框的高度，以點數、毫米、或行數為單位表示（無圖示）。

行容字數 characters per line：設定為相同級數大小的文字在欄內每行可容納的平均字符數量（無圖示）。

開門頁／摺頁／拉頁 gatefold / throwout：另外插夾於內頁的寬幅頁面，通常沿著前切口折入書中（無圖示）。

1 寫作者	→ 2 出版商	→ 3 編輯	→ 4 設計者	→ 5 印務	→ 6 印刷者	→ 7 發行	→ 8 零售
1 出版商	→ 2 寫作者	→ 3 編輯	→ 4 設計者	→ 5 印務	→ 6 印刷者	→ 7 發行	→ 8 零售
1 編輯	→ 2 出版商	→ 3 寫作者	→ 4 設計者	→ 5 印務	→ 6 印刷者	→ 7 發行	→ 8 零售

設計者
| 1 插畫家 | → 2 寫作者 | → 3 出版商 | → 4 編輯 | → 5 印務 | → 6 印刷者 | → 7 發行 | → 8 零售 |
攝影師

上圖 生產一本書的四種簡易模式。第一種為傳統模式，由寫作人處於發起地位，其他三種則分別由出版商、編輯、插畫家／設計者／攝影師，擔任書籍生產流程的起點。

書籍的起點

創作書籍的傳統模式是將寫作者當做整個書籍生產流程的起點。作者萌生創作一本書的構想，著手寫下內容大綱，或者直接下筆寫作內文，同時寄望最終完成的文稿能受到某出版商的青睞，得以印行出版。這種傳統的成書模式至今依然是小說創作領域的主流，在非虛構類的範疇也頗為普遍。作者（有時在經紀人的協助之下）鎖定某家可能會對他作品感興趣的出版社，將稿子寄去，接下來就靜待出版社送上合約。出版商往往將此種進展模式視為最便捷的途徑。因為這樣子不僅一舉廓清幾個重要分工的作業順序，往往也同時交代了細部製作流程的進度。

近來，經營非虛構類的出版商越來越積極主動介入成書流程，他們試圖發展出其他運作模式。想法開通、具備前瞻眼光的出版商不甘於一味扮演經典作品和優質構想的傳聲筒，更期許自己足以擔任商品的製造者。出版商儼然成為供應系列圖書商品的品牌。雖然某些關注嚴肅文學、在意聲譽口碑的傳統出版者，並不願全盤接受這種不加遮掩的營利心態與伴隨而來的種種行銷手段。然而，現今在商業上大獲全勝的出版公司都很清楚自己的品牌地位。

綜觀現今的出版形態，所謂的「創作」，已越來越不僅局限於寫作一途而已，所有能夠履踐某個構想、創意的人，都是名正言順的「作者」。出版商、特約企劃編輯、美術指導，都可以主動提出一系列圖書的構想。他們會尋求鑽研該專業領域的寫手，再請他們就設定好的篇幅、針對特定讀者進行寫作。對出版商而言，這種產品導向的運作模式具備很多優點；儘管預支開銷較高，但潛在市場也相對擴大許多。這樣子不但可預估成本，而且成書之後出版者可自己掌握版權，不必歸作者所有。出版商已將大量生產的模式實際應用在書籍印製和書系開發之上。如此一來，商品的種類與利潤空間都增加了，而且銷售額也可望提升。讀者於是逐漸看重書系品牌，而不再唯作者是瞻。

邁出設計第一步

本章將審視設計一本書的初步階段，先是考察幾種具代表性的設計手法；接著，探討編輯簡報該討論的內容與該收集的資訊。本章將探索設計者著手處理一份文稿或一本書的幾種手段，最初的想法如何形成，面對材料時應該留意哪些地方，以及如何在兼顧讀者與市場的前提之下，以最佳方式將這些想法轉化成一本書。

書籍設計的四大類型

經驗豐富的設計者發展出一系列著手設計書籍的方式。這些手法與一般平面設計相同，可區分成四大類型：文件紀實式（documentation）、條理解析式（analysis）、風格展現式（expression）、概念歸納式（concept）。這幾種類型彼此之間並非全然涇渭分明、互不相干；任何一件設計案的完成，都不可能完全單靠其中一種類型。大部分的設計作品會摻雜各種類型的元素，儘管在使用的比重上不見得完全均等。此外，在進行設計的過程中，也會加入設計者獨特的個人特質，而這種特質很難用實作分析一語道破。設計行為綜合了可供分析的理性和自覺判斷，以及個別設計者出於自身經驗與創意、因而分說不清的潛意識因素。正因如此，有些設計者在面對外界詢及他們如何進行工作時，總會表現出稍稍不安、甚至閃躲的態度，並且宣稱：任何一板一眼的檢驗，都會扼殺他們的創意。常見說辭還包括所謂的「個人作風」與獨具一格的觀點，還有「不甘於因襲陳規」的欲望，或「天機不可洩漏」云云。一如其他種種創意行為，設計自有難以言傳的「不可說」成分，過度深入檢驗，反而會引發煞風景的風險。潛意識對於版面編排顯然有其影響力，安排頁面元素時，我們往往不會完全遵照理性判斷的結果，反而會依據經驗或直覺。設計中的潛意識因素，就像學走路或學騎腳踏車一樣，會融入我們的視覺與行動記憶之中。這些技能經過潛移默化，逐漸成為根深柢固的習性，很難意識到它們在創作過程中所留下的痕跡。不過，我希望透過分別檢視這四種類型，讓大家了解設計過程中可供檢驗、能透過實際操作進而加以執行的特徵。

文件紀實式

所有的平面設計工作都必須接觸各種資料。紀實文件是透過文字和圖像將資料加以記錄、留存，途徑很多，包括：一段彙報、一份手稿、一張清單、一組數字、一幀相片、一幅地圖、一段錄音或錄影。紀實文件是一切書寫與圖像的根源。它是字體設計、插圖、平面設計、製圖、圖表和攝影的基礎，說穿了，就

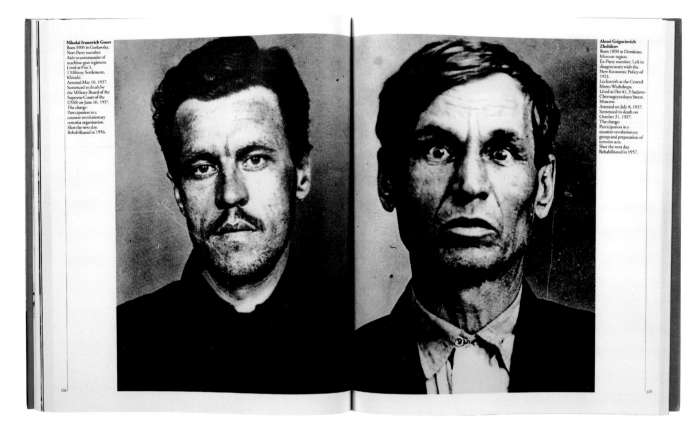

Nikolai Ivanovich Gusev
Born 1905 in Gorkovsky.
Non-Party member.
Aide to commander of
machine-gun regiment.
Lived at Flat 3,
1 Military Settlement,
Khimki.
Arrested May 16, 1937.
Sentenced to death by
the Military Board of
the Supreme Court of the
USSR on June 16, 1937.
The charge:
Participation in a
counter-revolutionary
terrorist organisation.
Shot the next day.
Rehabilitated in 1956.

Alexei Grigorievich Zheltikov
Born 1890 in Demkino,
Moscow region.
Ex-Party member. Left in
disagreement with the
New Economic Policy of
1921.
Locksmith at the Central
Metro Workshops.
Lived at Flat 41, 3 Sadovo-
Chernogryazskaya Street,
Moscow.
Arrested on July 8, 1937.
Sentenced to death on
October 31, 1937.
The charge:
Participation in a
counter-revolutionary
group and preparation of
terrorist acts.
Shot the next day.
Rehabilitated in 1957.

上圖　David King 的《普通公民，史達林的受害者》（*Ordinary Citizen, the Victim of Stalin,* 2003）使用紀實攝影呈現蘇聯政權下的受迫害者。此書旨在忠實記錄當年慘遭殺害者的肖像。

是一本書的所有組成元素。如果沒有紀實文件，便沒有平面設計：書籍、雜誌、報紙、海報、街道指示牌、包裝、網頁等，也都無從產生；換言之，一旦視覺語彙無從留存，一切只不過是過眼雲煙。

　　紀實文件是現代文明的根本；它將所有的理念想法保存下來，不致隨著人類的記憶和口述而消失。紀實文件賦予內部的思想活動以外顯的形式。紀實文件可被複製、出版，讓作者的意念得以跨越時空、掙脫壽命與疆域的束縛，即使作者作古多年甚至數世紀之後，仍能在世界各地同時展現。

　　紀實文件是一本書的起點。在書籍的設計過程中，也可以把文件紀實當成主要的編輯與設計手法。例如：可利用一系列報導攝影的相片來記錄某起事件、某個情境或某一群人；相片在此成了設計者用以譜寫一本書的視覺文件。

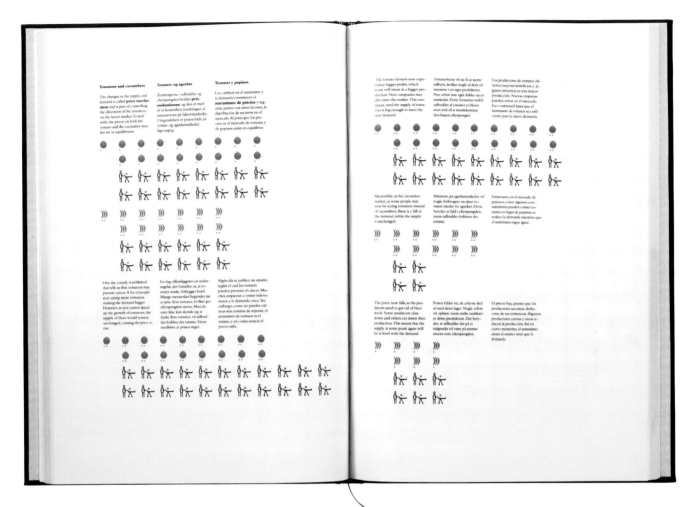

條理解析式

所有的書籍設計都必須運用理性分析的思維。尤其是包含複雜數據資料的書籍，特別倚賴這種方法。內容材料包含地圖、表格、圖表和複雜索引，或須交叉參閱的書籍，設計時必須讓讀者能夠輕易比對書中的各項數據和資料。理性分析式手法會試圖找出內容、數據或資料的內在結構。如果這樣的結構不存在，則要以某種外在結構加以統整，好讓資料數據讀起來簡潔明瞭。分析是理性主義的產物，是在眾多龐雜的資訊中找出可辨認的模式。現代派設計者頗為擁護此種手法。採用條理解析式的設計者總不外兩種做法：一是把整體內容拆解成許多小單位，二是仔細檢視各個局部進而理解整體。不管採用哪一種，設計者都是為了從中找出一套模式，得以將各式各樣的元素分門別類。將資料分門別類之後，設計者會設法排出各類資料的先後次序，藉此抓出整體內容的架構、順序和層級。這個過程或許必須和作者、編輯共同進行，密切討論。當一本書經過如此這般的編輯分析之後，設計者就可以依據內容材料之間的先後、從屬關係，善用視覺元素強化編輯架構。

上圖　Annegeret Mølhave 的《上市：解析市場經濟》（*For Sale: an Explanation of the Market Economy,* 2003）是一部以圖解方式說明自由市場經濟運作的書。全書以三種語文印行，丹麥文、英文、西班牙文，同時配有大量的記號圖示。這本書採用的手法結合了文件紀實與非常明確的條理解析模式。

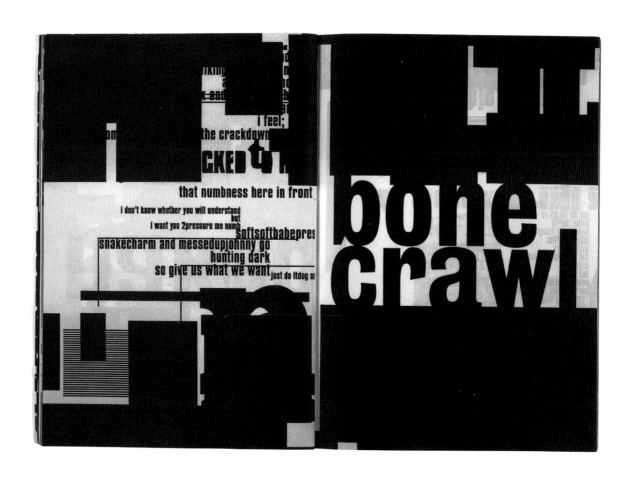

上圖 Tomato 設計的《嗯……摩天大樓我愛你：紐約排印之旅》（*Mmm... Skyscraper I Love You: A Typographic Journal of New York*）採用風格展現的手法，文字內容與版面編排形式彼此呼應，企圖在讀者心中激發對紐約的詩意情感。

風格展現式

風格展現式的設計手法，其目的在於以視覺化的方式凸顯作者與設計者的情緒狀態。這種手法是由內心驅動，有的時候則是出於膽量；強調本能感受和熱情。風格展現式手法會動用各種色彩、痕跡和符號，企圖對讀者「動之以情」；讓讀者吸收內容的同時也連帶進入其情緒狀態。風格展現式的設計往往很難解釋或全然合理。通常都充滿情感，無意傳達任何意義，而是提出問題並邀請讀者回應。這種手法只把內容視為單純的起點，由此展開詮釋。作家和設計者之間的關係，就如同作曲家與演奏者——設計者完全依照個人的理解進行演繹。某些設計者對於要不要採用這種技法頗為遲疑，因為它欠缺客觀標準，也很容易流於自我耽溺。

究竟該標榜作者原創的文稿內容，還是要凸顯設計者獨特的創意風格？這兩個需求之間存在某種緊張關係。於是乎，許多喜歡採用此法的設計者，為了能夠同時掌控內容與形式，乾脆自己擔任作者。

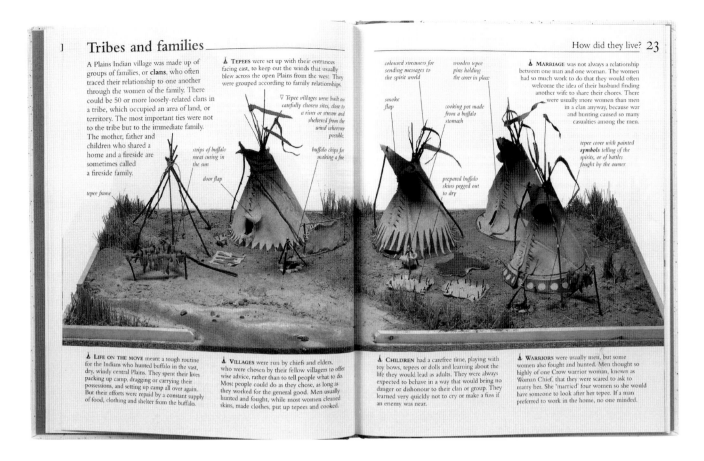

概念歸納式

平面設計中所謂的概念歸納手法，意在挖掘「要旨宏圖」（big idea），亦即：足以總括主旨寓意的基本概念。在廣告、漫畫、宣傳和品牌塑造等領域，其溝通基礎都是由概念性的思考所構成。這種化繁為簡（reductive）而非擴大延伸（expansive）的手段，往往也稱做「意念圖解」（ideas graphics），亦即：把複雜的意念萃取成簡潔、精練的視覺圖像，這種手法通常同時結合了巧妙的標題、高明的文案，或行銷條件。概念化的手法常常使用兩個或兩個以上的想法烘托出第三個。尤其擅用諧音雙關、反調悖論、成語套話、隱喻以及諷喻等手段。它通常都很巧妙、高明而且逗趣，但是這必須處理得恰到好處，因為成功的關鍵就在於設計者與目標閱聽者之間對於圖像與文字能產生默契、心領神會。

　　當美術指導負責一套書系或甚至出版商的所有產品的整體視覺規劃時，「概念歸納」一詞也可以用來形容更廣義的手法，而不僅局限於「意念圖解」。隸屬同一書系的書籍可以用一個共同的概念加以串聯，以這個概念來界定文字、相片與插畫的調性和用法，頁面元素的數量，以及書的範疇與形態等。美術指導在編輯的合作之下，可以創造出一套闡釋策略，做為系列寫作者與設計者的遵循方針。

上圖　我曾以概念前提為基礎，策劃了《動手做！》（ *Make it Work!* ）「科學」、「歷史」和「地理」這三個非虛構類的系列童書。這套童書的基礎想法是：兒童可藉由實際動手做的方式來理解周遭世界。「從做中學」的概念緊扣該書主題，這套書系不只讓兒童閱讀各種實驗、歷史事件或地理風貌，更鼓勵光看書不過癮的小讀者們透過實際動手來學習。上圖出自《動手做！北美印地安人》（ *The Make It Work! North American Indians* ），以跨頁方式展示一組大平原印地安人（ Plains Indian ）的營地模型。我以這種非常花時間的歸納概念手法編製出二十七本書，前後耗時十年以上，製作了數幾千組模型，不過推出之後反應頗佳：這個書系共印行了十四種語文版本，行銷二十二個國家。

編輯簡報

設計者應該在編輯簡報會議上盡量收集書籍的內容大綱，了解作者、編輯、出版商對於該書有哪些想法。設計者必須建立文字與圖像之間的關聯，卻未必得成為該書所涉內容的專家——保持某種適度的客觀距離，有助於摸索文稿的架構。有些簡報會議交代得十分詳盡，能讓設計者了解出版商對於該書的定位；有些簡報則像是討論會，會中提出各種意見供大家研究、探討、參酌。有些初期會議是以集思廣益為主，不限人數，其目的是邀集具備想法的人聚在一起，試圖為某部籌備中的書籍廣納想法，讓大家相互激盪，提出接二連三的構想，再從眾人的意見中歸納出一套做法。如果簡報內容莫衷一是、不知所云，設計者就必須扮演質詢者的角色，不斷追問主事者，直到問出那部書的本質所在——書中是否有明確的章節劃分，還是從頭到尾一氣呵成、不可中斷？作者是否有任何特定指示？內文是否打算配上插圖？插圖要跟著內文主體，還是另外集中當做附錄？作者是否列出要插在內文當中的段標？有哪些段標內容特別重要，需要放大、處理成獨立的側寫故事（side stories）？全書組織架構的排列方式是依照字母順序、時間先後，還是根據內容主題？要以圖像還是文字主導全書？兩者的比重如何拿捏？打算為這本書訂多少零售價格？有多少印製經費？

即使設計者事前已經充分吸收足夠的資訊，也掌握了整個設計案的大方向，但通常還是會在初期簡報會議中拋出許許多多問題，索求更多解答。花一些時間進行思考絕對是有益處的，這樣才能仔細推敲出一本書的外在形式如何與其內在架構完美結合。

II The book designer's palette
書籍設計師的課題

在前作《植字與排版術》(*Type and Typography, 2005*)中，共同作者菲爾·班恩斯(Phil Baines)和我曾將文字編排設計所面對的相關課題分成十項元素，套用在一頁純文字頁面上。我們當時採取的步驟是從細部到整體，先集中探討字體的屬性，然後逐一檢視頁面上的其他各部位。本書則需要一套更周延的解說方式，而且解說順序似乎應該反過來比較妥當，也就是先分析整體，再逐一解說局部：從完整的頁面入手，字體則留到最後。第二部之中，關於排版的課題分為四章，依序探討以下幾個範疇：版式設定；規劃行文區域與建構網格；版面編排；字級大小與字體。

版式

一本書的版式（format）取決於頁面高度與寬度的比例關係。出版業界偶爾會將「版式」誤解成書籍的實際開本。然而，不同開本的書籍也可能採用相同的版式。依照慣例，書籍通常是根據下面三種版式作設計：頁面高度大於寬度的「直立型」、頁面寬度大於高度的「橫展型」，以及高度與寬度均等的「正方型」。按理說，一本書可以製作成任何一種版式，任何尺寸大小，但囿於現實條件、印製技術和美學考量等種種限制，審慎設計出一款有助強化閱讀經驗的版式還是有其必要。口袋型的指南類書籍最好真的可以讓人塞得進口袋，而一本專供案上研讀、包含許多繁複細節的地圖集，則需要採用比較寬闊的頁面。說得更明白一點：一旦選定某種版式，便同時決定了盛裝作者意念的容器形狀。從設計者的角度出發，選擇版式的意義更形重大：書籍設計之於白紙黑字，猶如舞台設計與劇場指導之於口白和動作。作者提供劇本、樂譜，設計者則負責編導、演出。

　　每位設計者往往會依照自身的偏好、習性，發展出一套設定長寬比例的方法，不過，一開始若能先通曉各種不同的版式規劃手法，將會更有助益。

黃金分割、費氏數列及其衍生體系

德裔字體設計家楊・奇科爾德（Jan Tschichold, 1902–1972）生前曾投注多年光陰，埋首鑽研西方歷代印本書與抄本書，他發現：許多書籍都採用黃金分割比例的版式。所謂黃金分割，乃指該矩形「短邊的長度」與「長邊的長度」之相對比例，和「長邊」與「長、短兩邊之總合」的比例相同。以十進位制表示大約是 1:1.61803，若以代數公式記成 a: b = b: (a+b) [1]。我們可以從正方形中拉出黃金分割的矩形（參見頁31附圖）。這樣的正方形和矩形具有恆定的關係：如果在黃金分割矩形的長邊上併入一個正方形，或在矩形之內切割出一個正方形，便可連續不斷地發展出另一個黃金分割矩形。這些正方形與矩形之間的恆定比例關係會創造出一組對數螺線數列（logarithmic spiral sequence）。而每個正方形和下一個正方形之間的關係則符合「費氏數列」（Fibonacci series，其中任何一個數字皆是前兩個數字的總合：0，1，1，2，3，5，8，13，21……以此類推）的順序。將數列中兩連續數字相加，便能不斷做出黃金分割。

Portrait format 直立型版式

Landscape format 橫展型版式

Square format 正方形版式

①短邊：長邊＝長邊：（長邊＋短邊）

黃金分割

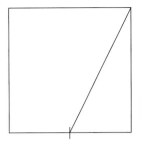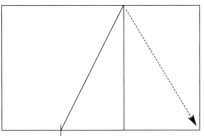

左圖 從正方形發展出黃金分割矩形。先將正方形均分成兩半,然後把半邊正方形的斜對角往外翻轉,便可得出矩形的長邊。

費氏數列

3	**1**	3	3	3	3	4	4	4	4	4	5	5	5	5	6	6	6	7	7	8
4	**1**	6	7	8	9	5	6	7	8	9	6	7	8	9	7	8	9	8	9	9
7	**2**	9	10	11	12	9	10	11	12	13	11	12	13	14	13	14	15	15	16	17
11	**3**	15	17	19	21	14	16	18	20	22	17	19	21	23	20	22	24	23	25	26
18	**5**	24	27	30	33	23	26	29	32	35	28	31	34	37	33	36	39	38	41	43
29	**8**	39	44	49	54	37	42	47	52	57	47	50	55	60	53	58	63	61	66	69
47	**13**	63	71	79	87	60	68	76	84	92	73	81	89	97	86	94	102	99	107	112
123	**21**	102	115	128	141	97	110	123	136	149	120	131	144	157	139	152	165	160	173	181
199	**34**	165	186	207	228	157	178	199	220	241	193	212	233	254	225	246	267	259	280	293
322	**55**	267	301	335	369	254	288	322	356	390	313	343	377	411	364	398	432	419	453	474
521	**89**	432	487	542	597	411	466	521	576	631	506	555	610	655	589	644	699	678	733	767
843	**144**	699	788	877	966	665	754	843	932	1021	819	898	987	1076	953	1042	1131	1097	1186	1241

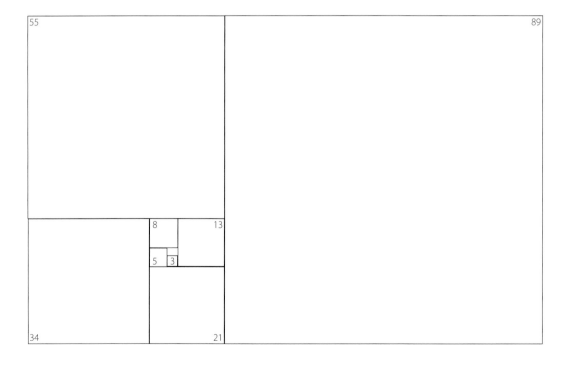

上圖 費氏數列表,每個數字皆是前頭兩個數字之和。加粗字體即為黃金分割數列。

左圖 正方形與黃金分割矩形的恆定比例,創造出一組對數螺線數列。每個正方形和下一個正方形之間的關係則符合費氏數列的順序。

上圖　鸚鵡螺的腔室隔間呈現費氏數列的
對數螺線。

在若干藝術家、建築師和設計師眼中，黃金分割比例體現了某種莫名的美感。
自然界處處可見呈現黃金分割的物體：鸚鵡螺的腔室、各式各樣依照對數螺線
生長的植物葉脈。遵循古典傳統的設計者相信：這種自然的比例是一切真理與
美的終極源頭。另外一些服膺相對理論的人則對這種絕對真理的想法抱持質疑
的態度，他們認為「美」並非既存事物，「美」之得以成立必須經由實際體驗，
而不是透過發現和揭示。他們認為：西方文化一直過度標榜黃金分割的地位；
他們指出：那些彷彿渾然天成、真實不虛的物體，其實只是偽裝的記憶。

布令賀斯特氏的半音階體系

羅勃・布令賀斯特（Robert Bringhurst）在其著作《版面風格面面觀》（*The
Elements of Typographic Style,* 1996）中，將頁面形狀比擬為西方樂理中的半音音
階（chromatic scale）。頁面比例與半音階兩者同樣都取決於數值間隔（numeric
intervals）。譬如：布令賀斯特就認為八度音程（octave）與雙正方形（double
square）相仿，因為兩者的比例皆為 1:2。

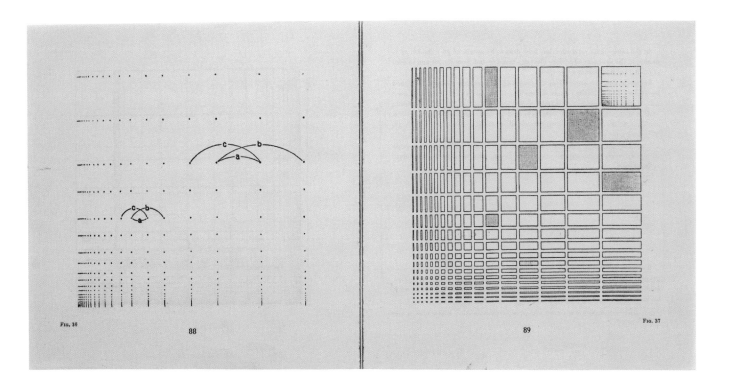

Fig. 36

Fig. 37

自黃金分割衍生的科比意模矩體系

法國建築家科比意（Le Corbusier, 1887–1965）根據人體的比例進一部細分，發展出一套現代版的黃金分割。他將這個造形法則定名為「模矩」（Modulor），並視其為規劃建築、家具、印刷品形制都可運用的設計工具。他便是依據此法則設計自己的著作《模矩》（Le Modulor, 1950）與《模矩2》（Modulor 2, 1955）。

有理矩形與無理矩形

矩形只有兩種形態：若不是有理矩形（rational rectangle），就是無理矩形（irrational rectangle）。有理矩形是指那些可完全分割成正方形並有其算術依據的矩形；無理矩形則只能分割成較小的矩形，是由幾何方法推演出來。長寬比例為 1:2、2:3 或 3:4 的矩形皆屬有理矩形，因為這些矩形都可視為由若干較小的正方形拼合而成，而黃金分割矩形則屬於無理矩形。古典時代對於形狀的觀念皆源於幾何原則而非算術關係。希臘、羅馬以及文藝復興時代的數學家們都喜愛運用幾何學當做測繪形狀的工具。用一個圓做出三邊、四邊、五邊、六邊、八邊與十邊的正多邊形，便會形成類似的無理矩形比例。

上圖 《模矩》書中的某個跨頁內容，顯示科比意的空間比例分割法乃以人體尺度為依歸。

有理矩形與無理矩形 1

1 : 4

1 : 3.873

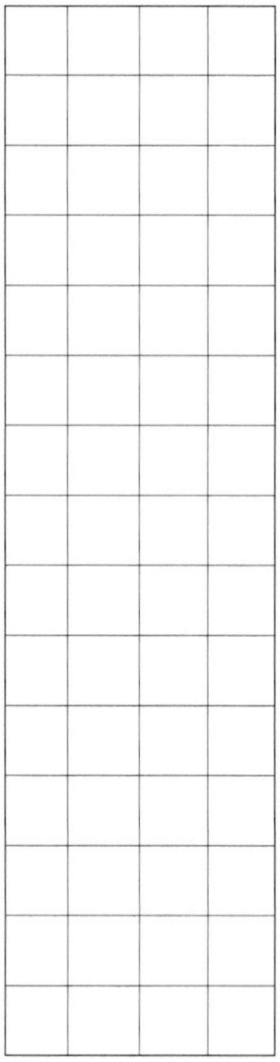

1 : 3.75

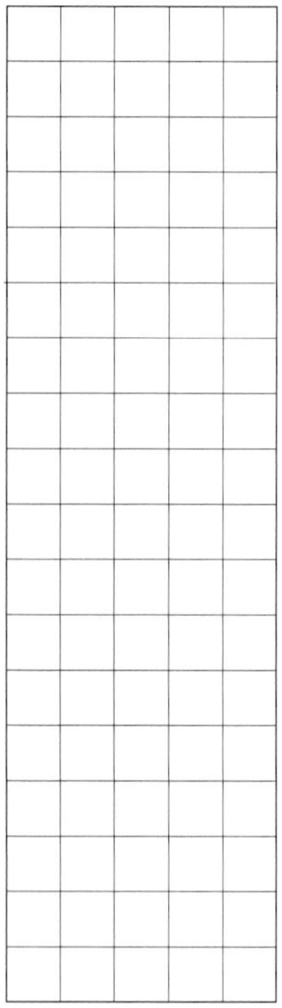

1 : 3.6

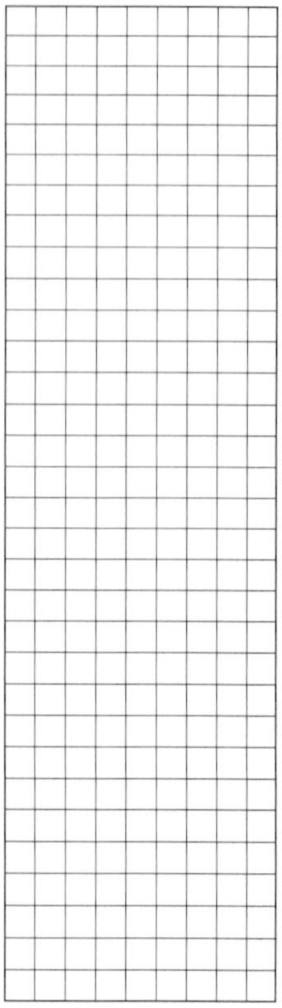

1 : 3.556

1 : 3.162

1 : 3.142

1 : 3.078

1 : 3

1 : 2.993

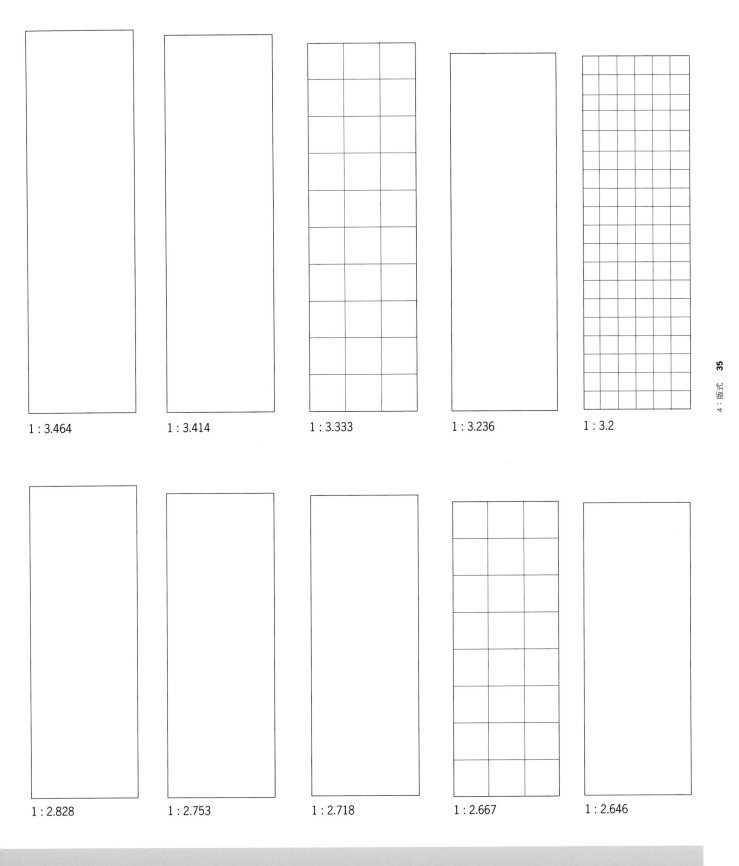

1 : 3.464   1 : 3.414   1 : 3.333   1 : 3.236   1 : 3.2

1 : 2.828   1 : 2.753   1 : 2.718   1 : 2.667   1 : 2.646

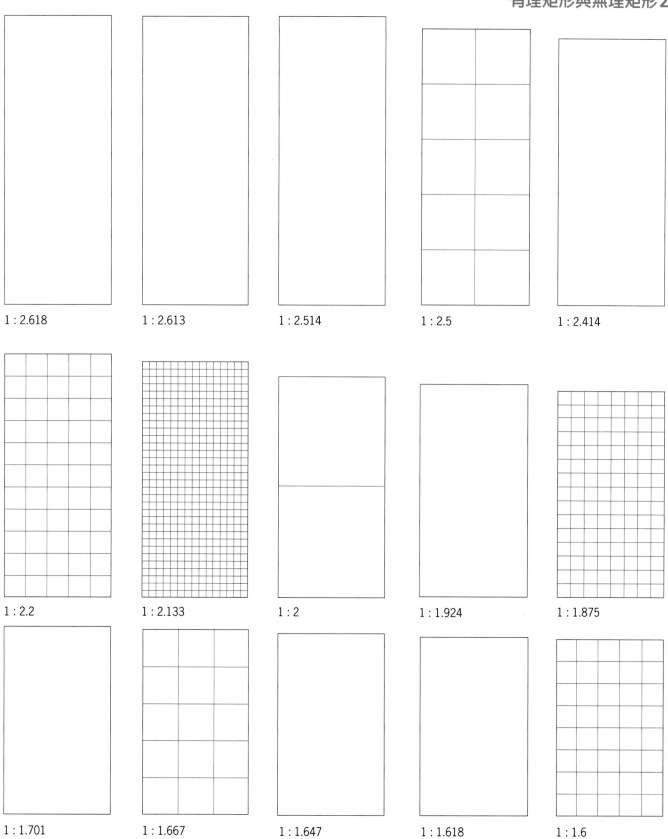

1 : 2.618

1 : 2.613

1 : 2.514

1 : 2.5

1 : 2.414

1 : 2.2

1 : 2.133

1 : 2

1 : 1.924

1 : 1.875

1 : 1.701

1 : 1.667

1 : 1.647

1 : 1.618

1 : 1.6

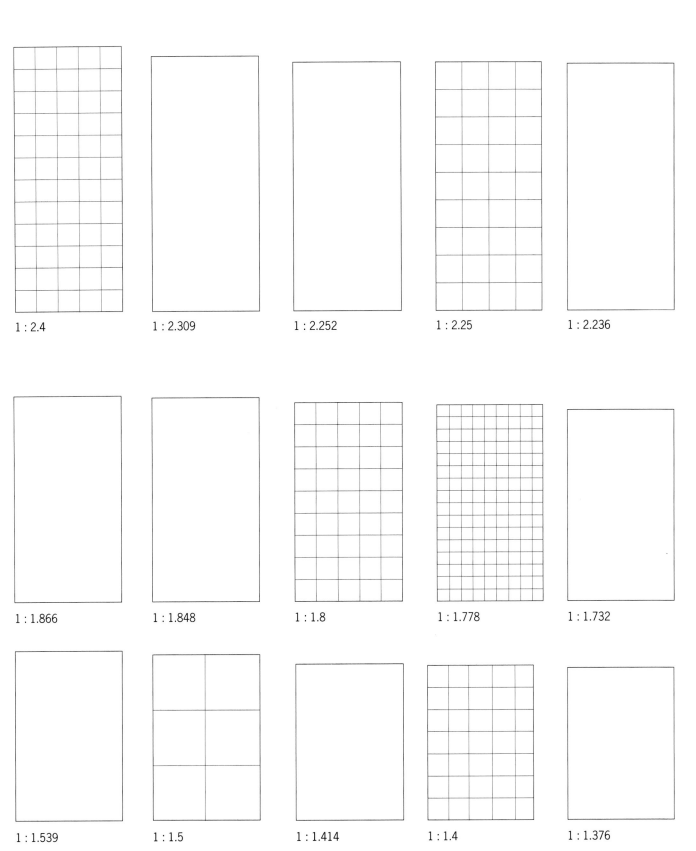

1 : 2.4

1 : 2.309

1 : 2.252

1 : 2.25

1 : 2.236

1 : 1.866

1 : 1.848

1 : 1.8

1 : 1.778

1 : 1.732

1 : 1.539

1 : 1.5

1 : 1.414

1 : 1.4

1 : 1.376

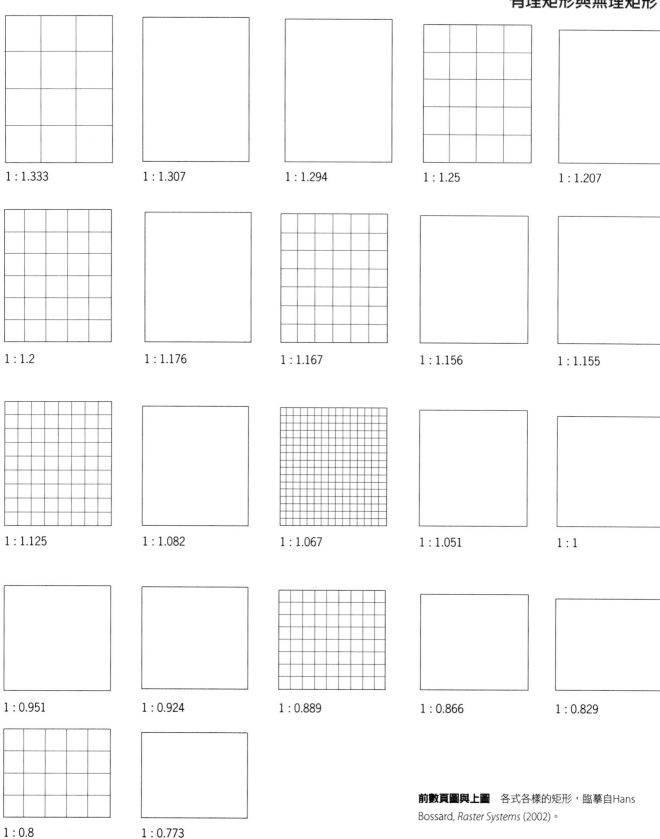

1 : 1.333　　1 : 1.307　　1 : 1.294　　1 : 1.25　　1 : 1.207

1 : 1.2　　1 : 1.176　　1 : 1.167　　1 : 1.156　　1 : 1.155

1 : 1.125　　1 : 1.082　　1 : 1.067　　1 : 1.051　　1 : 1

1 : 0.951　　1 : 0.924　　1 : 0.889　　1 : 0.866　　1 : 0.829

1 : 0.8　　1 : 0.773

前數頁圖與上圖　各式各樣的矩形，臨摹自Hans Bossard, *Raster Systems* (2002)。

紙度：英制標準與Ａ度標準

決定頁面版式的另一個途徑是利用現有的紙度（paper size，紙張尺寸）進行切割。這種方式非常經濟，因為可將紙張的浪費控制在最低限度。英、美兩國長久以來慣用的英制紙度標準（imperial size）乃遵循英制寸法。其中某幾款規格屬於固定矩形，譬如：30×40英寸的正全開紙（poster sheet），但其餘大部分都是浮動矩形。至於經DIN（Deutsches Institut für Normung，德國標準協會）與ISO（International Organization for Standardization，國際標準組織）認可的公制紙張，其特點在於：該系列規格具備恆定的長寬比，無論經過多少次平均對摺，始終維持相同的長寬比例。Ａ度紙便是屬於這種規格，在不同的規格之下，紙度大小雖然尺寸有別，但其形狀始終保持一致：一張紙度為A0的紙可對半分割成兩張A1紙，A1切半成為A2，A2再切半則成A3……以此類推（詳見頁192附圖）。

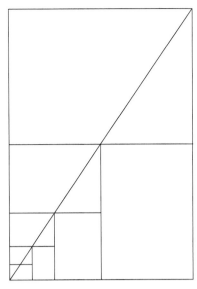

上圖 ISO標準的Ａ度紙的原理是：任一矩形對半切分後仍維持相同的版式。

依據頁面內部元素決定版式

設計者設定頁面的高度與寬度之前，通常都要先選擇一款基本版式。等到進入建構網格的階段，基本版式和實際開本往往會再作進一步的細部修正，因為字級（type size）、字身（type's body）（參見頁87）與行距（行與行的間隔距離；參見頁83）的大小都是必須列入考量的影響因素。這種作業程序，或許是為了確保頁面的高度能夠精確地吻合行文基線（baseline）的數量。有的設計者並不在意基線網格與版式是否完全對應，他們認為只要地腳餘白留得夠大，根本不會有人留意其中微小的差池。但在某些設計者眼中，這種不協調違背了他們的美學觀，不僅十分礙眼，也令人難以忍受，是個非解決不可的迫切問題。某些設計者會從首行或末行的位置減縮或延展頁面；有人則會以小數點後兩位數（百分之一）為單位進行基線微調，將頁面參差的部分平均勻入現有的行數之內。

　　之所以會發生這種問題，往往是因為一開始進行頁面版式規劃時，分別使用兩套不同的度量單位所致，譬如：以毫米為單位測量頁面的高度與寬度；而規劃內部基線網格卻使用點數（common scale）。解決之道是：不管是丈量頁面外部或是內部，都使用同一套度量標準。

　　為行文區塊劃分欄位時，頁面橫幅極可能也會發生類似的問題。若是頁面上的前切口餘白或訂口餘白的寬度出現太多位小數點數字，或許會令某些設計者覺得困擾，於是索性完全用整數設定頁面大小。

變形版式、非矩形版式

有些版式既非根據幾何原則，亦不遵照內部網格架構，而是直接視其內容特性和篇幅規模加以設定。譬如：許多攝影集的版式都是仿照原始負片的形狀。

依據內容決定版式的書

1

2

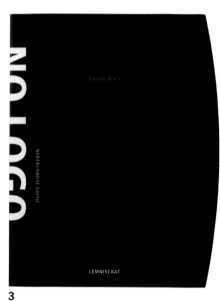

3

1 雕塑家 Andy Goldsworthy 的《觸碰大北》（*Touching North*, 1989）一書，是以他在北極圈利用雪塊做成的雕塑作品的相片為重點。此書版式是為了配合相片中廣袤荒寒的景致以及綿延無盡的地平線。

2 Gilles Peress 的《瘖啞》（*The Silence*, 1995）收錄作者於 1994 年盧安達內戰時拍攝的系列照片，其版式完全吻合負片格式。書中所有相片皆未經裁切。選用此種版式無形中強化了真實感──對於報導攝影十分合適。

3 娜歐蜜‧克萊恩（Naomi Klein）的《*No Logo*》（2001）德文版以特殊版式印行，前書口呈現弧形，會讓人與某段圓弧聯想在一起。

4

5

4 Eva Tatcheva 創作的童書《巫婆薩爾妲的生日蛋糕》
（*Witch Zelda's Birthday Cake*），版式選用一只南瓜的
形狀，暗指故事中巫婆製作生日蛋糕的材料。

5《馬子快跑》（*Chicks on Speed*）的版式刻意裁
切成不規則形狀，以切合層層疊疊、意象紛亂的
內容編排形式。

5 網格

版式決定了書頁的外緣形狀；網格則是用來界定頁面的內部區塊②；編排（layout）則決定了各個元素的位置。運用網格進行編排可讓整本書的進行過程產生一致性，讓整體樣貌顯得有條不紊。運用網格規劃頁面的設計者相信：視覺的連貫性可以讓讀者更專注於內容，而不是形式。頁面上的任何一個內容元素，不論是文字，還是圖像，和其他所有元素都會產生視覺聯繫：網格則能提供一套整合這些視覺聯繫的機制。

近來，越來越多設計者開始不甘臣服於網格傳統，其中甚至有人強烈質疑它的必要性。他們認為：建構網格不啻畫蛇添足，頁面上的網格既不具備強化內容的功效，還會阻礙讀者去體驗作者的意圖。至於所謂的內容連貫性，對於書籍而言也不見得絕對正面，有時反而是一種缺陷，因為它會局限設計者進行編排的自由度，使頁面編排受制於一套不自然的陳規而顯得了無新意。

從絕對服膺網格規範，到徹底捐棄網格兩個極端之間，存在許許多多的可能性。其中有的傾向方正工整、日益式微的理性主義做法；亦有人致力尋求展現風格、傳達感覺的手段。在書籍網格的歷史演進過程中，這兩種見解始終是互見消長，而不是非此即彼；代代輩出的設計者，都為前一代的設計手法注入新穎的創見，並非完全取而代之。目前，某些設計者仍持續援用中世紀以來的傳統，也有一些設計者偏好採行 1920 年代由現代派設計家開發的其他技法。基本網格體系可規劃頁面餘白的大小、印刷區域的形狀；行文欄的數量、長度③與高度；以及欄間距離。更精密的網格體系則能夠制定行文所需的基線；甚至決定圖片的形狀以及標題、頁碼和腳註的位置。

對稱頁面或不對稱頁面

當設計者面對一個跨頁版面，著手設定行文區塊之前，必須先決定一件事：要讓左右兩頁呈現對稱？還是不對稱？大多數非印本書經過裝訂後都是沿著中間的訂口中軸線呈現左右兩頁對稱的形式。中世紀的抄寫員偏好採用對稱網格，使得對稱頁面成為當時書籍的主流形式。抄本的左手頁文字區域乃直接鏡射右手頁。至於不對稱頁面，顧名思義，則沒有聯繫行文區塊的對稱線。

幾何網格

許多早期印本書規劃網格架構時並不參照實際的度量單位，而往往都遵循幾何原則。十五、十六世紀時，歐洲還沒有統一的度量衡；量尺（measuring stick）也尚未發展成熟，當時鑄造鉛字，字級大小皆由個別的印刷坊自行決定。這一節我們先討論幾何網格。

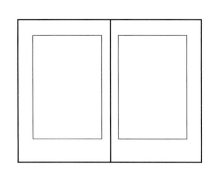

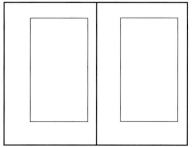

上圖 對稱的文字或圖片區塊。

下圖 不對稱的印刷區塊。大部分不對稱的文字區塊與網格會對齊首、末行，亦即：雖然左、右頁的前切口餘白寬度不盡相符，但兩頁的天頭餘白、地腳餘白則多半相同。

③欄長即「欄寬」。

以單純線框界定行文區塊

劃定左右頁對稱的印刷區塊，最簡單的方法應該是直接畫出一個頁邊四周餘白的寬度全部相同的單純線框。設計師德瑞克・柏茲歐爾（Derek Birdsall）很喜歡運用這種直截了當的做法，他所設計的書籍往往都採用這種內邊餘白與外邊餘白寬度一致的版型。採用此法必須把書頁的數量與裝訂方式列入考量，小心避免方正的文字框陷進內側訂口。

與版式等比例的行文區塊

劃定與版式相同長寬比例的矩形印刷區域很簡單：先畫出兩道跨越頁面的對角線，便可畫出四個角落與對角線相交的新矩形。直立型頁面依此法可得出高度相等的天頭餘白與地腳餘白，而前切口餘白與訂口餘白也會一致（但比天頭、地腳餘白窄）。如果設計者採用這種方式，通常會再做一點視覺修正，將行文框稍微往外推、朝上移。設計者以目測判斷一個適當的距離，藉由這樣的調整，得出四個不同的餘白尺寸。

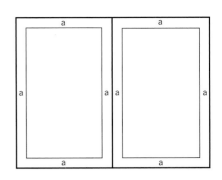

畫出與版式同比例的行文區塊網格

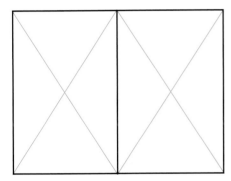

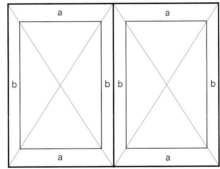

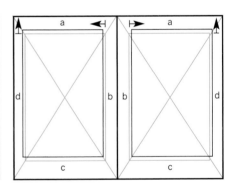

1 要劃定與版式等比例的行文區塊，首先畫出穿越頁面的兩道對角線。

2 選定天頭高度之後畫出一道與上切口平行的直線與兩條對角線相交。從兩個交叉點往下各畫一條與前切口平行的直線直到再次與對角線相交，界定出文字框位置。如此可確立兩組不同的餘白寬度：天頭與地腳餘白a，以及切口與訂口餘白b。

3 文字框可稍稍往上移並略微推離訂口，讓裝訂時有些餘裕。如此調整可確保文字框與頁面仍舊保持相同形狀，但四邊餘白寬度都不一樣。此範例的前切口餘白d小於訂口餘白b；天頭餘白a小於地腳餘白c。

維拉爾·德·奧涅庫爾氏的頁面規劃法

古代建築師維拉爾·德·奧涅庫爾（Villard de Honnecourt, c.1225–c.1250）自創一種依循幾何原則劃分空間的方法，與費氏數列規則的不同處在於：無論哪一款頁面版式都可以再進一部細分。在黃金分割比例的版式上運用此種方法，可確實將頁面的高、寬各自劃分為9等分，進而將頁面切割成81個小單位，而每個小單位的形狀皆與原版式、行文區塊形狀相同。餘白的大小則取決於小單位的高度與寬度。這種九九分頁法同樣亦適用於橫展型版式。

1 選定跨頁的版式與開本。此範例為2:3。

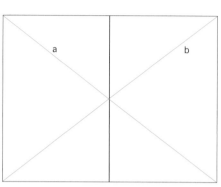

2 畫出兩道貫穿頁面的對角線a、b。

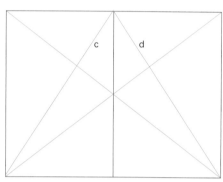

3 從底邊外角分別畫出各頁的對角線c、d。

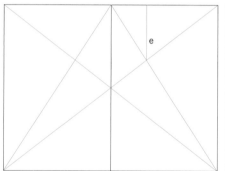

4 自右頁兩道對角線的交叉點往上拉出一道垂直線e。

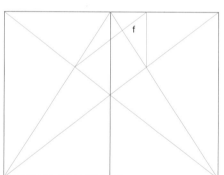

5 把垂直線e的頂部與左頁兩道對角線的交叉點連成一線f。

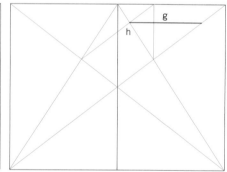

6 從右頁d與f的交叉點h拉出一道水平線g，h和訂口的距離，即整頁寬度的九分之一。

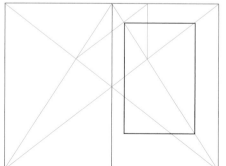

7 水平線g即是右頁文字框的頂邊。從此線的兩端點往下畫兩道垂直線，與單頁對角線d相交處橫向畫出水平線，即得出文字框的底邊。

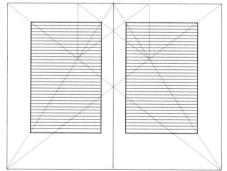

8 在左頁重複上述步驟，畫出文字區域。並設下行文基線。

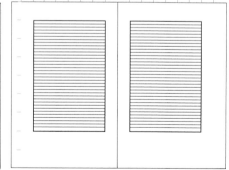

9 四邊餘白的寬度都可以對應分成9等分的長、寬邊的單位數。

	1									
	2									
	3									
	4									
	5									
	6									
	7									
	8									
	9									
	10									
	11									
	12									
	13									
	14									
	15									
	16									
	17									
	18									
	19									
	20									
	21									
	22									
	23									
	24									
	25									
	26									
	27									
	28									
	29									
	30									

左圖 此頁面的劃分方式並非藉由實際量測,而是根據幾何原則的結果。畫這種圖只須運用直線而不必借助附刻度的尺。這種分頁法發展於十三世紀初,當時整個歐洲的長度度量單位尚未標準化,量尺亦未臻精確。

保羅・雷內氏的單元劃分法

保羅・雷內（Paul Renner, 1878–1956）的《版面設計藝術》（*Die Kunst der Typographie,* 1948）中提出一種矩形版式劃分法，除了能將頁面劃分成與原始版式相同比例的小單位，還可以用來設定文字框的位置與餘白的寬度。其訣竅是：將頁高與橫幅以相同數量等分切割。如此便可根據頁高與頁寬上的13、14、15、16……（依此類推）等分為單位，安排文字框的位置，決定餘白的寬度。在電腦上以此法進行頁面規劃亦頗容易，但可能會動用許多小數點。

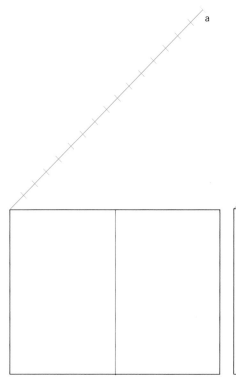

1 設定頁面版式與開本之後，從整個跨頁的左上角為起點，以畫出一道大約45斜度的直線。將直線分成16等分。

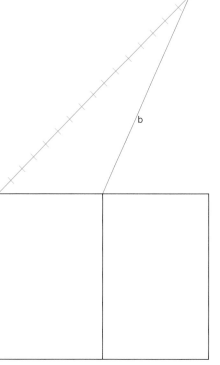

2 將此16等分與頁面寬度相對應。將斜線頂點與頁面右上角連成一線b。

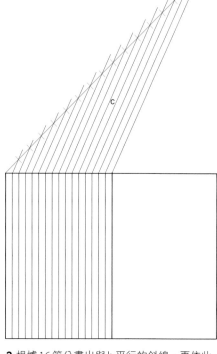

3 根據16等分畫出與b平行的斜線，再依此在頁面上畫出垂直線。

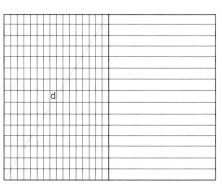

4 畫出頁面對角線d。從對角線與垂直線的交叉點在跨頁上拉出水平線。此時頁面平均分成256個小單位。

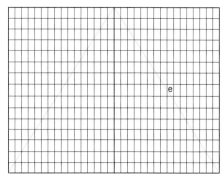

5 在右頁畫出對角線e，從對角線與水平線的交叉點拉出垂直線。此時跨頁均分成512個小單位。

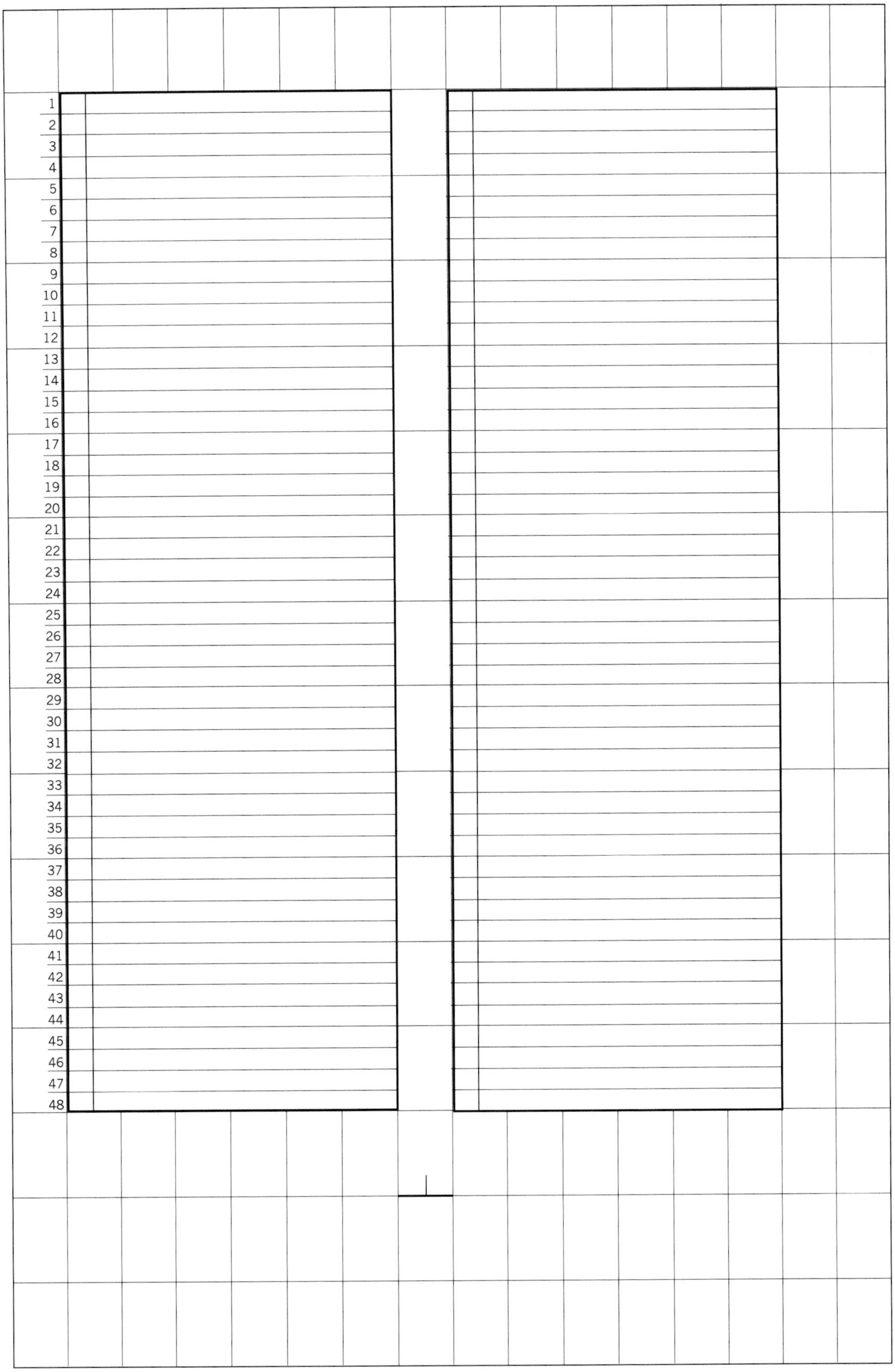

左圖　頁面經此幾何劃分為512個小單位，每個小單位的高寬比例與原版式完全一致，可依此設定各種不同餘白與欄位。此範例所示為兩欄網格，天頭餘白為1單位高、地腳餘白為3單位高，訂口餘白為1單位寬、前切口餘白為2單位寬。欄間距離則採用1單位寬。

根號矩形

另一種規劃頁面的方式是利用根號矩形（root rectangle）──可在內部劃分出維持原有長、寬比例的幾個較小矩形。舉例來說：根號二矩形內部可切割成兩個與原形狀相同比例的矩形，根號三矩形則可分成三個。根據頁面對角線與以頁面寬度為直徑畫出的圓形弧線的交叉點，可規劃出頁面四邊餘白與文字框的寬度和形狀。

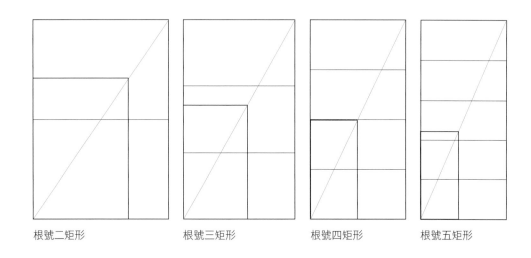

根號二矩形　　　　　根號三矩形　　　　　根號四矩形　　　　　根號五矩形

用根號三矩形建構網格

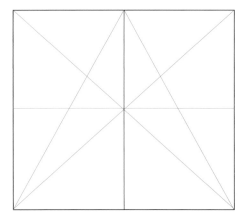

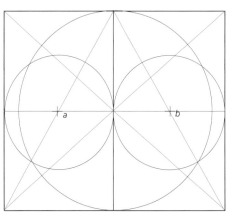

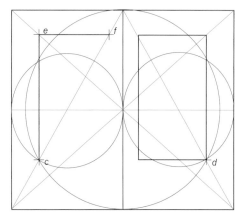

1 畫出跨頁範圍並平均分出左、右對頁。畫出整個跨頁的兩條對角線，以及個別單頁從外角到訂口頂端的對角線。以跨頁對角線的交叉點為準，畫一道橫跨兩頁的水平線，將跨頁分成上、下兩半。

2 以單頁對角線與水平線的交叉點a、b為圓心，交叉點到頁面外緣為半徑，在左、右兩頁各畫一個圓（紅色細線表示）。以跨頁正中心的交叉點為圓心，頁高為直徑，畫出一個大圓。

3 從大圓、小圓與單頁對角線的交叉點c、d往上畫出垂直線，直到與跨頁對角線相交點，就形成了文字框的側邊，同時也界定了前切口餘白。接著再從e畫出一道水平線，與單頁對角線交會於f。e到f這道與上切口平行的水平線即為文字框的上緣；訂口餘白、地腳餘白此時也可畫定。

上圖 優雅的幾何結構根號三矩形網格，可劃分成各種欄位數。

依據度量單位規劃網格

十七、十八世紀間，由於鑄造活字的級數測定單位已進入標準化，得以發展出以下幾種網格建構法。

比例級數／模矩級數

先前已介紹過設計者運用費氏數列制定版式（參見頁30）的方法。此種模矩級數（modular scales）同樣可以用來設定網格。循此法建構的網格可十分靈活地呼應內容，譬如：一本關於自然生態的書，可以根據一片葉子或一個貝殼的形態，發展出一套級數。除了極少數讀者之外，或許不是每個人都能夠察覺這種規劃網格的手法，但是對於能夠領略這種巧思的人而言，此舉可增添閱讀過程中的感受。相對地，對於設計者來說，此法則可使網格架構配合內容的需求，而不至於讓形式凌駕於內容之上。這種方法可以套用任何一種測量單位：毫米、英寸、點數（point），或迪多點（didots）皆可。有的設計者認為這種從內容推演版面的做法難免過於牽強，尤其是處理某些不具備物理特性的主題，譬如：政治人物的自傳，因為無法從中找到明確的級數依據。

用比例級數建構網格

1 選擇一個基數，套用比例級數，不斷累加前兩組數字便可得出下一個數值。設定一款基本版式（直立型或橫展型）。粗略畫出頁面形狀以及單頁與跨頁的大約尺寸（上圖以青色線表示）。

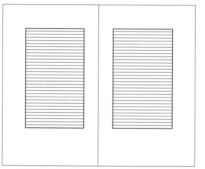

2 從級數中挑出最接近原先粗略畫出版式寬度的數字，設定符合該數字的頁寬。畫出單頁與跨頁。再從該組級數中選擇一個數字，設定天頭餘白與文字框的高度。畫出文字框的上、下緣。地腳餘白便會根據文字框，自動符合級數中的一個數字。循相同步驟，從級數中選擇一個數字，設定訂口餘白與文字框的寬度；記住你預定採用的字級大小與行長。前切口餘白便可依據訂口餘白和文字框，符合級數中的一個數字。

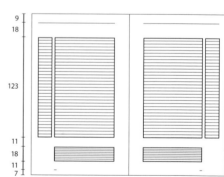

3 一旦確立了文字框的位置與範圍，接著設定字體級數、行間、基線網格。再用級數中挑出的各組數字分別設定網格上其他元素的數值，例如：頁邊欄位、欄間的寬度與腳註、頁碼、頁眉的位置。如果使用電腦作業，由於設定字級並無任何限制，運用此法會更順暢。

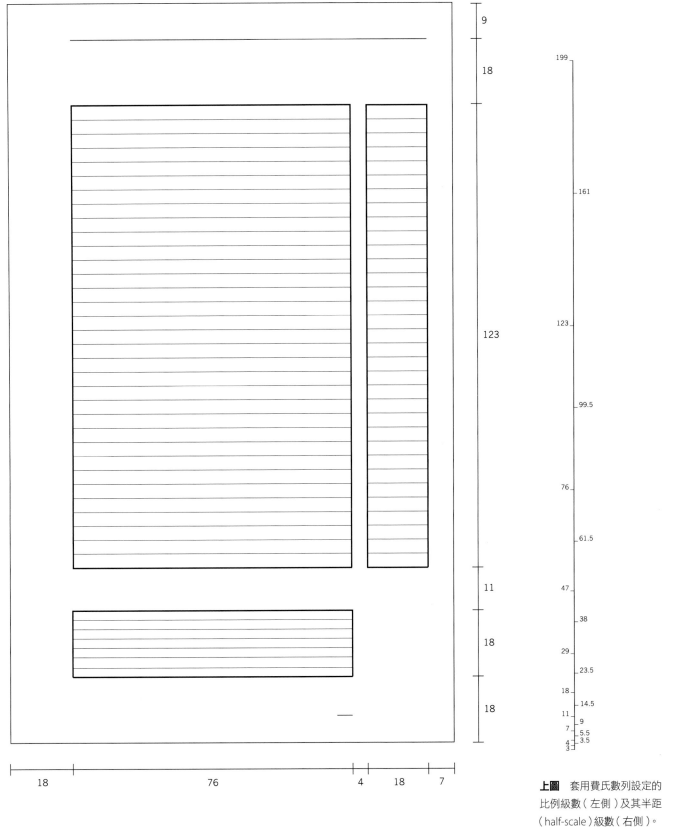

上圖　套用費氏數列設定的
比例級數（左側）及其半距
（half-scale）級數（右側）。

模矩級數表

89

76 55 47 29 18 11 7 4 3

2
1

63 39 34 24 21 15 13 8 5 3

71 44 27 24 17 15 10 9 7 6 3

79 54 49 44 30 27 19 17 11 10 8 7 3

54 33 30 21 19 12 11 9 3

60 37 23 14 9 5 4

68 42 26 16 10 6 4

76 47 29 18 11 7 4

84 52 32 20 12 8 4

57 35 22 13 9 4

73 45 28 17 11 6 5

81 50 31 19 12 7 5

55 34 21 13 8 5

60 37 23 14 9 5

53 33 20 13 7 6

86 63 39 22 14 8 6

58 36 24 15 8 6

39 24 15 9 6

61 38 23 15 8 7

66 41 25 16 9 7

69 43 26 17 9 8

現代派網格

楊·奇科爾德與其他許許多多二十世紀初期的藝術家、設計師一樣,都認為老式的字型、網格體系與編排手法已無法勝任傳遞現代訊息內容的工作。他的著作《新版型》(Die neue Typographie, 1928)拋棄一切舊有成規,為新時代的書籍設計開疆闢土,並藉此揭櫫一套前衛、理性、令人耳目一新的新技法。現代派思維對書籍網格的發展歷程有兩個主要的影響階段。第一個階段肇始於1920和1930年代的包浩斯與構成主義運動。第二個階段始於第二次世界大戰之後,由新一輩的設計者承襲奇科爾德與其他現代派設計先驅的理念。在瑞士與德國兩地,比爾(Max Bill)、魯德(Emil Ruder)、厄尼(Hans Erni)、皮雅提(Celestino Piatti)和穆勒─布魯克曼(Josef Müller-Brockmann)等人,陸續把系統網格發揚光大,用條理分明的架構安排所有圖文元素的位置。

穆勒─布魯克曼在《平面設計中的網格體系:平面設計師、字型設計師與三度空間設計師之視覺傳達手冊》(Grid Systems in Graphic Design, 1961)中如此表達他對網格建構的看法:「在高明的網格體系之中,線條不只用來對齊行文、圖框而已,也用來對齊各圖註、凸顯字(display letters)、大標題、小標題等。」④ 他在那本A4開本的書中不僅詳文說明,並且實際示範,以其理性手法進行全書的設計──對於頁面設計,穆勒─布魯克曼不只巧手鋪排,簡直到了精心構築的地步。他的測度方式很準確工整,所有的網格元素可以完全用整數標示;欄位乃依據版式切割而來;餘白與圖格得自欄位的分割;基線則完全吻合圖格的平均分割。

④依照西方印刷慣例,級數等於或大於14pt的字體統稱為「凸顯字」,以區別小於14pt、主要用做連續行文的「內文級數」(composition sizes)。

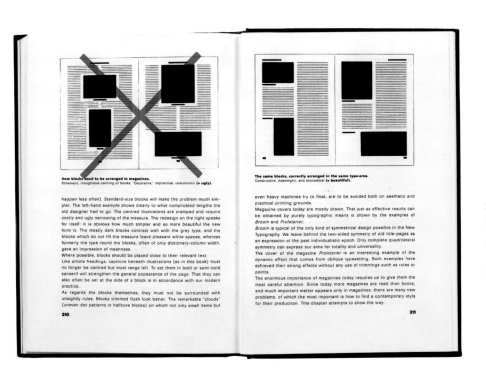

右圖 楊·奇科爾德《新版型》書中某跨頁內容展示作者對於傳統書籍編排的見解。左頁的圖註如下:「雜誌版塊之運用。圖版不分青紅皂白一律對齊版心正中央。『為裝飾而裝飾』,不切實際,亦不經濟(等於『醜』)」。右頁的圖註:「完全相同的版塊,準確無誤地安置在同樣的版心範圍之內。有條不紊,意義明確,也很經濟(等於『美』)。」

現代派網格與後現代實驗

1 約瑟夫‧穆勒—布魯克曼在《網格體系》(*Grid Systems*, 4th edition 1996)中示範如何處理不規則形狀的圖像。「要增強去背圖片的視覺穩定度，可以用顏色加以鋪襯，讓它看起來就像方方正正的圖片一般。」現今許多設計者認為：這種一味加強網格卻犧牲內容形式的做法，代表機械系統凌駕了閱讀感受。

2 艾彌爾‧魯德的《版面學》(*Typographie*, 7th edition 2001)，這個跨頁將每一頁分成九個正方形圖框。

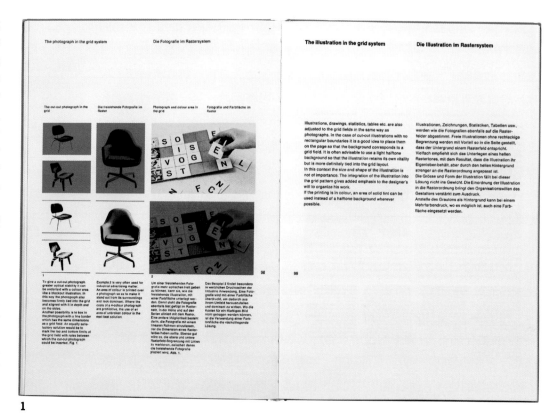

1

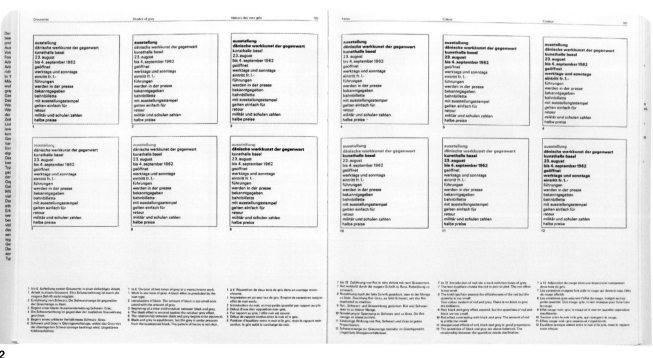

2

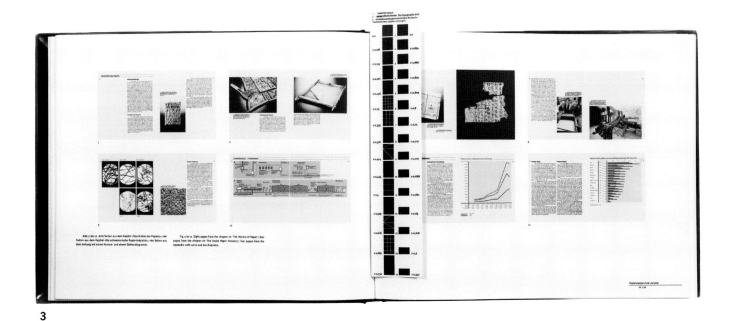

3

3 漢斯・魯道夫・波夏德（Hans Rudolf Bosshard）的
《版面網格》（*Der Typografische Raster*, 2000）以橫展
型版式實地示範各種四欄網格的頁面。範例中的文字
排列都經過齊頭尾處理，從視覺上加強了網格架構。
此書還附贈一枚非常實用的書籤，上頭印有各式各樣
的書籍版式。

4 沃夫岡・韋格特（Wolfgang Weingart）在《我的版面
設計之道》（*My Way to Typography*, 2000）的這個跨頁
上，展示了幾款不對稱的編排範例（雖然此頁本身是以
正常的四欄網格進行編排）。首尾對齊的行文方式強化
了文字欄位。左右兩頁的頁碼一律印在右手頁頁面三分
之二高度的位置——對於查詢索引翻找頁面頗為方便。

4

運用現代派理念建構網格

依照現代派原則所設定的網格，行文欄內可以劃分出任何圖格數量，但行文欄位一般都介於2欄到8欄之間。設計者劃定基線網格時，必須先決定字體、字型、字級與行距。接著再設定能夠吻合每個模矩數字與每個欄位的行文行數（加上行間）。假如設計者打算將每一欄區分成6個圖格，每欄以選定的字級排53行，那麼每個圖格的行數就等於欄內的行數（53）扣掉圖格與圖格之間的空行數（5），再除以圖格數（6）。舉例來說：如果每欄排47行，減去5行等於42，再除以6，就等於每個圖格排7行。如果一頁有4欄，則每頁有24個圖格，一個跨頁就有48個圖格。

頭一回嘗試大概不容易做得像範例這麼乾淨俐落；很可能算到最後，才發現多出許多小數點。要克服不足行的問題，設計者必須盡可能找到最接近且能夠被6（即每欄內的圖格數）整除的數字。例如：每欄47行減5行等於42，42

建構一個現代派網格

1 選定版式（直立型或橫展型）與開本大小，此範例採用公制的A度規格。

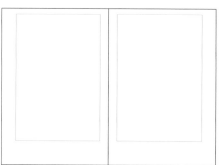

2 約略劃定餘白寬度，並依據內容設定行文區塊（青色線框）。

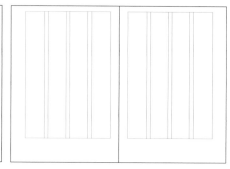

3 依照欲排列行文的欄位數，初步定出版心位置，並畫出欄間。

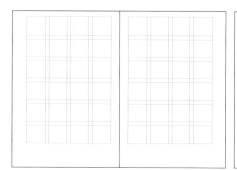

4 大致區分出均等的圖格區，並空出間隔。

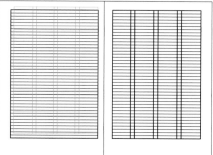

5 確定字體級數與行距大小，據此進一步修正之前粗略設定的網格（右頁的黑色線框）。此範例中，每一欄位分為6個圖格，每欄41行。欄內的行數（41）除以圖格數（6）減去圖格與圖格之間的5行（穆勒─布魯克曼稱之為「空行」）。41行減5空行等於36行，36行除以6圖格等於每圖格6行。這樣就可以把所有餘白考慮進去。

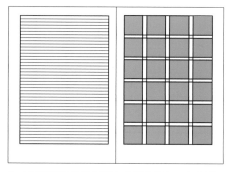

6 水平的基線網格與垂直的欄位疊在一起（以青色標示）。第一行的上緣靠齊圖格的最上方；欄位下緣則靠齊最後一個圖格區的底部。這種讓基線一致對應圖格的編排方式，可以在行文中同時使用不同級數的字體。

除以6等於7，即每個圖格內含7行。

　　為了配合每個欄位內的行文行數，可能得稍微更動字級大小或行間的數值，或改變行文區塊的高度，甚至連帶調整餘白寬度，甚至變更版式。若干援用現代派做法的設計者偏好讓頁面完全吻合基線網格。

　　一旦基本網格大致建構完成，設計者接下來就要考量如何整合主文以外的其他文字元素：標題（heading）、圖註（caption）、頁碼（folio）、腳註（footnote）、標示（label）、註解（annotation）。穆勒─布魯克曼認為：這道程序直接與設定好的基線網格息息相關。他用基線網格決定頁面上其他所有文字元素的級數和行距大小。頁面上級數最小的文字，譬如圖註，字級可能是7pt、行距1pt；內文主體是10pt的字配合2pt的行距；較大的標題則是20pt，行距為4pt。這三種級數的文字加上各自所屬的行距皆為24的因數。

下圖　在穆勒─布魯克曼的網格體系中，所有的網格區塊都是由基線分割出來。網格內可置入各種級數的字體，但字級和行距的總合必須符合每一道線。這種視覺結構是藉由改變行距來維繫。

連結行文與網格區塊

Different type sizes can be used within a modular grid. Swiss/German modernism dictates that the type and leading combined must be an exact subdivision of the height of the picture unit and relate directly to the baseline grid. In this example, the baseline grid is 20pt, the type is 5/10pt News Gothic, and the field is 120pt deep and accommodates 12 lines of type. The number of characters per line is approximately 48. The empty line between the fields also relates directly to the baseline grid.	**Larger type sizes** can be used but work better with a wider column. Here the baseline grid is 20pt, the type is 10/20pt News Gothic.	**Chapter Titles** might use large sizes; here 16/20pt, again strictly adhering to the picture units. Large numerals used as section openers relate directly to the baseline grid.
Ⓐ	Ⓑ	Ⓒ

Body copy is made to work in a range of column widths. In this example, the baseline grid is 20pt, the type is 8/10pt News Gothic, and the field is 120pt deep and accommodates 12 lines of type.	Here 10pt News Gothic type is used across the wider column. The number of characters per line is increased to approximately 54. When the type moves up to 12pt/20pt the leading is further reduced.	7
Ⓓ	Ⓔ	

Ⓐ模矩網格內可適應各種不同級數的字體。瑞士／德國的現代派理念嚴格限定字級與行距的總和必須是圖格高度可以整除的因數，並且靠齊基線網格。此處所示的基線網格為20pt，文字為5pt（加上行距共10pt）News Gothic字體，行文區塊高度為120pt，可容納12行；每行大約可排入48個字母。區塊之間的空行亦緊靠基線網格。

Ⓑ亦可選用級數較大的字體，但最好搭配較寬的欄位。此處基線網格為20pt，文字為10pt（加上行距共20pt）的New Gothic字體。

Ⓒ章節標題可以選用級數更大的字體；此處所示為16pt（加上行距後共20pt），仍然緊緊貼著圖格。當做段落起首的大數字，緊靠著基線網格。

Ⓓ主文必須可以適應各種欄寬。此處所示的基線網格為20pt，文字是8pt（加上行距為10pt）的New Gothic字體，圖格區塊高120pt，共可容納文字12行。

Ⓔ此處使用10pt的New Gothic字體，跨出圖格佔用較寬的欄位。每行可大約容納的字母數增加為54個。

當字體級數提升為12pt（加上行距為20pt）時，行距就得縮得更小。

網格區塊

現代派的網格建構法能讓設計者在頁面上置放圖、文時有明確的位置。網格區塊（grid fields）可以適用於各種形狀不一的圖片：網格中區塊的數量分得越多越細，能夠適應圖片形狀的範圍也就越大。採取這種方法，要讓圖像完整填入圖格區塊內，必須視狀況裁剪圖片或增加網格區塊，而不能像其他方式那樣靠齊最接近的基線。

單一版式內的複合網格

即使內容最單純的書籍也可能使用不只一套網格。以一本文字為主且字數甚多的非虛構書籍為例，章節部分可能使用一套網格，詞彙表與索引則各自採用另外一套網格。行文區塊或許從頭到尾都看起來差不多，但其欄位數和文字級數的變動則可能頗大。

多層次網格

網格架構越複雜，編排時可變動的範圍也越大。瑞士設計家卡爾‧葛斯納（Karl Gerstner）於1962年為自己供職的《Capital》雜誌特別設計了一款網格體系，在直立型的矩形版面上採取正方形文字框。每一頁的單一文字方框可以再細分為2、3、4、5和6圖格的倍數，便可產生1、4、9、16、25和36個不等的圖格數。由於文字框是正方形，其高度與寬度可完全等量區分。垂直與水平各自可切分成58等分。

多層次網格的理念與早期某些主張簡潔、一目了然的現代派原則已有所分歧。時至今日，許多熟悉現代派原則的設計者也開始探索更複雜、更具裝飾效果的網格架構，逐漸形成某種幾何學的巴洛克風格。網格原本是做為印刷工藝上必備的一項利器，如今已逐步進化，成為獨立於內容之外、可供各種實驗作品發展的場域。

對於某些設計者而言，將這種方法推到極致不免成了玩耍，不啻無限度地提升設計者的重要性、凌駕於作者欲傳達的訊息之上。對於抱持正統派論調的人來說，繁複的網格雖可促進視覺的豐富性，但仍有許多成品值得詬病。

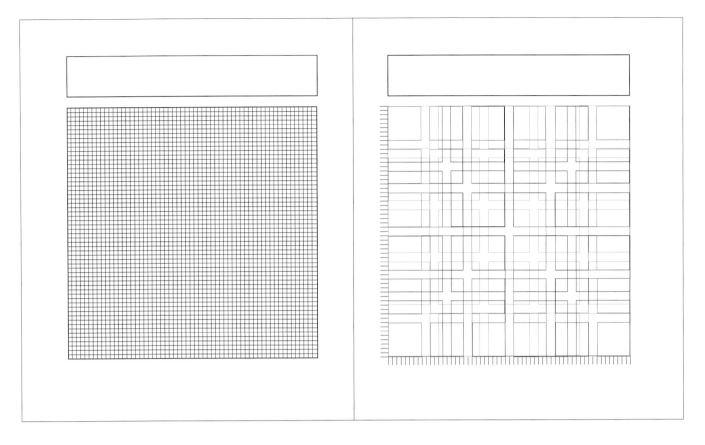

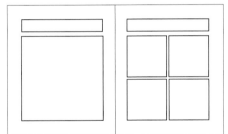

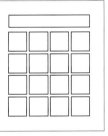

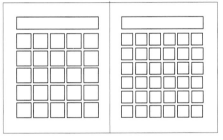

單一圖格區塊
58

4 等分圖格區塊
28 + 2 + 28 ＝ 58

9 等分圖格區塊
18 + 2 + 18 + 2
+ 18 ＝ 58

16 等分圖格區塊
13 + 2 + 13 + 2
+ 13 + 2 + 13 ＝ 58

25 等分圖格區塊
10 + 2 + 10 + 2
+ 10 + 2 + 10 + 2
+ 10 ＝ 58

36 等分圖格區塊
8 + 2 + 8 + 2 + 8
+ 2 + 8 + 2 + 8 + 2
+ 8 ＝ 58

上圖　卡爾・葛斯納為《Capital》雜誌規劃的網格十分靈活，可適用於各種欄寬並始終維持相同的圖格間距。運用上例規劃網格的設計者，雖然嚴格依據網格裁切圖片，但因為區塊數量可多可少，圖片形狀與大小在有條不紊的架構內還是能有各種變化。葛斯納把這種網格稱為「陣式」（matrix），上圖的陣式是由 58 乘 58 個圖格區塊所構成。

現代派網格的評價：圖格區塊網格的局限

不管這種方法多麼合理、多麼能夠適應各式各樣的圖片形狀，但如果設計者硬性套用這種網格架構，難免得修整某些圖片的格式。攝影與繪畫作品本身有各式各樣的規格，並非全部都能夠完全不經裁切地符合現代派的網格區塊。許多專業攝影師並不贊同設計者為了配合優先考慮行文的僵硬網格架構而不得不裁切他們的圖像作品。有些採用嚴格的現代派網格原則的設計者面臨這類難題時，會將圖格區塊（picture unit）當做浮動的網格，只求圖片的高度或寬度兩者之一符合網格模矩，容許未經裁切之圖片的另一邊突破網格限制。

如果相片的形狀比例全部一致，或美術指導能於事前針對某特定書籍規定以某種規格統一進行拍攝，設計者便可根據底片規格規劃網格與圖格。由北方設計事務所（North Associates）經手設計的《RAC手冊》（*The RAC Manual*，參見頁61附圖）就是一個很好的例子，書中以橫幅35mm正片的規格、形狀和大小為基礎，再依基線網格劃分圖格區塊。

迫使設計者不得不裁切圖片的網格系統，並不適用於必須完整呈現作品全貌的繪畫圖錄。因為絕大多數的畫作形狀不一，也無法裁切，沒道理硬要把它們套入某個圖格架構。如果遇到這種情況，設計者就必須採用彈性較大、限制較鬆的網格體系。

下圖　攝影軟片的幾種標準規格：35mm；中片幅：6×6 cm、6×7 cm、6×9 cm；大片幅：5×4 in 和10×8 in。

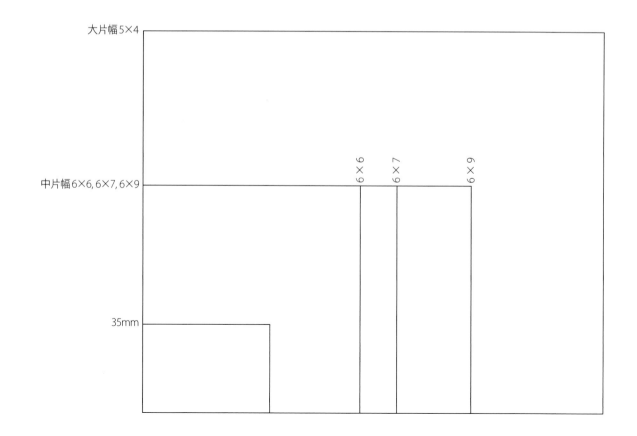

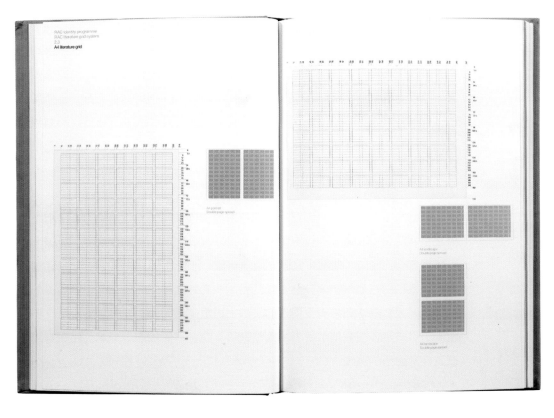

左圖 北方設計事務所設計的《RAC手冊》依據35mm軟片的規格建構網格單位。清楚表現出它如何調解照片格式與網格體系之間的差異，但穆勒─布魯克曼在《網格體系》（1981, p.97）中建議設幾道嚴格的限制：「先在相機的對焦屏上畫出網格，攝影師再據此取景……如此拍攝出來的照片便能符合網格。」

左圖 同書的另一個跨頁，顯示右手頁的小圖格完全配合35mm照片的規格，左頁則顯示可以將這些小圖格合併成圖格區塊，然後根據這些區塊裁切較大的圖片使其符合網格架構。注意右頁最下方的照片，其圖格其實轉了90°，突破了網格限制。

依據版面元素建構的網格

先前所分析的各種網格體系，其進行方式都是「由外而內」（outside in）——先確定版式，進而處理細部文字。在選定的版式上運用各種方式安置文字區塊與相對的餘白寬度，接著再將文字區塊劃分為需要的欄位數。不過，有許多設計者，特別是具備活字排版和手工植字經驗的設計者，則反其道而行，他們偏好「由內而外」（inside out）建構網格，根據內容的屬性先決定適合行文與圖片所需的欄位數，然後才確定餘白的寬度。

因數階乘網格

許多網格體系都建立在頁面寬度、欄位數目與欄間隔的因數階乘（factorial）架構之上。以數學術語來說：因數（factor）是可用整數除盡的數字；例如：16可以用2、4、8加以整除。此原理通常稱做「正整分割」（partitioning）。許多網格體系利用它進行空間分割。設計者能夠看到網格內的各種欄位數所需的圖格數目。因數階乘網格表上傳達的是數字與數字之間的數學關係而不是實際長度。一旦決定各種欄位數所需的圖格數目，設計者便能夠以毫米、點數等單位測定個別圖格的寬度。

因數階乘網格：用欄間數列建立網格

對頁的欄間數列表（table of interval sequences）可用來設定任何一個頁面上的欄位數與欄間。圖表上的每一排都由實心色塊（代表可用的欄寬）與空白（代表欄與欄之間的間隔）接續而成。圖表左側的黑色數字表示該排欄位寬度所使用的單位數。每組數列表的第一排代表最小欄寬；譬如：全頁最上方第一排的欄寬為2單位，欄間則為1單位寬。第二行表示欄寬為3單位，但欄間仍維持1單位寬。青色色塊所在的位置表示，同一組數列中有其他排也符合相同的總寬度。青色數字代表能夠被欄數和欄間整除的數值。以第一組欄間數列的71為例，可以被下列單位數整除：2單位（24欄，23欄間）、3單位（18欄，17欄間）、5單位（12欄，11欄間）、7單位（9欄，8欄間）、8單位（8欄，7欄間）、11單位（6欄，5欄間）。如果選擇以第一組的71為頁面寬度，便有以上這六種數列⑤可用來劃分欄位。至於測量單位，可以使用點數、派卡（pica）、迪多點、毫米或任何一套測量標準；不管採取哪種方式測量，其因數階乘關係架構都不會變動。同樣以第一組欄間數列的71為例：如果將一單位定為2mm寬，則版心總寬度為142mm（71×2mm）寬，欄間是2mm（1×2mm）寬，最小欄寬為4mm（2×2mm），最大欄寬則是22mm（11×2mm）。偶數欄位的欄間數列還可以產生雙倍寬的欄位；例如：11單位＋2單位欄間＋11單位，便成了24單位欄寬。

⑤即黑色數字2、3、5、7、8、11六排。

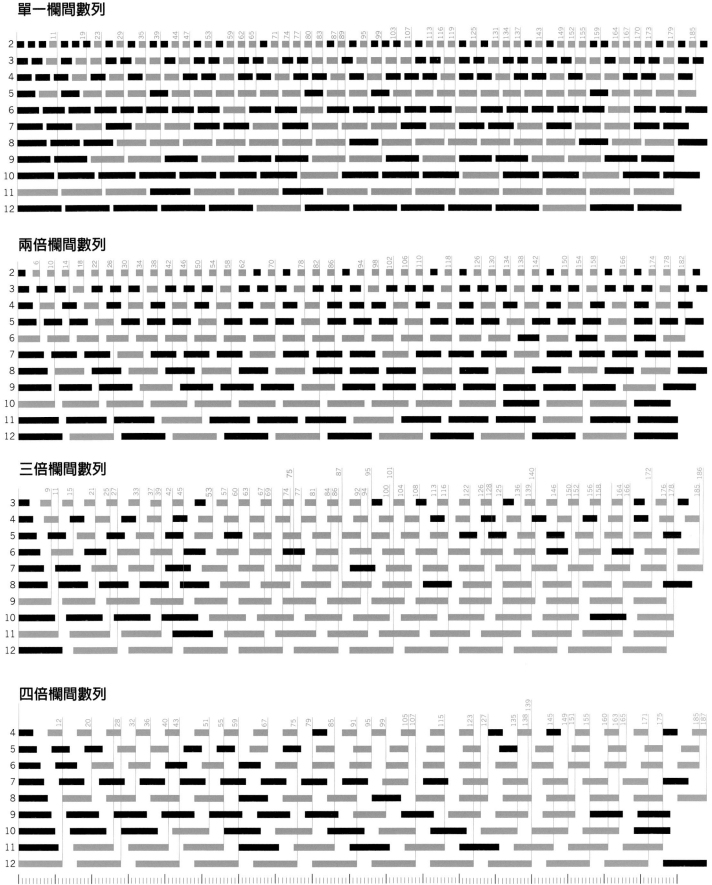

單一欄間數列

兩倍欄間數列

三倍欄間數列

四倍欄間數列

點數插鉛塊網格體系

在活字排版年代，網格很容易用個別鉛字字級大小所佔據的方正區域加以區分，這種方正區域稱為「全形」（em）或「滿格」（quad）（「全形」名稱的由來源自早期鑄造大寫 M 字母的鉛字方塊）。簡單的空間劃分方法是：交替排列「全形」字母與間隔，構成一組「十二滿格」（12-quad）的樣式。以全形空鉛塊做為行寬或欄寬的標準單位，稱做「幾個全形」寬。由於這套規則乃源自英制測量單位，英、美兩地的植字工普遍都以十二滿格當做網格的基本單位。因為數字 12 可均分為 1、2、3、4、6 欄，如果使用十進位公制，則數字 10 的因數只有 1、2、5。

　　採用鉛塊網格體系的設計者通常會在心裡先擇定一個頁面版式和大略的開本大小。只要挑選合適的空鉛塊，設計師便能夠輕易推演出一套多欄網格。頁面上的所有元素都可以用空鉛塊標示：基線網格、行長、欄高、餘白，甚至版式。設計家德瑞克・柏茲歐爾進一步將這種源自英制的排版體系引入公制領域，創出他所謂的「公制插空鉛網格」（metric quad grid system）。

右圖　12個12pt滿格鉛塊搭配11個全形間隔共276pt，顯示插鉛塊網格法乃源自冷式植字⑥（cold-metal composition）。14pt鉛塊搭配14pt空鉛間隔共322pt；如果用18pt鉛塊則為414pt。

⑥所謂「冷式植字」，主要指稱手工植字（逐一挑揀個別鉛字塊組版的過程），也包括照相打字；與此相對的「熱鑄法」，則指使用大型機具（如蒙諾單字鑄排機、林諾整行鑄排機或其他鑄字機器等）以燒熔的金屬澆鑄成個別的字元、整行或整面文字。

公制插鉛塊網格體系

探討版式規劃（見頁 39）時，我曾提出英制與公制在計量上的互斥問題。設定插鉛塊網格也會發生同樣的問題。頁面的外部尺寸往往都以毫米為計量單位，而內部的插鉛塊網格卻是使用點數。德瑞克・柏茲歐爾在其傑作《書籍設計要義》（*Notes on Book Design*, 2004）中披露他歷時五十年的實地操作，終於成功將公制測量單位運用在英制鉛塊體系上。柏茲歐爾提出的方案大約介於英制與公制之間，卻又能夠保留兩者的優點。首先，設定頁面外部與內部都使用相同的測量單位，原本的全形方格與間隔則以公制單位的方格取代；例如：4mm×4mm、5mm×5mm。以公制單位標示的方格亦名為「滿格」，但基本組合模式仍維持 12 而不是 10，以維持較大的欄數可能。此規則雖以 12 為基本組合，但實際上可以支援任何數字。

　　一旦規劃出版心的基本欄位與間隔網格，設計者接著設定四周的餘白，由此便可得出版式。所有頁面元素則全部依照公制滿格設定，一如點數插空鉛法。頁面的垂直與水平部分都用公制單位劃分，而基線網格、行間距、字級也都用毫米標示，但也可以用點數。歐陸與較年輕的英、美兩地的設計者現在往往都已十分習慣以毫米標示字級，但老一輩的設計者還是持續採用點數制。這種網格規劃法很明顯是由內而外進行，從個別的滿格方格逐步推演出頁面的版式與開本。

設定公制插空鉛網格

1 初步選定一款版式與開本，設定適合內容所需的行文欄位數目，例如：二欄、三欄或四欄。根據字型風格、字體粗細和大小設定行長。

2 設定每個公制滿格單位：此處所示為一滿格10mm配上4mm欄間組成12滿格寬的行長。這些滿格鉛塊決定了行文範圍的寬度、欄位數與欄寬。此範例所示為單欄，欄寬164mm（12滿格×10mm＋欄間4mm×11）。→

二欄、欄寬各為80mm（6滿格×10mm＋欄間4mm×5）。→

三欄、欄寬各為52mm（4滿格×10mm＋欄間4mm×3）。→

四欄、欄寬各為38mm（3滿格×10mm＋欄間4mm×2）。→

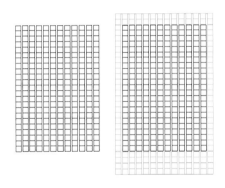 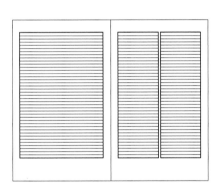 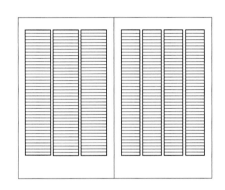

3 以滿格為單位設定欄高：此範例左頁為23滿格＝230mm。再以滿格標示出餘白；柏茲歐爾特別偏愛「讓兩側餘白等寬……我喜歡左、右頁的餘白佔用相同的基本網格」。插空鉛網格體系可支援任何一種餘白寬度測定法，亦可用來對應以裁紙方式制定的版式。此範例中的右頁，訂口餘白與前切口餘白分別插入一單位的滿格和間隔：10mm×2＋4mm×2＝28mm。版心加上兩側餘白之後，頁面寬度便成了192mm。天頭餘白插入兩滿格、地腳餘白四滿格共合60mm，則頁高成了290mm。

4 左頁：單欄、欄寬164mm（12滿格、11欄間）；右頁：雙欄、欄寬各為80mm（6滿格×10mm＋欄間4mm×5）。

5 左頁：三欄、欄寬各52mm（4滿格×10mm＋欄間4mm×3）；右頁：四欄、欄寬各為38mm（3滿格×10mm＋欄間4mm×2）。此體系的鉛塊通常都是用以設定行文基線，但也可以只用來決定頁面版式、開本大小與所需的欄位數。

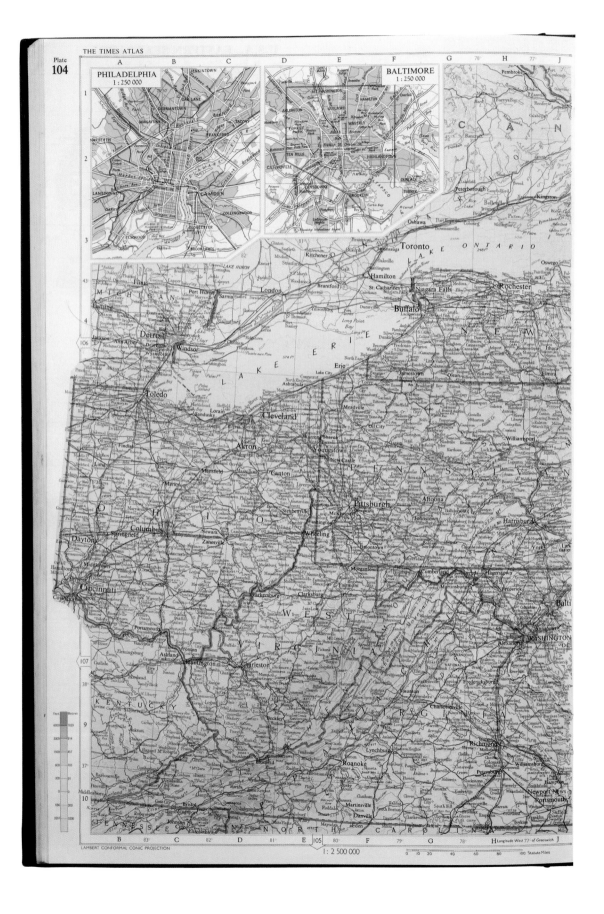

網格方框之延伸利用：呈現地理分布

以方正格局為基礎單位的網格體系並非只能運用於純文字書籍，製圖師繪製地圖也是以方正格局做為基本架構。地理網格的方框網格架構具備兩個主要功能：一是呈現地理區域測繪結果的比例；二是當做查找特定位置的座標依據。

網格方框之延伸利用：呈現時間進行

在地圖集中，網格架構乃是以區域延伸為基礎，但是其他幾種延伸利用系統的網格，亦可透過類似的編排方式，用來傳達其他不同類型的內容。按照連續線性時間進行的書籍，也可以利用方正格局為基礎。例如：這些網格可以當做每十年或每世紀的單位，講述古代文明的歷史或服飾的演進，或者逐月、逐週，甚至逐日交代嬰兒的成長過程。把垂直空間當做時間演進的軌跡，容許各個發展階段在上頭條列、鋪排。如果該書只有單一時間推移流程，這些由基線網格組合而成的簡易欄位就是現成的網格結構，正合適用來交代時間的推移。若是比較複雜的內容，需要讓發生在同一時間點上的事物與概念可以直接相互對照，可能就得利用橫跨頁面的水平空間。網格於是變成了某種形式的矩陣架構，橫跨頁面的水平軸交代時間的進行，其他內容則分門別類從上而下一一條列。設計時間遞增式網格的作業方式與製圖師按照網格比例記錄地理頗有異曲同工之妙。規劃這種網格架構並非出於設計者對版面的美感，而是根據時間進行過程中各項內容的相對位置。

就書取材的衍生網格

衍生網格（derivative grid）的重點在於讓網格架構能夠更精確地貼近書籍內容。假如某本書的內容是以圖像為主，其網格形式便可考慮直接視內容而定。譬如：一本關於舞台設計的書，或許可以運用舞台的形狀當做網格的基礎；一本建築專論則不妨借用建築物的輪廓。以建築專論這個例子進一步說明：可將該書右手頁的網格設定成建築的正立面，後側立面則可利用左手頁的網格。這個點子還可以進一步延伸，如果該書分成好幾章，不妨以一系列的立面圖、樓層平面圖或剖面圖為基礎，為每一章設置一款網格。藉由這種處理方式，該書的網格就能和建築師的設計圖稿內容緊緊相扣。建築物的形態決定了該書的網格架構。這種手法恰與早期現代派設計家刻意消除模矩網格的個性，將之視為清楚傳達內容、增進效能、整理複雜訊息的機能性設置的觀念相悖。衍生網格並非受內容擺布的被動機制，而是整體設計中的主動元素，可凸顯內容形式與書籍形式之間的關係。但是，假使只是一味依樣畫葫蘆、照本宣科，反而會讓設計者陷入令人生厭的網格架構之中難以自拔。連帶使得網格變成內容傳遞與接收之間的障礙，干擾讀者專心閱讀。

演化網格／機動網格

到目前為止所介紹的種種網格建置法，其中大部分網格都是以一種穩定、隱而不顯的方式呈現。不過，演化網格（developmental grid）則是隨著書頁的進行隨時變動，連帶使內容元素的位置也跟著改變。簡單的演化網格可能只有標題、頁碼在書中逐漸移位，但是繁複的演化網格則可能牽動版面上所有元素。這個原理有點類似動畫，乍看之下彷彿每格畫面上的影像都一樣，但一轉動影片，圖像位置的細微變化就連貫成為動作。這種網格讓全書的每一頁都自成一格，雖然從頭到尾版面上都出現相同的元素。

這種技巧拓展了某些設計師的天地。一本書裡的每個章節都可以設定稍有差異的起始點，因為運用演化網格可以在每個頁面上做不同的設計。各章節的序號可以出現在不同的頁面高度，章節內的頁碼、頁眉也可以隨著頁面逐漸位移。許多設計者質疑這種罔顧格律的做法簡直太天馬行空，與書籍的內容幾乎無關。但也有人認為這種方法與任何一種固定不動的網格同樣管用，因為後者也常常與內容無關。對於讀者來說，剛開始接觸可能會覺得有點難以適從，但只要繼續往下讀幾頁、看出它的律動與節奏之後，或許反而會更喜歡這種微妙的變化。

下圖　此跨頁內容完全不運用網格，而是按照一張與跨頁橫幅相等的插畫進行布局。這幅筆觸大膽的插畫出自杜左（Olivier Douzou）與貝通（Frédérique Bertrand）合作的《我們不抄襲》（*On ne copie pas*, Editions du Rouergue）。

不設置網格的書籍

許多童書繪本設計時並不運用網格。一旦確定了版式和內容，負責製作圖像的人便會依照頁面的形狀比例繪製插圖或進行設計，為所有元素安排構圖。至於文字部分（不論是手寫體或排印字），往往是配合插畫安放位置，而不循任何網格架構。不管內文採用制式的排印字或手寫體，其基線、字間都與圖像結合，當成是圖像本身的一部分來處理。

隨著電腦植字時代來臨，植字、排文已不再像過去那樣非全面倚賴幾何網格不可。數位科技改善了1455年古騰堡發明活字印刷術以來存在已久的文字、圖像之間無法相容的問題。中世紀書法家筆下的手寫體總是字字不同，可以寫得行雲流水、龍飛鳳舞；為了方便植字，現今的印刷體則是筆劃統一，但是要排成自由自在的圖形或恪守工整的網格都不成問題。

下圖　克蘭布魯克藝術學院（Cranbrook Academy of Art）2002年紀念冊，負責全書設計以及插圖的Catelijne von Miiddlekoop與Dylan Nelson在內頁中使用流動的行文，而不遵循任何網格。對於一所以引領風尚、勇於創新為宗旨的藝術教育機構而言，如此處理頗為妥適。

6 排版

從網格架構考量頁面排版，促使設計者必須思量如何透過分段的手法彰顯文義，行文該怎樣對齊網格，以及該如何安排書中的垂直與水平空間。不管採用哪一種網格體系，重要的是要讓閱讀者心裡有個譜，使內文能夠順暢進行。

欄高

進行書籍設計時，頁面上的欄高可從兩方面加以考量：一、行高（linear depth，行文字級與行間之總合），可以用點數、派卡、迪多點數或毫米做為測量單位（依照設定頁面網格時採用何單位而定，詳情請參見前一章）；二、欄內之行文行數，取決於字級大小與行間距離。設定欄高時應該將欄寬、欄間、訂口以及版式的比例一併列入考量，尤其在設計者希望讀者能維持流暢不間斷的閱讀之處。雖然長久以來我們早已習慣報紙上的長文字欄，但閱讀報紙文章和閱讀書籍內文是兩回事。儘管我們都曉得怎麼閱讀報紙上高達96行的文字欄，然而，單獨一篇報導文章可能會將內容拆解成數個較短的欄位。閱讀報紙時，我們會根據標題或撰稿者，挑出自己感興趣的段落，自然而然分出輕重差別，在各版面之間進進出出。因此，面對長篇大段落的報紙行文欄時，我們的閱讀模式會自動切成幾段密集讀取的段落，而不像閱讀小說那樣從頭到尾全神貫注、一氣呵成。許多標榜印製精美、設計傑出的書籍，每欄行文大約會排入40行，很多小說亦如此設計，讓人能夠持續不斷往下閱讀。自從約翰·古騰堡印行42行聖經與38行聖經以降，採用雷同行數印製書籍以利持續閱讀便成為西方書籍約定俗成的傳統。非小說類的書籍文字欄或許比較長，但是會使用小標（subheading）截成若干較短的段落。供讀者深入擷取片段內容資料的工具書、參考書的欄高也頗可觀：字典經常多達68行，主題詞典大都走70行，電話簿則高達132行。設計成可供研讀的百科全書的文字欄往往也是行數頗多，《大英百科全書》每欄排72行，但是，這類書籍的欄內行文通常會安插許多區隔段落的小標。書籍索引頁的欄高，為了節省篇幅，則往往塞進更多行；《泰晤士地圖集》的索引頁便排了134行。至於連續文字的長欄，則可加大行間距離，讓閱讀流程更加舒適、順暢。

廓清文義：分段

段落乃由相同意念的文句串連而成。設計者運用排版慣例區隔段落，盡可能使作者文字中的想法得以清楚傳達。隨著時代的演進與書寫傳統的變革，廓清行文的方式先後衍生出各種不同的處理方式。其中包括：插空行、分段號縮排（標示「分段號」參見下頁）、段首縮排、首行突排、插符號接排與降行。

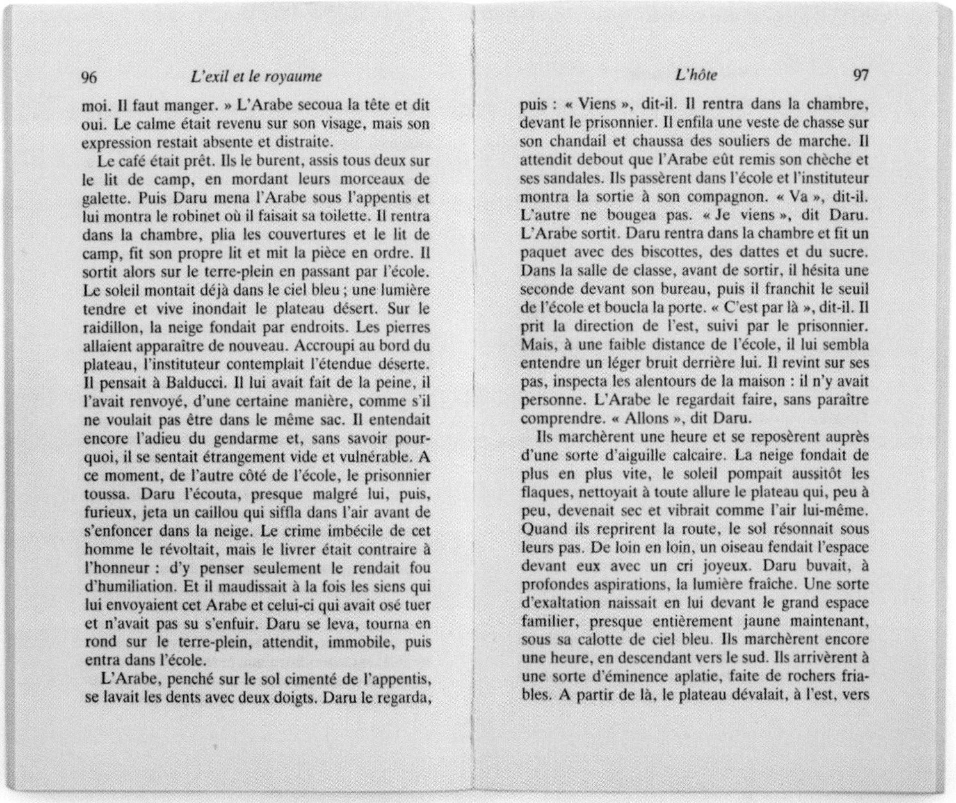

右圖　卡繆《放逐與王國》(*L'exil et le royaume*)的內頁版面，呈現典型的小說行文的欄高。

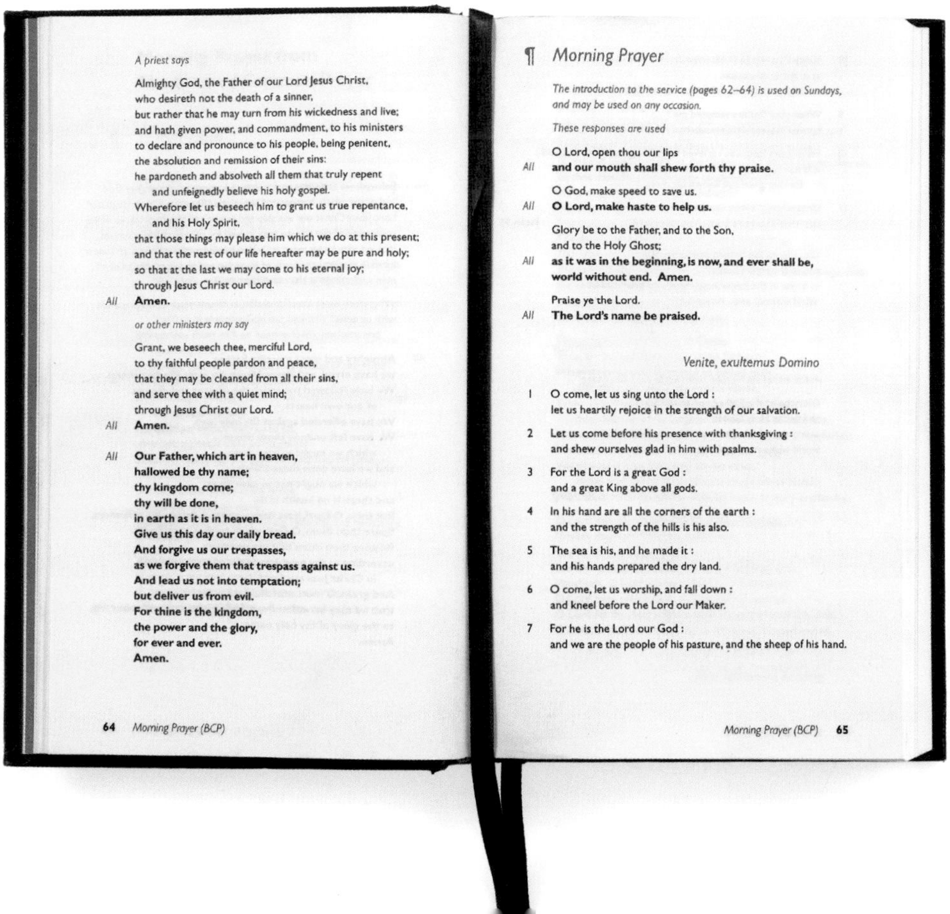

右圖　德瑞克・柏茲歐爾受英國聖公會崇禮委員會(Liturgical Commission of the Church of England)委託，設計新版的英文祈禱書《英國國教祝儀備忘暨祈禱書》(*Services and Prayers for the Church of England*)，並於2000年出版以慶賀千禧年到來。柏茲歐爾選用Gill Sans字體做為書中行文；設計師兼作家菲爾・班恩斯曾形容該字體「一筆一劃皆滿溢著英國風味」(wearing its Englishness on its sleeve)。柏茲歐爾運用分段號的方式肯定會受到字型設計家艾瑞克・吉爾(Eric Gill, 1882–1940)的稱許，吉爾本人在自己的作品中也頻頻使用分段號。〔Gill Sans即為吉爾最著名的字型之一，設計於1927年。〕

插空行 line breaks

插空行是打字傳統中最基本的分段技法，但是連續性的敘事文體（譬如：小說）如果採用這種分段法，很可能會讓行文看起來支離破碎，並且導致書頁暴增。至於科技性質的非虛構類作品，由於讀者可能需要更多時間忖思文章中所包含的複雜概念，運插空行分段法，就可以將整段同主題的內容劃分成數個較短、易讀的段落。

分段號縮排 paragraph pilcrow

⑦俗稱「反 P」（reverse P）。

分段號縮排的起源一說源自古希臘時代的書寫傳統，當時希臘人設計出「¶」⑦這個圖像符號，用來表示新起一串相關的想法，不過也有人指出分段號是中世紀的產物（曾出現在1440年代的手稿中）。分段號早期是插在連續行文之中，往往以紅色標示。隨著時代演進，行文改採另起新行的方式區隔段落，分段號便統一列在文字欄的左側。印製時，每段行文的黑色文字會縮排，空出左側位置，留待印刷完成之後再徒手逐一填上紅色的分段號，不過後來分段號逐漸顯得累贅。由於手工植字時代來臨，加上印刷速度大幅躍進，原本以手工填寫的分段號變得多此一舉。這個特殊字符現在仍留存在許多字型中，偏好復興中世紀書法和設計傳統的印刷匠或排字工仍會使用，因為它可以在工整、整齊排列的文字塊內增添一點巧思。電腦的文字處理軟體也運用隱藏的分段號⑧，做為編輯與設計者的輔助機能之一。

⑧俗稱「盲 P」（blind P）。

段首縮排 indents

段首縮排衍生自取消分段號之後的懸缺空間，是現今最普遍的標示段落方式。大多數傳統排字工歷來都習慣以全形（一個完整字符的方框大小）做為縮排空間。這種操作習慣通行於手工揀字作業，機械排字亦然。然而，進入數位排版時代，由於設定或微調任何數值都很簡便，設計者便自行發展出各種縮排手法。由於全形方框縮排並不把行間計算在內，所以這種縮排法從外觀上看起來，版面上彷彿空出一個豎直的矩形空白。許多設計者偏好依各行文字基線的相對距離來決定行首退縮的程度，讓縮排的空間在視覺上可以保持正方形。還有一些設計者喜歡把縮排的標定規則和他所採用的網格架構結合起來。一名同時使用黃金比例規劃版式和文字框的設計者，可能會將同一套規則套用在頁面的其他小區域上，讓縮排的空白區域在基線之間呈現黃金分割。使用比例級數或費氏數列的設計者則參照其選擇的網格，以等比縮小數值做為縮排的依據，而最極端的現代派設計者或許會視單一圖格區塊的劃分，另行調整其縮排。

首行突排 hanging indents or exdents

首行突排對調了段落首行和其他行文的相對關係，於是第一行彷彿突出於該段
其他行文形成的左側欄線，伸入餘白範圍。突排的尺度可大可小，但是設
計者通常會在他們運用於該段落的表現形式或網格架構中間取一個合理的
數值，或者視字體的級數決定恰當的突排大小。

插入符號連續接排 run-on with symbol

此分段法完全不使用任何空白來標示個別的段落，而是在一個段落的最後
一句的句號之後與下一段的第一個字之前置入一個符號。此法用於許多早年
文字塊非常緊實、左右兩邊都清楚畫出欄位界線的手寫書。在搖籃本時期（約
1455–1500年間），因為印刷工往往模擬手寫字體的形態設定印刷字，所以也
一併沿用了這套分段法。使用的符號可能是：分段號「¶」（或許會以另一種顏
色印刷），一道垂直線段「｜」（也可能印成另一種顏色），某個與內文相關的
圖像元素「Ω」（這裡以希臘字母最後一個符號為例，表示「段落結束」之意）
或是一個裝飾性的菱形圖案，一組有別於正常行文粗細的數字「6.7」，另一種
字體或不同顏色的數字「**6.7**」。這種做法適合較短的章節，或能夠以十進位小
數點區分段落的行文方式，就像論文的餘白處或會議備忘錄上經常使用的做
法。也可以將它插進行文主體內，但是要特別提防這些符號與其他行文符號或
腳註標號、註解標號相互混淆。

某些包浩斯出身的早期現代派版面設計家曾質疑十九世紀的書寫與排版
傳統。由於堅持要限縮裝飾元素的數量，並減少一幅文字頁面的內部階層分
級，此派人士主張：每一個個別的字符就像人一樣，其價值（value）應該一律
均等，於是他們摘除了所有足以示意的符碼，讓行文變成這樣：thissortofexpe
rimentisusefultodayasitforcesustoconsiderwhatpurposethesymbolicelementstrap
pedwithinthephoneticcodeserve（*this sort of experiment is useful today as it forces us
to consider what purpose the symbolic elements trapped within the phonetic code serve*，
這種實驗至今仍有其作用因為這樣一來便可以強迫我們思索夾在語碼之間的象
徵元素究竟有何作用）。字詞之間的空格可提升個別單字的辨識度，同時也大
大改善了行文的易讀性。句號則標示著一段句子的末尾與另一段句子的起始。
某些現代派人士索性合併兩種做法：省略句號後的空間並取消每個句首的大寫
字母。這種手法減低了句子與句子的差野。另一些人會刪去空格但保留句首第
一個字母大寫，但是這種方式較不常被採用，因為這樣子處理，在視覺上不免
還是造成階層。

分段則簡化成插入空行。這些行文實驗還包括將句首第一個字母的筆劃加粗。
字母加上顏色則代表段首，但如果採用活字凸版印刷，這種處理方式會降低速

⑨原書此段行文即按照該
原則編排：每句首字母不
大寫、句號後不插空格。

度而且成效不彰，跟不上現代機械時代。若使用現今的平版印刷方式，雖然比
較不成問題，但是仍很難運用於印製多種文字並列的書籍，因為每種新顏色都
得動用另一塊額外的印版⑨。例文：

paragraph articulation was simplified to a line break.experiments in running
text included emboldening the first letter.colour was used to signify the first
letter of the paragraph, but with letterpress setting this was slow and inefficient
and not in keeping with the modern machine age.today with lithographic
printing this presents fewer problems though multilingual publishing prevents
its extensive use as each new colour requires an extra plate.

降行 drop lines

另一種區隔段落的方式是運用降行。

　　　　　　　　　　　　　　所謂降行，正如此處所示：新段落的行首
第一個字始於前一段行尾最後一個字的位置直接垂降一行。

　　　　　　　　　　　　　　　　以這種方式處理行
文，閱讀起來非常平順，但由於每一段行文的末行長度不一，紙頁上會平白冒
出許多空白區塊。假如內文總字數很多而每段文字都很短，全部行文會比運用
其他分段法（除了插空行）佔用更多行數，而且因為屢屢受到從餘白處延伸侵
入的白色區域干擾，而使文字區塊顯得參差不齊。

行文對齊方式

對齊行文的四種基本方式是：齊左、齊右、齊中、齊首尾。同一本書裡頭可能
會分別在書名頁、目錄、開章頁（chapter opener）、內文主體、標題或解說文
字、索引上使用不一樣的對齊方式。針對不同的資訊功能、排列之易讀性，每
一種對齊方式都各有其優缺點。當讀者閱讀某本書，會漸漸受制、進而習慣該
書特有的設計元素與行文對齊方式。十九世紀的書籍，其書名頁通常都採用齊
中排列，而索引則規規矩矩地齊左──前者是因為著重視覺美感的結果；後者
則是由於功能性考量。

齊左／靠左／齊頭 ranged left

此段內文所示範的排列方式即為英國所謂「齊左」、美國所謂的「不齊尾」
（ragged right）或「靠左」（flush left）。這種排法在印本書的歷史上算是相當
晚近的做法。行文沿著欄位左側抵靠著邊緣；當欄寬較窄時，右側的行尾
會顯得十分參差不齊。採用這種行文風格，通常會配合使用連字號斷字法
（hyphenation）（見頁81），減少長短不一的行長所造成的視覺衝擊。

Ranged left

The alignment shown here is referred to as 'ranged left' in the UK and 'ragged right' or 'flush left' in the United States. The adoption of this convention came relatively late in the history of the printed book. The type aligns along the left-hand margin; lines on the right-hand margin can look very ragged when it is used with narrow columns. It is a style that often makes use of hyphen-ation to limit the visual effects of irregular line lengths (see page 81).

連字號

齊右 / 靠右 / 齊尾 ranged right

此處示範的排列方式即為英國所謂「齊右」、美國所謂「靠右」（flush right）行文法。由於這種排法會造成行文欄左側起首崎嶇不齊，頗不利於閱讀連續性文體。每行的行長不一，令眼睛不易找到每行起首的固定落點，讓閱讀過程屢屢被打斷。如果藉著加大行距、增大欄寬到每行足夠容納45到70個字母，雖然可以稍微改善這個問題，但仍不能完全解決。配合連字號斷字法雖然可以減少左側行首不齊的情形，但是這種排法還是必須逐行尋找起始點，徒增閱讀的麻煩。基於易讀性（readability）的考量，這種行文方式非常不適合剛開始學習閱讀的讀者，所以兒童讀物鮮少採用此法排列書中的內文主體。

Ranged right

The alignment shown here is known as 'ranged right' in the UK, or 'flush right' in the US. The arrangement does not support the comfortable reading of extended passages, as the start of each line on the left of the page is variable. The eye has no way of accurately anticipating the beginning of each new line, and there is a momentary confusion that disjoints the reading experience. The effects of this problem can be limited, but not solved, if the interline spacing (leading), is increased and the column is wide enough to support between 45 and 70 characters. Hyphenation can be used to adjust visually the unevenness of the left edge of the text, but this approach still leaves the eye searching between lines and introduces another level of reading complexity. The concerns about readability make this arrangement largely unsuitable for those learning to read and it is therefore rarely appropriate for the body text in children's books.

齊右行文搭配圖片 linking text and image

齊右行文法經常運用在較短的文句或當成圖註，讓它的缺陷不顯得那麼礙眼。當該段圖註文字置於一幅方形硬邊圖片的左邊，文字右側和圖片的左側就會顯得乾淨俐落。在這種狀況之下，齊右排列的文字和圖片之間會產生一道清楚的界溝。

齊中 centred

此段所示即為齊中行文，經常運用在書名頁。每行文字的中間點對齊欄位的垂直中軸線，雖然不可能百分之百完全左右對稱（因為中軸線兩邊的行文絕非彼此鏡射），但是看起來差不多是對稱的，而對稱正是古典書籍設計傳統之中特別珍貴的特徵，傳統的書名頁幾乎都採用此法排列。置中排列的行文經常會排成花瓶的形狀。要排成這種效果，雖然說起來不難，實際上卻很不容易控制，因為要妥善安排內容的合理從屬階層，還必須同時兼顧閱讀的順暢、行長的限制、字體的級數、筆劃的粗細等因素。鑄造字的工整特性，先天上就很適合這種排法，但是如果換成書法體的頁面，就需要反覆試排每一行、調整行長，才能擺放到正確的中軸線上。一行以活字排版或電腦植字的行文，則可以在兩端插入相同數量的空格，輕易對齊中軸。齊中行文很少運用在內文主體，其原因一如齊右排列——換行閱讀時不易找到行首。

Centred

The alignment here is centred and is often used for title pages. The type is aligned along a central axis and, although not strictly symmetrical (one side of the axis exactly mirroring the other), presents the appearance of symmetry, a feature much treasured within the classical traditions of book design and used extensively in traditional title pages. The lines often appear to create the form of a vase. The approach, although easily created, is difficult to master, as careful crafting of the internal text hierarchy must be considered in relation to reading, line length, type size, and weight. The modular nature of type naturally supports this form of alignment, whereas calligraphic pages required several drafts of each line to establish length before being arranged around the central axis. A line of metal type or digital setting can have the same number of spacing units added at either end to establish the central axis. Centred type is rarely used for body text as, like type ranged right, the eye finds the start of the next line difficult to locate.

對齊左右 / 齊首尾 justified

此段內文採對齊左右的方式排列，和齊中排法一樣，行文沿欄位中軸呈現左右對稱。自1455年以來，這種衍生自古埃及卷子文字欄的排列方式，一直是書籍行文的主要形態。在書籍設計的領域之中，很長一段時間都襲用此傳統做法，直到現代派挑戰對稱理念並揚棄古典的美感為止。右側行尾與右側行首形成兩道平行線。有別於齊左、齊右和齊中，以對齊左右方式排列的行文，行內的字間距並不一致。大多數的鑄造字字型，包括打字機使用的定寬單鍵字

母，各個字母的實際寬度都不一樣。如果把每一行行文都設定成一致的字母間距與字詞間距，各行走文一定會出現不同的長度，也就破壞了左右對齊行文該有的欄位兩側平行。要維持整齊平行的外觀，只有兩種解決辦法：使用連字號斷字，或是調整字間距。如果是手工排字，這個程序就得仰賴個別植字工的技術，他必須決定應於何處斷字、在字間插入均勻的間隔，讓各行行文保持相同的長度。現今的電腦程式本身已內建了該功能，可自動調配字間距，但是使用時也不能不加考慮照單全收。設計者應該最好還是針對個別字體、不同的行長，自行編輯「斷字齊行」（Hyphenation & Justification，簡稱為 H&J）設定⑩。

⑩西文排版為了讓每行行文字切合欄寬又能維持合理的字母間距與字距，視情形拆斷行尾的過長單字，前段加上連字號列在行尾、截斷的下段則自動挪至下一行起首的機制。

漸縮齊中 tapered centring

古代的印本書有時會運用漸縮齊中的排列方式。令人意外的是：此種行文方式比整段齊中行文更易於閱讀，因為眼睛會根據白紙頁上暗色文字區域的形狀，自動找到每行文字的開頭和結尾，順暢地換行閱讀。行文始終保持對齊中軸但每行容納的字數越往下越少。古時候的書會使用這種行文手法處理段落收尾。對稱的左右跨頁，行文各自漸縮至頁面底部，這時會出現一大兩小共三道對稱線：分隔跨頁的垂直中軸是大對稱線；左、右兩頁又各有一條供文字齊中的小對稱線。讓齊中行文逐行漸縮是早年印製搖籃本的印刷匠首創，後來經「藝術和工藝術運動」（Arts and Crafts Movement）的旗手，英國藝術家威廉・莫里斯（William Morris, 1834–1896）加以復興。時至今日，商業出版品已很少採行漸縮齊中的排法，但仍可見於某些詩集之中。許多現代書藝家會利用這種排列手法，特別在具有紀念性質的書籍中使用。漸縮行文形成一個比紋飾更高明的簡單倒立三角形、倒置的哥德式尖頂、弧拱；紙頁空白區域護翼著行文，宛如天使的雙翅在字詞間展開！
†
Ω Ω Ω Ω

⑪「字幅」（set width）與「字寬」（set）有別，指的是：設計字型時預先為每個字符設定略大於字面（face）的寬度，拼排字詞時，各相鄰字母的左右側便自然形成最小字母間距，筆劃不至於緊貼在一起；「字寬」則是指字面的實際寬度。因筆劃構造因素，某兩個鄰近字母的間距有時會看起來太鬆，譬如當 L 後面接著 T，或 Y 與 A 排在一起，這時或許需要動用「字間個別微調」，將這兩個字母的字母間距設得比其他相鄰字母更密，（如果以電腦作業）有時甚至會設成負數字母間距，讓某方的突出筆劃伸進對方筆劃缺空處；相對於「字間個別微調」針對每兩個字母進行間距微調，「整段字間調整」則是指同時調整某段落內的字母間距，可以「密排」（tight tracking）也可能是「鬆排」（loose tracking）。

強制左右靠齊 / 強制齊首尾 forced

強制左右靠齊是齊首尾排列法的另一種形態。顧名思義，這種由程式控制的植字方式是將行內的字間拉成均等距離，當該行符合設定的最小字數，或設計者摁下換行鍵，就自動將整行拉成左右靠齊；顯而易見，此種行文方式會嚴重損及閱讀的流暢度，所以在書籍設計領域中很少用這種方式行文。

Forced

Forced alignment is a version of justification. Offered in typesetting programs, it does what the name implies, dividing up the inter-word space evenly, forcing the words to fit the line until a minimum default is reached or until the designer hits the return key; it is evident that this can have disastrous visual c o n s e q u e n c e s and has little place in text setting for book design.

行文的水平間距

書籍設計者設定行文的水平間距時，必須考量以下六個主要因素：行長、行容字數、字間距、字幅、整段字間調整，以及字間個別微調。⑪

行長

行長（line length or measure）乃由欄寬的大小決定。而安置標題、開章頁與引文時很可能不按照網格進行設定。行長可比照頁面上其他文字元素，用點數、派卡、或西塞羅點數（ciceros）加以測定；或者，按照頁面外緣形狀，用英寸或厘米、毫米來測定。

行容字數

為了能讓閱讀流暢，每行 65 個字母是公認最適宜的行容字數（characters per line），不過，每行容納 45 到 75 個字母也都是頗為常見的書籍行文。以非專門字詞的英文而言，這種行容字數大約可容納 12 個字詞；至於其他語文，譬如運用許多複合字、複合詞的德文，可容納的字詞量會更少一些。極長的行文行通常需要更大的行間，否則不管使用哪種行文方式都會很難閱讀，因為每換一行閱讀，目光都必須橫移一大段距離。

長文排成短行雖然讀起來也頗辛苦，但大多數現代人可能都已經看慣了報章短欄、電話簡訊、掌上型衛星定位儀等。短行往往會按照詞節或片語來斷句；

however,	**然而，**
if the writing	如果文章
is short,	並不很長，
pithy,	又很簡潔、
& to the point,	扼要，
and	加上
the designer	設計者與
& writer,	作者雙方
work together,	合作無間，
phrasing &	**不但可以**
meaning	**維持原本**
can be	**的修辭**
retained	**與文義**
or even	*甚至*
emphasized.	**更為彰顯。**

活字排印的字詞間距

在活字排印的領域中，是用每個「全形」（em）鉛字衍生的空間單位來決定每個字詞之間的空位距離。這個名稱的由來，是因為不管哪一種字體、多少級數的大寫 M 字母，正好可以以填滿的一個方格空間。一個6pt的全形方格是6pt×6pt；一個8pt的全形方格是8pt×8pt，以此類推。字間距離由設計者或排字工決定，他們會從三分（thick）、四分（mid）、五分（thin）等各種分隔材料中選擇一種，插進行文，分隔字詞；這幾種間隔分野是依據筆劃粗細和該字面的寬度而定，通常等同於該字體小寫i字母的橫幅寬度。

全形／全角／全身插空鉛（em square）：以點數為單位
This line is inter-word spaced using em square.
（此行的字間空格使用全形空鉛方塊。）

半形／半角／半身插空鉛（en）：全形空鉛之半，標示為：2-to-em
This line is inter-word spaced using en space.
（此行的字間空格使用半形空鉛。）

三分插空鉛（thick）：全形空鉛之三分之一，標示為：3-to-em
This line is inter-word spaced using thicks or 3-to-em.
（此行的字間空格使用三分空鉛。）

6
8
10
12
14
18
24
36
48
60
72

72pt全形空距

72pt半形空距

72pt三分空距

72pt四分空距

72pt五分空距

72pt毫空

上圖 使用72pt全形空格切割的各種空距。

四分插空鉛（mid）：全形空鉛之四分之一，標示為：4-to-em

This line is inter-word spaced using mids or 4-to-em.

（此行的字間空格使用四分空鉛。）

五分插空鉛／窄空（thin）：全形空鉛之五分之一，標示為：5-to-em

This line is inter-word spaced using thins or 5-to-em.

（此行的字間空格使用五分空鉛。）

　　在前數位時代，極小插空鉛（hair space，毫空）並無固定距離，須視該款鉛字的級數大小而定。當字級小於12pt，其毫空為（該全形空鉛的）六分之一到十分之一；字級在12pt或12pt以上，則為十二分之一。這中間的差異只是約略的估算，因為一枚6pt鉛字的十二分之一毫空（極狹的鉛塊）幾成薄片，植字時不僅難以揀取，也很容易彎折、斷裂。

毫空（hair）：全形空鉛之六分之一，標示為：6-to-em

This line is inter-word spaced using hairs of 12-to-em in 6pt.

（此處的字間空格使用6pt字的六分空鉛。）

毫空（hair）：全形空鉛之十分之一，標示為：10-to-em

This line is inter-word spaced using hairs of 10-to-em in 9pt.

（此處的字間空格使用9pt字十分空鉛。）

毫空（hair）：全形空鉛之十二分之一，標示為：12-to-em

This line is inter-word spaced using hairs 12-to-em in 12pt.

（此處的字間空格使用12pt字的十二分空鉛。）

　　以上所列的各種空格單位可於行文的過程中混合使用，視字體大小讓字詞間距保有更大彈性。在活字排印的領域，由於字母之間最小的距離實際上取決於字肩（shoulder）的寬度或邊空距（side-bearings），因此字母與字母之間只能添加空間[12]。也就是說，字型設計師與鑄字師傅已在每組級數的字體中，設定了最小的排字距離；設計者只能在各個單元鉛字（模塊）之間添加空間。

[12] 所謂「字肩」，指一枚鉛字模塊上突出的字母筆劃的底部平面；「邊空距」則是指字母筆劃邊緣到該字母模塊實際邊緣的距離。當兩枚鉛字模塊緊靠時，兩枚鉛字模塊的邊空距併在一起，便是印在紙面上兩個字母的最小距離。因受限於每個鑄成的鉛字模塊有一定的實體「邊空距」，不可能再縮減空間。

電腦植字的字詞間距

數位字型的字詞間距取決於字形設計師，由他為每款字型的各種字體、字級按比例配置合宜的間距。數位字型的字詞間距大約是為字級的四分之一，例如：10pt 大小的字體，其字詞間距約為 2.5pt，寬度約合該字體小寫字母 i 的橫幅。電腦植字設定字詞間距時，一如鉛字排版，也是依據該字體級數的全形方格；然而，不像鉛字排版把全形空鉛分成固定的六種等級，電腦植字可將一個全形空格細分成無限多等分。某些電腦程式會將一個全形空格分成兩百等分，不過大部分程式都可以分成一千等分。既然「全形」所佔的空間始終隨著字級呈等比變化，如果將字詞間距設定成四十等分（以滿格分成兩百等分而言），不管行文用 6pt 的字體，或換成 8pt、10pt、12pt、甚至 72pt，其字詞間距在比例上是完全一致的。

6 point with 40-unit inter-word space

8 point with 40-unit inter-word space

10 point with 40-unit inter-word space

12 point with 40-unit inter-word space

電腦植字不像金屬活字只能提供幾款固定級數的鉛字，前者可以有更多可能（使用 QuarkXPress 排版軟體進行植字，可設定從 2pt 到 720pt 之間的任何字級）。由於有前述「全形等分」這種簡便的字詞間距設定功能，設計者可自由設定各種大小的「衍生字級」（bastard sizes）（譬如 13pt 就不是鉛字盤上的常備級數），字間距則會自動隨著字體級數的增減，一路保持恆定比例。

數位環境下的字母間距（inter-character space）亦可任由設計者微調。啟動「斷字齊行」功能，程式便會自動增添或縮減空格的大小。數位排版的 H&J 設定亦可以讓設計者控制字詞間隔以及斷字的方式。用以編排書籍的軟體可由操作者自行編校以下四項字型設計師的原始設定：

1.是否要運用連字號斷句？2.斷字的原則為何？3.對齊左右設定的最大與最小字間距各為多少？4.齊左編排時的恆定字詞間距為何？

是否要運用連字號斷字？

連字號並不存在於口語之中，它對於字詞既不具備任何增色的效力，絕大多數場合亦無法促成行文順暢。有的排版人員認為使用連字號斷字是一種失當的排版設定。連字號斷字把一個完整的字詞拆解成沒有意義的兩個部分，迫使讀者的理解在某行的行末與次行的行首之間懸置著，雖然讀者多半可以從上下文預先推測出該字詞，但這種做法仍有打斷閱讀之虞。支持斷字行文的人，他們在意的重點是編排上的美觀，而非閱讀和理解的問題。文字區塊是跨頁版面的視覺要素，

假使完全不使用連字號斷字法，齊左行文時，各行的右側行尾難免參差不齊，顯得雜亂。不使用斷字造成版面的缺陷，與運用斷字卻影響閱讀的流暢度，確實是個兩難局面；設計者必須根據經驗、按照內容的性質與篇幅、考量該書的讀者階層，從中拿捏最妥善的處理方式。以童書為例，由於要兼顧閱讀能力高低不一的小讀者，使用連字號斷字法並不明智。相對地，對於閱讀經驗較豐富的讀者而言，斷字也許不會成為問題，雖然斷字出現過多還是會干擾閱讀。

設定左右對齊的行文時，連字號斷字法的功用就更形重要，因為設計者可以藉此調校各行之間的字間距，避免整塊文字區域出現大大小小斑駁不一的空白溝壑[13]。

如何斷字？

當行文以左右靠齊的方式排列，運用連字號斷字可以使行文看起來比較美觀。如果是活字排版，如何斷字乃由編輯或排字工定奪。在英國，斷字是依循字源學（etymology）的原則來規範（因為許多英文字詞皆是由若干各具含義的短字拼合而成），美國則是按照音節來斷字。附拼寫提示的字典或辭典就是現成的參考範本，許多出版社會遵照自創的斷字風格或社內規範，決定旗下出版品該如何斷字。內建簡易辭典的電腦植字程式，會針對常用字詞自動設定斷字點。設計者也可以編輯軟體中的基本設定，自行控制斷字詞的最低限度（以免原本字母已經不多的短字詞被拆斷）、斷字後的上段至少要保留幾個字母、換行後至少要有幾個字母……等。然而，該採用何種標準處理斷字應與編輯討論，畢竟，正確斷字與否的問題不應優先於整體的編輯考量。

調整字詞間距

字體設計師設計每款字型時已預先設定了字母間距與字詞間距，不過書籍設計者可以不管原始設定，自行調大或調小字間距。美國字體設計師強納森・霍夫勒（Jonathan Hoefler）曾如此形容這道字體設計程序：「設計一款字體時，其實就和製造一件產品沒有兩樣；也像是組裝一具用以製造其他產品的機器。」每本書依據其個別目的援用此「字體機器」時，可以一方面調整字體空間，同時仍維持該字型的完整性。書籍設計者可以自由調控字與字之間的空白區域。字詞間的距離從極大到極小用百分比表示，並從中設定最適宜的數值。如果字間距大於百分之百，行文可能會顯得鬆散；以左右靠齊的方式行文時，稍微縮小字間距可以讓行列顯得比較緊實。配合使用H&J設定時，應該將行文採用何種字型、字體粗細、字級大小、行長等因素一併列入考量。

The necessity of the H&J settings is clearly illustrated when a justified alignment is used in combination with a short measure (here 20mm) or narrow column that contains few characters and no hyphenation. There are insufficient word breaks to compensate for the short line length and the interword spacing becomes irregular. The white space between words begins to form rivers or pools within the text, which is spotty at best.

The same justified text set to a wider column (35mm) has some of the same deficiencies, but the spacing issues are significantly reduced. The necessity of the H&J settings is clearly illustrated when a justified alignment is used in combination with a short measure or narrow column that contains few characters and no hyphenation. There are insufficient word breaks to compensate for the short line length and the inter-word spacing becomes irregular. The white space between words begins to form rivers or pools within the text, which is spotty at best.

左圖：當行文的行長或欄寬很短（20mm），每行可容納的字詞極少，如果又不斷字，H&J設定的必要性就十分明顯了。行長過短會導致沒有足夠的字詞間距可供調節，字詞間距也會顯得或大或小、極不統一。字詞與字詞之間的空白也會在整欄行文中形成溝壑，極不美觀。

上圖：以同樣的行文方式，另以較寬欄位（35mm）編排同一段文字，仍出現相同毛病，但是缺空的問題已有大幅改善。

調整字母間距

當行文採用自動左右靠齊的方式排列，亦可以藉由電腦程式的 H&J 設定來控制字母間距（letter space, inter-character space）。和字間距一樣，字母間距也以百分比來表示其極大、極小與最佳距離。

H&J 設定中的字詞間距與字母間距彼此之間有連動效應；只要調整其中任何一項，都會對另一項造成直接影響。字詞間距的百分比的大小會讓行文呈現黑（文字）白（空白紙頁）交替；字詞間距太緊，會讓字詞混雜在每一行的行文之中而難以辨識。字母間距排得太鬆的話，行文會顯得拖沓，同時也瓦解了個別字詞的結構；如果再加上字詞間距太緊，就會嚴重損及行文的易讀性。

改變字詞間距、字母間距的結果，還會對頁面上的文字產生另一個顯著的影響。頁面的「顏色」會隨著黑色的文字與白色的紙頁所佔用的面積比例而改變：空白越大，頁面顯得明亮；空白越小，頁面便相對顯得晦暗。

許多文字處理軟體或植字程式可以讓設計者調整字體的<u>垂直</u>（此處拉長150%）與<u>水平</u>（此處拉平150%）比例。字體的形狀因而完全改變，但是這並不是調整左右靠齊行文空間的恰當做法。拉長或拉平雖然具備強迫文字佔用較少或更多空間的功能，但也會徹底破壞文字的完整體態。**此處行文的字間距雖然沒有更改原本的設定值，但改變後的字母卻盤佔越來越多空間，且文字正逐行變形。**

行文的垂直間距

手工排字是根據字體的大小和插進行與行之間的鉛片厚度來調整行文的垂直空間（恰好點出「行距」一詞的由來14）。行距的大小以點數或迪多點數標示，最小的單位是半點，如果要加大行距，便直接累加更多鉛片即可。鉛字排版亦可完全不設行距，這種做法稱為「實排」或「行間密排」（set solid）。前一行文字字面下方的空間，加上下一行文字上方的狹小空間，也就是所謂的「字腮」（beard），即為行文實排時每行之間的實際空距15。下段行文以 10pt 字實排，即「字高10pt，行高10pt」，亦可標示為或「10pt / 10pt」。

Vertical space in hand-setting was determined by the size of type and the thickness of lead strips placed between lines of type (the origin of the term 'leading'). Leading was made and specified in point or didot sizes, half point being the smallest size, and larger measurements being built up out of smaller units. Metal type can be set without leading, this being referred to as 'set solid'. The space below the face of the letter on the first line, known as the beard, and the small space above the letter on the second line forms the white space between the lines. Here the 10pt type is set solid, 10 points on 10 points, which can be expressed 10pt/10pt.

H&J word space and character space work in combination; adjustments to one have a direct visual effect upon the other. Broad tolerances between maximum and minimum word space percentages present words as dark spots separated by white space, while extremely tight tolerances in word space make it difficult to identify the word shapes on each line. Large tolerances within the maximum inter-character space have the effect of tracking a word, destroying the word shape; if coupled with tight inter-word spacing readability of the setting can be severely compromised.

字詞間隔與字母間距同時啟動 H&J 設定；調整任何一項都會對另一項造成影響。如果最大與最小字詞間距的容許範圍太大，字詞可能會被頻繁的缺空隔得太遠，無法連成一氣，字詞間距容許範圍太小則會造成行內字形筆劃難以辨認。調大字母最大間距的設定範圍，雖然有自動調控行文的作用，卻也可能會破壞字形；如果字詞間距容許範圍又設定得太小，行文的易讀性就會大打折扣。

14 行距 leading；鉛 lead。

15 鉛字「字面」（face）即文字筆劃凸起的平面，也就是印刷時沾附油墨印在紙上的範圍；「字腮」則是從字肩凸起到字面的斜面部位，或稱為「斜頸」（bevel neck）。

大多數行文字體都需要設定行距，因為行與行之間的空隔可以讓行文更加清晰，增加易讀性。下段行文為10pt字、插入兩點的行距，可標示為「字高10pt，行高12pt」或「10pt / 12pt」。

Most text faces require leading, as white space between the lines clearly aids readability. Here 10pt type is set with 2 points of leading, which can be expressed as 10 on 12, or 10pt/12pt.

使用x字母高度較高（亦即升冪部與降冪部較短）的字體，或行幅、欄寬較大時，通常都需要比較大的行距，藉此增加行與行之間的空白區域。此段行文乃「11pt字，行高14pt」。

Typefaces with tall x-heights and therefore relatively short ascenders and descenders, or longer measures and wide columns, generally require more leading to create sufficient white space between lines. Here the type is set 11pt/14pt.

右圖　前半段行文以10pt鉛字、10pt行高實排，後半段則插入2pt行距，排成「10pt / 12pt」。與下方以排印顯示的電腦字型一樣，都是使用Baskerville字體。要注意的是：同款字體會因為雕工、鑄造單位、生產年代的不同而有所差異。

Metal type can be set without leading, this being referred to as 'set solid'. The space below the face of the letter on the first line, known as the beard, and the small space above the letter on the second line forms the white space between the lines. Here 10pt type is set solid, 10pt on 10points, which can be expressed10pt/10pt.

Most text faces require leading, as white space between the lines clearly aids readability. Here, 10pt type is set with 2 points of leading, which can be expressed as 10 on 12, or 10pt/12pt.

測定置放行文的基線網格可以使用高度規（depth scale）⑯。以點數或迪多點數測繪出基線與基線之間的距離，此即行文與行距所要佔用的空間。要特別注意的是：用高度規測量印刷成品的基線網格時，並不是測量字體大小，而是文字與行間兩者合併之後的垂直範圍。

電腦排版的垂直空間可設定成任何行距。先前討論過，設計網格時若使用與測量版式相同（而不是測量字級）的單位，會有種種優點。電腦字型不像過往的鉛字那樣有實體的限制，不僅能夠設定為實排，甚至能夠處理成負數行距。下段內文為「11pt字、行高6pt」。各行文字在行間相互疊合，雖然降低了易讀性，但對短篇幅的文字而言，往往可以營造出某種圖像效果。

Vertical space in digital type can be specified in any measurement. I have already discussed some of the advantages of being able to design grids in units that relate to the format size rather than the type size. Digital type has no physical parameters, unlike its metal predecessor, and can therefore be set not merely solid but with negative leading – here 11pt/6pt. The letterforms are now touching between the lines and although the readability is severely compromised this form of pattern-making is often effective with short texts.

⑯或稱「量字表」（depth gauge）。

下圖 高度規可用來測量印刷成品上的行文基線到基線之間的距離；是設定行距時很有幫助的工具。

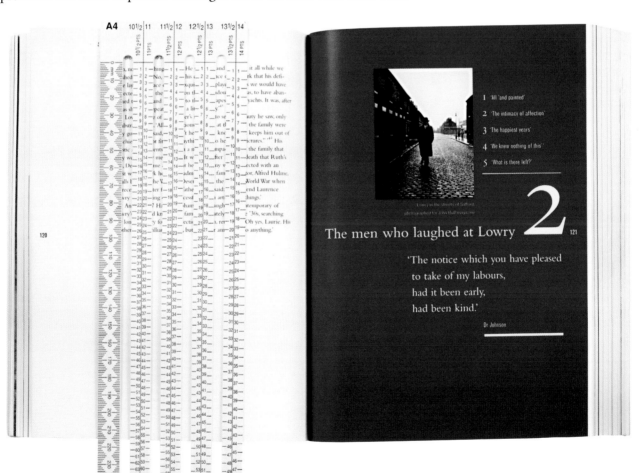

Depth Scale

共用基線 common baselines

採多欄位行文的書籍，往往會將網格設計成
足可適應各種文字內容的不同字級。有的書
很可能所有的欄位都套用同一套基線網格
（譬如：以雙語文對照平行並排的書）。選擇
單一基線網格的設計者，當運用不只一種字
級大小的文字時，可能會利用它安排內文的
從屬階層，或營造不同濃淡的文字塊。

共用基線 common baselines

採多欄位行文的書籍，往往會將網格設計成足可適應各種文字內容的不同字級。有些書很可能所有的欄位都套用同一套基線網格（譬如：以雙語文對照平行並排的書）。選擇單一基線網格的設計者，當運用不只一種字級大小的文字時，可能會利用它安排內文的從屬階層，或營造不同濃淡的文字塊。

多容基線 incremental baselines

設計者也許會碰到同一個版面上必須動用各
種字級和不同行距的場合。只要細心規劃，
便可以設定出能夠排列字級不同、行距不一
之行文的欄位基線。這種基線稱為多容基
線，例如：字級10pt的行文設定2pt行距，
基線就是12pt；當另一個欄位改用較小的字
體，例如字級7pt、行距1pt，基線就是8pt。
假使兩欄行文從相同的頁面高度開始排列，
兩欄行文每隔三行便會共用一道基線。

多容基線 incremental baselines

設計者也許會碰到同一個版面上必須動用到各種字級和不同行距的組合。只要細心規劃，便可以設定出能夠排列字級不同、行距不一之行文的欄位基線。這種基線稱為多容基線，例如：字級10pt的行文設定2pt行距，基線就是12pt；當另一個欄位改用較小的字體時，例如字級7pt、行距1pt，基線就是8pt。假使兩欄行文從相同的頁面高度開始排列，兩欄行文每隔三行便會共用一道基線。

還有一種情況，不同欄位的行文擺在一起反而無法烘托出內容的精神，例如：兩段內容針鋒相對的參照行文，如果平行排列於相同的基線上，各自的意義強度便會相互抵銷；比較妥當的處理方式是：設計一款能從視覺上凸顯兩者歧異的基線。

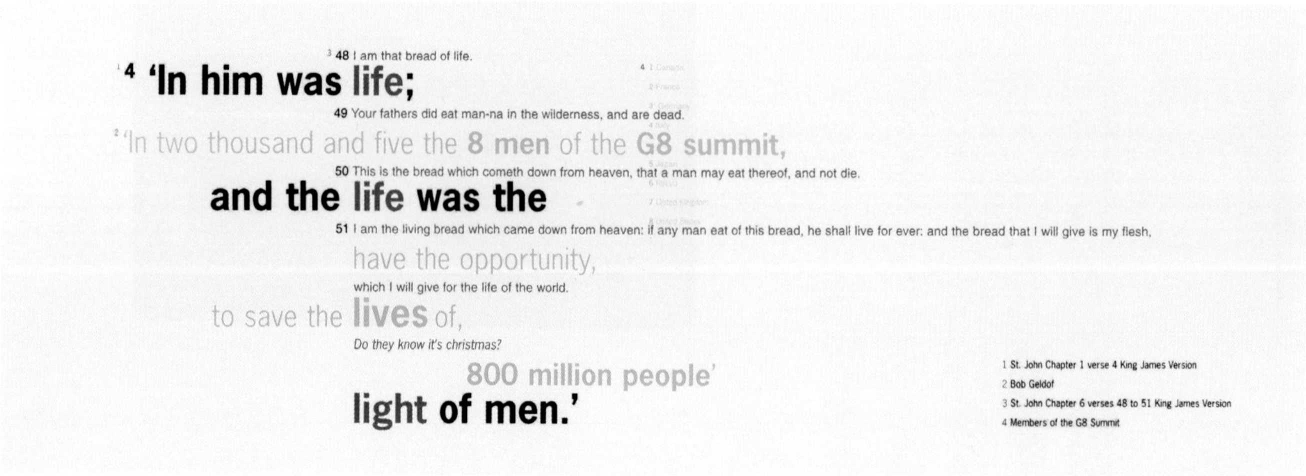

下圖 這張由本書作者設計的聖誕卡，使用多容基線交錯排列三種引自不同來源的文字內容，分別以不同字級、不同顏色和不同的行文對齊方式呈現。

字元

個別的字母、標點符號與數字，即所謂「字元」，是書籍頁面上最小的元素。本章將深入解析字體級數的各種計量單位；還要探索構成一套字族（type family）或一款字型的各種粗細和形態；最後則要討論為書籍選用字族時應該採取的策略。

字級

標示文字大小有以下三種標準單位：廣泛使用於歐陸的迪多點數；英、美慣用的點數；Adobe與蘋果公司共同協議的點數單位。

迪多點數是現存最古老的字級標示單位。迪多點乃根據沿襲自十八世紀的「法國御用寸法」（French Royal Inch），一個迪多點為七十二分之一法國御寸，實際長度略大於英美點數。每十二個迪多點等於一個「西塞羅」（cicero）。歐陸鑄造鉛字時向來多以迪多點數為測定單位。做為單位的「迪多點」往往也簡稱為「迪多」（didots）。

至於英美標準，一點略不足七十二分之一英寸（一英寸略小於法國御寸）。十二點等於一個「派卡」（pica）。英國和美加等地點鑄造鉛字時皆以英美點數為標準。

進入電腦植字時代，原本測量鉛字級數的標準必須轉化成電腦可用的單位。於是，蘋果電腦公司與Adobe軟體公司於1985年經過磋商，決定改善英美點數，讓「一點」恰好等於七十二分之一英寸，由此制定出一套可供電腦使用的全新字級點數單位。自從進入電腦植字時代以來，許多測定級數的單位已經被軟體程式採用，可用以標示頁面大小與字體級數。

測量字身而不是字面

字體級數是設計者首要考量的重要問題，因為它會大大影響頁面的設計並牽動整本書的篇幅規模。要時時謹記，不管是鉛字還是電腦字，級數的測定都是針對其「字身」（以金屬活字而言，即鑄面所在的金屬塊周身；電腦字的話則是指字型設計師為該字所設定的虛擬方框範圍）。例如：14pt的Baskerville字體與14pt的Helvetica字體的字身大小相同，但因其筆劃設計上的差異，兩種字體印在紙上所佔的面積[17]並不一樣。因此，用高度規無法測量印刷成品上的字體級數，只能量出基線到基線之間（可能包括行距）的距離。為了解決這個問題，有的鑄字坊會印行單張的字體範本，詳列自家生產的每款字型之級數、基線、x高、大寫字高等等。

上圖 以三種級數單位測定相同點數（皆為114pt）的不同結果。
1 Adobe / Apple 點
2 英美點數
3 迪多點

[17]此即「字面」大小。

UNIVERS MEDIUM CONDENSED 690 (5 to 48 Didot)

16 Didot (on 18 pt. body)

ABCDEFGHIJKLMNOPQRSTUVWXYZ&ÆŒ
abcdefghijklmnopqrstuvwxyzæœ
ABCDEFGHIJKLMNOPQRSTUVWXYZ&ÆŒ
abcdefghijklmnopqrstuvwxyzæœ
£1234567890.,:;-!?–"([— *£1234567890.,:;-!?''([*

22 Didot (on 24 pt. body)

ABCDEFGHIJKLMNOPQRSTUVWXYZÆŒ
abcdefghijklmnopqrstuvwxyzæœ
ABCDEFGHIJKLMNOPQRSTUVWXYZÆŒ
abcdefghijklmnopqrstuvwxyzæœ
£1234567890.,:;-!?–"([— *£1234567890.,:;-!?''([*

上圖　蒙諾鑄字機公司（Monotype）的 Univers Medium Condensed 690 字體範本頗為簡明，上頭列出混合測量單位的對照。上半部為 16 迪多點（鑄在 18pt 的字身上），下半部為 22 迪多點（鑄成 24pt 字身）。這個做法對它的瑞士設計家亞德里安・佛魯提格（Adrian Frutiger）很重要；因為他期望這套字型能如其名稱所示，舉世通行（universal），於是必須可以適應不同的測量單位。

⑱ bastard 有「私生子」的意含。

⑲ 因為多數排版軟體的級數設定欄位選單已內建各種不同單位，方便設計者依照習慣任意轉換套用。

用點數測量金屬活字

活字凸版印刷業界往往將級數小於 14pt 的字體稱做「書籍字級」（book size）。大於此級數的字體則籠統歸為「標題字級」（headline size）。由於鑄字技術日新月異，運用熱鑄法製造的金屬活字（hot-metal）可開發更多不同級數的字體，能夠生產比過去更小、介於原有字級之間的「衍生字級」（bastard size）——因為這些字級皆逸出早期手工鑄字時期的固有字級之外⑱。

　　有的字體雖然原本是依循迪多點測量標準進行設計，但為了方便英、美設計者使用，便將原有的迪多級數字體鑄在以英美點數測定的字身上。如此一來，英國或美國的設計者也能夠採用歐洲各地設計的字型了。

電腦字體的級數

在數位環境中作業，不像金屬活字受制於實體的限制，如果使用 QuarkXPress 排版軟體，字體級數可以從 2pt 到 720pt 之間隨意設定任何大小。書籍設計者也因此得以掙脫過去的種種束縛，享有更大的自由。在電腦上植字可使用英美點數或派卡、英制寸法、公制的厘米（cm）或毫米（mm），或迪多、西塞羅點數為單位進行設定⑲。

如何決定文字級數？

決定行文級數時應該將讀者、內容、目的、版式等因素一併列入考量。先從主文本體下手往往是最簡便的做法，畢竟它們是佔掉整個閱讀過程的最大成分。供成年人閱讀的小說一般都採用介於8.5pt到10pt之間的字級[20]，因為肉眼最易於捕捉由這種大小的字母構成的個別字詞，進而使閱讀的過程更加流暢。一旦初步選中某種字型、字體，也設定好其他諸如版式、開本、欄位等因素，不妨先以預設的行幅試排一小段內文，能排出整個跨頁版面或許更好，然後再以幾種不同級數的字體分別試做幾份樣稿。把文字排入設定好或預設的頁面上，印出來看看，對於最後的決定也很有幫助。大多數書籍設計者都覺得從電腦螢幕上很難對字體級數做出正確判斷，所以，最好能夠準備一部可以列印高品質樣稿的輸出設備。文字以黑墨印在純白色紙張上最能清楚顯示字級該有的模樣。就算樣稿上會同時印出頁面裁切線，多餘的白色區域多少還是會造成干擾，影響我們判斷字級與頁面的確實比例，所以我總會把輸出後的樣稿裁切成正確的版面尺寸。如果文字屆時將以某種色彩印製或是反白，字級可能還得加大若干點數，才能符合原本期望的實際視覺效果，這也可以先列印一份高品質樣稿，再依結果做出最後決定。

大多數書籍都包含不只一種級數的字體。選擇主文以外的字級、網格、字型和字體粗細，應取決於編排的階層（typographic hierarchy）。為各項頁面元素設定字體級數時，譬如：標題、圖註、腳註、標示與頁碼，設計者可針對各元素的重要等級進行研判。標題字體通常比內文主體來得更大，筆劃也更粗重些，但是只要佈局適宜，編排階層分配合理，加上筆劃粗細、文字顏色運用妥當，標題字級比內文小也可能奏效。

依照模矩級數決定字級

設計者設定版式與網格時如果是依循費氏數列模矩級數，選擇字體級數時很可能會繼續沿用相同手法。如果原本的漸增數值間隔太大，可以自行劃分更細的級數，例如：半距、三分之一距、四分之一距等。當設計者選用相同單位（毫米、英寸或點數）的比例級數，頁面內部就會顯得協調，就和同一個和絃之中可以同時容納許多音符的道理一樣。

簡單的費氏數列字級階層：

4　7　II　I8　29　47

20 以西文書而言。

21 傳統金屬活字的字級皆為整數。

依上面這套字級階層為準繩，18pt 字級或許可適用於開章頁字體，但是拿來當次標字體就會顯得太大。級數中的 11pt 用來當主文也嫌太大，但是下一個可用的級數 7pt 又太小。由此可知，這套級數顯然不敷使用，必須進一步再劃分出半距、三分之一距、四分之一距、甚至五分之一距級數階層來因應，細分之後的級數難免包含小數點，不過，如果用電腦進行設計的話就不成問題 21。

插入半距之後的字級階層變成這樣：

3 3.5 4 5.5 7 9 11 14.5 18 23.5 29 38 47

使用加入半距級數之後的階層來設定書內用字：

Major headings could be established at 14.5pt 主標題級數可設定為 14.5pt
subheadings at 11pt 次標題為 11pt

body text at 9pt 主文為 9pt

and footnotes at 7pt 腳註為 7pt

再增加四分之一距級數，字級階層則變成：

3 3.25 3.5 3.75 4 4.75 5.5 6.25 7 8 9 10 10.5 10.75 11 12.75 14.5 16.25 18 20.75

23.5 26.25 29 33.5 38 42.5 47

用加入半距級數與四分之一距級數之後的階層來挑選書內用字：

Major headings could be established at 12.75pt 主標題可將級數設定為 12.75pt
subheadings at 10.5pt 次標題為 10.5pt

body text at 9pt 主文為 9pt

labels at 8pt 標示為 8pt

and footnotes at 7pt 腳註為 7pt

特別提醒：大部分的編排階層並不只有運用不同級數、不同粗細的字體一途，也可以靈活換用其他字型：

Major headings could be established at 12.75pt 主標題可將級數設定為 12.75pt
subheadings at 10.5pt 次標題為 10.5pt

body text at 9pt 主文為 9pt

labels at 8pt 標示為 8pt

and footnotes at 7pt 腳註 7pt

圖格區塊內的字級

嚴格的現代派網格架構中，遵循基線網格劃定的圖格，通常比幾乎可以無限細分的比例級數更缺乏彈性。其中最主要的現實局限來自欄位的數量（欄位的多寡會影響行長）、基線網格的級數階層，和每個圖格內的行數。

如果依據比例級數選擇文字級數，雖然可以得出協調的字級，但如此一來，也要跟著遵照比例級數來設定行距；相對而言，現代派網格中最基本的統合元素是基線的倍增，但各種字級之間卻可以各不相干。

許多設計者決定書內用字級數時，並不參照任何一種規則，而是根據經驗，用肉眼去衡量標題與內文該有的大小關係。

字族：字體的粗細與拉長、壓平

所謂「字族」是指共用一個名稱、式樣相近的一整組字體（但並不一定全是出自同一名設計家之手）。字型（font）則是某個字族內所囊括的全套字符。整套字型通常都要符合ISO（國際標準機構）認可的字符甲集（set 1）標準，即：標準鍵盤上的256個字符：其中包括大、小寫字母、重音符號、數字、標點、雙母音字母、&、各種運算與貨幣符號。外字集（expert sets）甚至會收錄不齊線數目字、分數，以及小形大寫字母㉒。某些多國語文出版物勢必需要選用非常齊備的字型，許多現有的字體往往無法達到這麼嚴苛的標準。

設計書籍時，最好是選用能提供各種筆劃粗細的字族。除了基本的正體（roman）、斜體（italic）、粗體（bold）之外，可能還會用到細體（light）、中粗（demi-bold）或半粗（semi-bold）、壓長或拉長（compressed / condensed）、壓

㉒正常數字通常是「齊線數字」（aligning figures / numerals），即不論筆劃如何，整體筆劃皆為等高，譬如New York字體：1234567890，齊線數字有時也稱做「現代數字」（modern figures / numerals）；所謂「不齊線數字」（non-aligning figures / numerals），形態上則類似小寫字母，彷彿也分出x高、升幕部與降幕部，譬如Hoefler字體：1234567890。「小形大寫」（small cap）指該字體內建一套與同字體小寫字母的x高相等的大寫字母；通常運用在特殊行文（譬如一段全以大寫字母構成的標題），每個字詞的頭一個字母使用正常大寫，其餘字母則使用小形大寫，可讓該段文字顯得較活潑有變化。

ENIGMA REGULAR

ABCDEFGHIJKLMNOPQRSTUVWXYZ
abcdefghijklmnopqrstuvwxyz&0123456789
ÆÁÀÂÄÃÄÅÇðÉÈÊËÍÌÎÏŁÑŒÓÒÔÖÕØÞšÚ
ÙÛÜýŸŽæáàâäãåçŁéèêëfiflíìîïŠñœóòôöõøþ
Ýßúùûüµýÿž¤£€$¢¥ƒ@©®™ªº†‡¶*!¡?¿.,:;
''""‚„…'"‹›«»()[]{}|∧--—·'^\˙˚˜·˘˝"
#%‰¼½¾=−+×÷~<>±≤≥¬°∧/.¦¹²³

左圖　符合ISO甲集標準的256個字符一覽。傑瑞米‧坦卡（Jeremy Tankard）設計的Enigma字型的基本字符。注意其中出現許多較古老的字體沒有收錄的歐文符號。

平或拉平（extended / expanded）的字體。大多數字體都是先設計出正體字，然後才逐步發展出其他各種筆劃粗細。在大部分比較老舊的字族中，正體字和後來衍生的各種粗細字體之間並沒有一套固定的變化規則。有的字體的相近兩種筆劃粗細可能落差頗大。因為許多老式字族都不是出自同一人之手，而是經年累月、歷經許多人、為不同的鑄字坊的集體勞動成果。當亞德里安‧佛魯提格（Adrian Frutiger, 1928–）設計 Univers 字型時曾特別注意到這個問題，於是他依筆劃輕重、寬窄，以一式佈局為 Univers 字體制訂出多達二十一種不同粗細，並且使用一套合理的編號系統標示個別粗細的字體。這款字族衍生自 Univers 55，和其他五種以 5 做為開頭編號的字體代表這六款字體的筆劃粗細相同。以 4、3 開頭的是筆劃較細的字體；較粗的字體則分別以 6、7、8 開頭。此字型的編號系統完全印證了佛魯提格對於該字型的宏觀看法，因為該規則放諸四海皆能通行。

右圖　亞德里安‧佛魯提格於 1955 年設計的 Univers 原型。此字型範本引自威利‧坎茲（Willi Kunz）的《版面之美：巨‧細‧靡‧遺》（*Typography: Macro- + Micro-Aesthetics*），坎茲在書中解釋他何以堅持使用 Univers 字型。

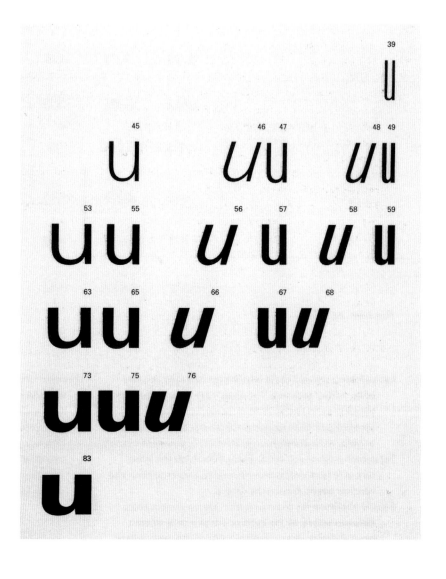

字體的顏色、反差與階層

書籍行文的顏色可能是指印刷該字體的油墨顏色，或是指字體本身因每個字的筆劃粗細多寡不同所呈現的明暗色調，文字部分在印刷者眼中往往代表「灰色地帶」（grey matter）。字體筆劃的配置與粗細會造成整體行文的明暗值；筆劃越密或越粗，字體在頁面上就越顯得暗沉。行文的水平間距與H&J設定，以及由文字的x高與行距構成的垂直間距也會影響文字的明暗值。整體文字塊如果顯得暗沉會比較顯眼，如果文字塊越淡，看起來則會比較融入紙頁。藉由不同的明暗值也可以區別各個編排元素，例如：主標題不妨比主文稍微濃重一些，各元素的色調對比便可依照內容的重要性，逐次調整、設定，反之亦然。字體之間的不同色調（或顏色）對比，可加強內容的從屬關係。

字體的形象與性格

為書籍挑選某種字體時，設計者的決定會受到許多因素的影響，其中包括：該書之內容、書寫的背景與年代、過去的前例、目標讀者群、是否印行多國文字版本、現實的易讀性、該套字型是否提供各種筆劃粗細的字體或小形大寫字母或分數表示符號，以及預期的印製數量等。因為這些問題的變動性頗大，很難訂出一套明確的字型選擇策略，但是有幾項經常左右決定的根本因素還是值得於事前花點心思仔細考量（並於下決定之後再三檢討、修正、改進）。

用字體彰顯民族性

許多古舊的植字手冊會建議植字工依據作者的國籍挑選字體，譬如：法國字體用於法國作家等。此種古老的做法源自早年的書籍，不管是書寫、印刷，還是出版，都局限在單一國家範圍之內。再加上以某種歐洲語文編排，字體因而漸漸沾染了特定的族裔色彩。現今某些設計者仍繼續服膺著這個傳統，有時候是出於國族心態，有時純粹只是遵循歷史慣例罷了。

用字體傳遞文化信念

歷代的字體設計師反覆鑽研歷史圖紋，從中演繹出新的風貌。許多例子證明，設計師藉由書中使用的字體推動並闡釋其文化理念。英國的威廉·莫里斯與「藝術和工藝運動」的同志們將書籍設計、字體與編排當成他們復興中古時代工藝傳統的一環，並藉此抵禦缺乏人性的工業化浪潮。莫里斯於1890年設立「克爾瑪斯寇印書館」（Kelmscott Press），書籍設計與字體設計自此成為他政治觀與美術觀的延伸：精心挑選字體在體現他對書籍的理念上扮演不可或缺的角色。對當今的某些設計者而言，選擇一款字體無異於以視覺形式體現自我：字體是設計者觀念核心的一部分。

Colour in book typography can refer to the colour of the ink used, or to the tonal values of a typeface, text often being referred to by printers as 'grey matter'. The tonal values of a face are determined by proportion and line weight; the more compressed or thick the line, the darker a font will look on the page. The tonal quality of the text is also affected by the horizontal space, the H&Js and the vertical space determined by a combination of x-height and the amount of leading. **Darker text blocks are brought forward, while lighter text blocks recede into the page. The tonal values separate the elements: for example, the main headings may appear slightly darker than body text, which in turn could appear darker than extended captions, or vice versa. The tone, or colour, of the type reinforces the hierarchy.**

擷用舊式字體的考量

威廉‧莫里斯之所以復興中世紀字體，源於他對古代工藝的欽仰與政治意識，而他也因而得以形塑一個發揚個人信念的耐久媒介。當今某些較不看重歷史傳統的設計者選用古代字體，則純粹只考量其視覺效果。擷用古代字體或許可以引導一本完全符合其主題的書的走向。然而，一個頻頻運用此復古手法的設計者，也可能會因為對歷史背景缺乏正確的知識而做出錯誤判斷，連帶誤導讀者的認知。對於書籍設計者與字體設計者而言，師法古典形式如今已成為擺脫一成不變的方便巧門。

日新月異的字體

某些設計者認為，這種復古的做法十分可惡；字體合該充分體現現今的精髓。他們主張：字體是時代的產物，自然應該呈現最新的風貌。這種想法其實貫穿了五百五十年的字體演變史。以義大利印刷商賈巴蒂斯達‧波多尼（Giambattista Bodoni, 1740–1813）為例，他的活字原本都承購自法國的皮耶‧佛尼耶（Pierre Fournier, 1712–1768），但他旋即投注心力自行設計足以呼應其身處的浪漫主義時代的新字體，企圖尋找一種明快輕盈、令人耳目一新、盡情展現精湛雕工的風格。拜種種新技術皆長足進展所賜，像是鑄字流程、優質紙張的產製、上墨技術，以及印刷機壓力提升等，波多尼終於以《排版手冊》（*Manuale tipografico,* 1818）成功推出新字體。

時至今日，許多設計者都承襲同樣的原則，持續不斷開創新穎的字體。設計工作者日益渴求新字體，再加上電腦字體的設計與製造遠比過去更容易，以及網路市場的便利性，在在促使各式各樣的新字型源源不絕應運而生。網路販售的字體數量激增且越來越多，主要是因為網路上沒有國界的藩籬，而且平面設計界也吹起一股全球化的風潮。老舊、具國族色彩的字體已不再符合網頁瀏覽所需；每當一款新的幾何造形出現，不管設計的地點是在巴西還是在瑞士巴塞爾（Basle），看起來都沒有什麼分別。其連鎖效應也反映在書籍設計的領域，我們已很難再把書籍的裝幀設計放在文化發展、國家認同或設計流變的脈絡中。將作品發表在網路上的字體設計家越來越多，他們以同樣的志趣相結合，形成一批破除地理疆界、超越國家色彩的族群。

字體無國界

德裔設計先驅楊‧奇科爾德相信文字編排與書籍設計都應該彰顯時代精神。他在劃時代的著作《新版型》中大力呼籲所有設計人全面支持足以反應機械世代精神的幾何新造形。受到左翼思潮啟發的許多早期的現代派設計家，將設計視為能夠突破國族屏障的統合工具；而做為國家傳統延伸的文字排版，則被認為

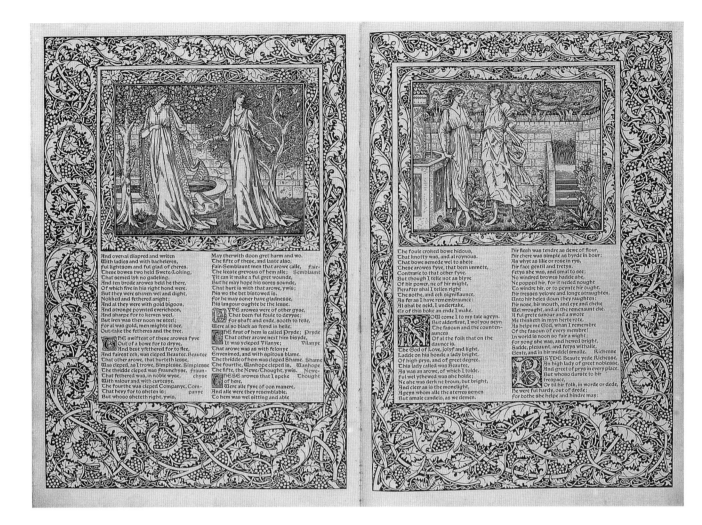

是一種反挫。第二次世界大戰結束後，這種跨越國界的理念再度勃興：透過文字排版，促成了企求某種視覺中立、無特定性格的字型蓬勃發展。設計者則隱身在字型、書籍所夾帶的信息背後。亞德里安・佛魯提格設計的Univers字型（1955）和瑞士字型Helvetica（1957）是當時新一波現代全球化思潮的代表。對於某些設計者而言，這種無國界的現代派理念依然方興未艾，雖然這幾種字體早就遠遠不能算「現代」（皆為五十年前的產物），卻無損於其現代性的象徵地位。相反地，許多年輕一輩的設計者意識到這些字型屬於另一個年代，不再足以表現新世代現代派分子的熱情。對他們而言，字體並不具備一成不變的意含或關聯。

　　設計者刻意藉由某種字體傳達的意圖可能無法得到讀者的共鳴，隨著時代演進，當然也會有所改變。一本書的壽命往往比作者、設計者來得更長，十

上圖　威廉・莫里斯設計、印行的克爾瑪斯寇版《坎特伯里故事集》（1896）顯示他在書籍設計領域對於復興中世紀裝飾傳統的濃厚興味。

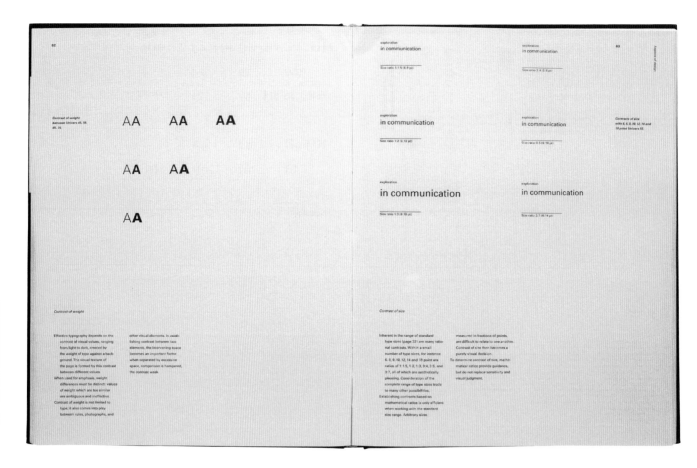

上圖　威利・坎茲的《版面之美：巨・細・靡・遺》使用 Univers 字型和嚴整的網格，闡釋現代派「一體適用全世界」的理念。

年、百年之後的讀者，可能會完全以另一種態度面對文本與設計。書籍是平面設計領域中極少數壽命堪比建築的項目：透過選用字型，一本書不只要面對當代的購書者，也直接迎向後世的每一名讀者。

以獨特字型傳達獨特訊息

電腦字型的發展，伴隨著對新式字型的探尋，至今已超過十五年，促使某些設計者尋思為個別的書籍或雜誌設計案研發新字體的可能性。此事必須耗費極大的心神以及極長的時間；為書籍設計一款呼應特定內容的字體是一項無比花時間的勞動。1990 年代初期的許多設計從業者與學生都受到這種想法的啟迪，儘管其中許多人甚至還不了解書籍出版是怎麼一回事就興沖沖地著手進行。然而，自行造字並非全然不可行，這個念頭似乎也吸引著憂心全球化趨勢的設計者。他們希望能依據自己對於內容的理解，為每一本書創造出一種獨特風貌。已有人採用具有本土性、地域性或忠於作者手寫體的文字風格，做為以字體呼應內容的濫觴。而電腦則成為從事這項工藝的利器，也是重組原有字型的工具。若干專業設計雜誌，例如《*Emigre*》和《*Fuse*》等，便大量運用這種手法。

忠於內容的字體

很多設計者選擇字體時會結合書籍的內容，既不刻意強行加入自己的理念、族裔色彩，或文化、政治觀點，也不貿然追求最時髦的字體。他們的考量在於字體能否強化書籍的內涵；對他們而言，字體合該反映內容。這種做法同時也意味著：設計者可以運用各式各樣的字體製作林林總總的書籍。這種順應作品、展現多樣性的設計風格或許比較不容易辨認，但是該書不論在字型的選擇、編排或整體風貌上，都可能會更貼切地傳達內容。

字體的未來

縱使沒有人能夠明確預測字型將來會演變成何種形態，制式字體的進化肯定會持續不斷進行下去，沿用傳統樣式的書籍也仍會繼續存在。有人根據科技整合的概念，推斷未來字體將會出現更劇烈的變革。書籍的撰寫與設計都將以電腦為唯一平台，但它同時還具備處理和編輯聲音的能力。逐步改良中的語音辨識系統，可將聲音直接轉謄成文字。一段訪談錄音不必經由逐字逐句敲鍵就能化為文字。專為網頁與螢幕顯示設計的電腦字體可即時以動畫方式呈現。設計者

上圖　勞瑞‧羅森瓦爾的《紐約筆記》（*Laurie Rosenwald*, New York Notebook, 2003）運用各種字體、編排和色彩變化，組合成一幅鮮活生動的曼哈頓意象。

與程式專家正不斷研發不必使用逐格動畫而是透過程式運算讓語音同步連結植字的裝置。個別的聲紋可對應一種字體。而此種原本以螢幕媒體做為平台的技術，或許也同樣能夠成功運用在書籍上。一旦字體能反映對話、腔調、音量、速度、節奏等表情質地，又可顯現作者或讀者對於文本的理解，其結果將十分可觀。這種文字將大大改變我們現在對於圖文排版（一律使用制式字體）的認知，回復到每個字都不一樣的手寫形態書籍的用字模式。

我們目前習以為常的鍵盤、滑鼠可能會功成身退，取而代之的則是連結植字軟體的語音辨識系統，而這也將深刻改變書寫的方式。口說與手寫的語言符號將完全一致。由作者或演員透過口語植字，很有希望將能為書籍設計開拓更多全新的可能。

以實用為依歸選用字體

以上循序漸進檢視了所有的字體選用法。儘管不一定要從頭到尾讀完整本書，細心領會全書的內容還是十分重要。不妨以下列這些問題分析該書內容：

選字二十一問

Q：該書主題為何？

Q：作者是誰？

Q：寫作的時代為何？

Q：該書所設定的背景於何地？

Q：預設的對象；誰會讀這本書？

Q：內文是否包含許多不同語文？

Q：以單一角度敘述或呈現多方觀點？

Q：是否包含獨立成篇的側面文章？

Q：有無圖註？形式為何？

Q：是否有顯著的引文段落？

Q：行文中是否包含參註符？有沒有腳
　　註、旁註、引用註？

Q：章、節、段……的從屬層級為何？

Q：是否有序文、導言？

Q：是否有大篇幅的附錄？

Q：是否有明顯的表格或年表？

Q：有沒有專業術語列表？

Q：索引的形式為何？

Q：要營造出何等價值感？印刷、用
　　紙、裝訂的形式為何？

Q：文字要呈現何種色調比重？

Q：文字要以何種顏色印製？

Q：此書預訂之零售價格為何？

不管透過多麼面面俱到的途徑挑選字型，認真思索上述這幾道重要問題，事後一定會證明大有裨益。設計者如果一開始便打定主意，全書只用某一款字族，事後很可能會發現：內文之中包含許多日期、分數、專有名詞……等。假如原本擇定的字型沒有完備的專業符號或小形大寫字母，很可能會不敷使用；如此一來，設計者只好被迫考慮更換其他字型，或搭配使用數款不同的字型。

III Type and image
文字與圖像

本書第三部將集中探討圖、文如何透過各式各樣的途徑，將書中的訊息傳達給讀者。我們將依序分析以下幾個範疇：編排形式怎樣與內容架構互相結合；運用圖表、圖像闡釋視覺訊息的手法；頁面的組織與編排；以及封皮設計。

8 內容架構

書籍版面中的每項編排元素都各自具備特定的功能。本章將探討這些元素如何與編輯內容相互呼應。以下示範的落版配置表（flatplan）可輔助編輯人員與設計者，以此做為編排、組織一本書的內容結構之依據。

外觀 Binding

後封／封底 Back cover
- 促銷內容（該書內容介紹或宣傳文案）。
- 評論擇要摘錄。
- 同書系之其他書目。
- 國際書號。
- 條碼。
- 作者簡介。
- 圖像。

書脊 Spine：書名、作者姓名、出版社商標、圖片。

前封／封面 Cover
- 書名。
- 作者姓名。
- 出版社商標（如果未置放於封底）。
- 促銷內容（該書簡介或其他宣傳文案）。
- 評論摘錄。
- 圖像。

環襯 Endpapers
- 可完全空白，或印上單一平塗色，或印上純裝飾的圖案（也許會選用與該書內容相關的意象）；有時則用來安置具實際功用的內容（例如：地圖集往往會把索引表列於此處）。

前附 / 前輔文 Frontmatter

卷首頁 Frontispiece（前置頁，只使用右頁）
- 有時未必計入前置頁（preliminary pages）頁序
- 簡短列出作者名、書名、出版單位以及所屬書系名稱。
- 圖像（通常不帶標題）。

- 加列以下幾項尤佳：版權聲明；版權資料；在版預行編目（Cataloguing in Publication, CIP）；ISBN 編碼；印行資料，例如：於米蘭印行（未必會列出印刷單位）；這幾個項目也可以另行列在致謝名單（acknowledgments list）之後；（如果有需要的話，可加列）封面、卷首頁使用圖片之圖註。

書名頁 Title page（前置頁，使用單一右頁，左頁留白，亦可同時利用跨頁）
- 作者之姓名。
- 書名、副書名。
- 出版單位。
- 出版地。
- 出版年份。
- 圖片。

目次頁 Content page（前置頁）
- 書名。
- 目次。
- 章節序與章節名。
- 次章節名、編次。
- 頁碼；或許會包括以羅馬數字（或字母）排序的前置頁。
- 該書內容所有具備標題的項目；可包括前置頁的內容，但往往另起頁碼。①

前言／開場白 Preface（自右頁起）
- 簡短交代本書之宗旨、作者創作的緣由或動機；可能連續佔用數頁。

序文 Foreword（自右頁起）
- 簡短交代本書宗旨、略述撰寫者寫作之緣由或動機；往往由作者以外的人士執筆。

可能會有**空白頁**（當前言或序文結束於右頁時）

參考書目、延伸閱讀書單 Bibliography and recommended reading
- 書籍、單篇文章、研究論文、網站等。
- 包括各書作者、書名、出版單位、出版年份、出版地點，必要時可列出國際書號。
- 列建議書單時可酌情略述該書內容大綱。

附錄 Appendix（後附）
- 與某特定章節內容相關但獨立成篇的重要延伸資料，另成附錄可避免干擾章節正常進行。

其他資訊 Others
- 書中刊登的圖版、相片與插圖之製作者、出處之詳細資料。
- 作者對於參與或者協助該書撰寫、編輯之人士的致意。
- 其他致意、題獻對象。
- 索引。

空白頁 Blank page（前置頁）

– 整頁空白，雖不標示頁碼但通常會計入頁序。

簡書名頁 Half-title（前置頁，只使用單一右頁，左頁空白）

–慣例上會比書名頁略為低調，內容可包括作者、書名、副書名、出版單位、商標、出版地（通常會標示版單位所在之城市，例如：柏林、倫敦、紐約、雪梨……等）、卷號、冊序，或許還包含裝飾性的文字元素、線條等，圖片、照片、插畫或圖表等元素。

書名頁對頁 Title verso（左頁，前置頁）

– 如果書名頁只佔用右頁，此頁可能會登載以下幾項內容（不拘先後）：出版社商標、出版單位名稱、共同出版或其他參與合作的單位等。出版時間、版權聲明、出版單位之通訊地址與詳細的聯絡管道，例如：電話、傳真號碼、電子郵箱、網址等資料。

內容提要 Synopsis（前置頁）

– 鮮少列入目次頁；在頁碼數字旁邊摘錄每頁內容重點。②

作者列名 List of authors（亦可置於後附）

– 經常見於詩、文合集等由數人聯合編撰之書籍，通常依照姓氏頭字母順序排列。

題獻頁 Dedication（右頁）

– 簡短註記本書題獻的對象，通常是作者的家人或朋友；如果該題獻對象已作古，也許會列出其生卒年。

內容本體 Body of the book

篇章起首 Chapter opener（只使用右頁、左頁留白，或使用左右跨頁）

– 章名；如列出章序，有時會以羅馬數字標示。③
– 羅馬次章節條目；有時會加上以十進位編次的章節次序。
– 引文。
– 圖片，可附圖註。
– 往往不設頁碼，但列出頁碼對於迅翻查各章節起始位置非常有幫助。

篇章結尾 Chapter close

– 可包括前項（篇章起首）的所有項目。
– 使用單一右頁（當章節內文結束於左頁時）。
– 佔用跨頁（當章節內文結束於前一右頁時）。
  視編輯慣例，可斟酌附列以下三項：
– 引用註。
– 參考書籍簡目。
– 使用圖片列表。
  以上三項，亦可另外歸在後附內容之中。

後附 / 後輔文 Endmatter

參註 Source-notes

– 引用來源或參考資料，亦可以置於後附或各章節之後。

①內文主體的計頁方式通常使用阿拉伯數字以十進位編次；為了區別，前置頁則往往另以羅馬數字編次，如i, ii, iii, iv…或大寫I, II, III, IV…，有些書會使用拉丁字母a, b, c, d…等。

②較早期的出版品通常只分出章序、不另附章名，於是於各章起首處偶爾會先列出該章各節的內容提要，此做法現今較罕見。

③如「Chapter IV」。

上圖 個別書籍安排內容材料時，或許會與此範例的次序略有出入，但基本架構原則上與此雷同。

導覽全書：目次與頁碼

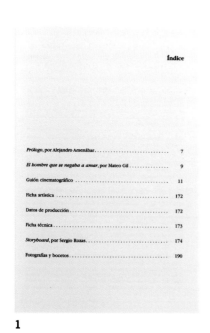

1

2

1 Alejandro Amenábar與Mateo Gil合著的《點燃生命之海》（*Mar Adentro*）目次頁。數字以齊右行文方式排列，章名標題使用大、小寫字母，接上等距、齊右排列的點狀線段，再列出頁碼數字。

2 Andreu Balius 的《書刊設計中的字體運用》（*Type at Work: the Use of Type in Editorial Design*, 2003）西班牙文版由作者自行設計。其目次頁（Balius在書中稱之為「索引」）採用落版單、情節串流圖（storyboard）的形式呈現。這幾幅跨頁縮圖呈現設計者處理過的該章節起首頁。注意其頁碼皆統一置於右頁；例如此範例右下角的「12 · 13」。這種目錄形式頗適合視覺導向的書籍；讀者進入主文前，瀏覽目次頁便如同預先展閱那幾個跨頁。

④以橫排、左翻的西文書而言。

目次

目次頁，或稱目錄表（table），原本並非專為讀者而設，早年也用來當做印刷工匠執行印製作業的依據。一本書在縫綴、組裝之前必須先依序逐頁湊集全部的印帖，目次表可方便印刷工檢查書頁排列是否無誤。

　　依照傳統慣例，目次皆印在右頁，不過，某些參考類書籍，由於目次往往包含許多瑣碎的細分類等延伸內容，佔用雙（跨）頁的情形也屢屢可見。

先列頁碼抑或先列章名？

編排目次頁之前，必須先決定章節標題與頁碼的排列順序。如果先列出章名，表示強調本書的內容，先列出頁碼則著眼於查找內容的便利性。章節副標題可另起一行，列在章節主標題之下，或使用不同字級，直接列在章節主標之後。鑑於各章節標題字數不同、長短不一，傳統做法會使用點狀虛線或連續省略號連結頁碼，頁碼數字則統一齊右排列。

目次與頁碼

書籍的標頁習慣是將偶數頁設於左頁，奇數頁碼則落在右頁④。某些出版品會將前封視為第一頁，並且將環襯、前置頁也一併計入頁序，從頭到尾只用一套排序數字串連全書，但前封、前附的頁碼皆以「盲印」（blind）方式處理（只計頁序但不印上頁碼）。另一種計頁法則是從位於右頁的簡書名頁起算。許多

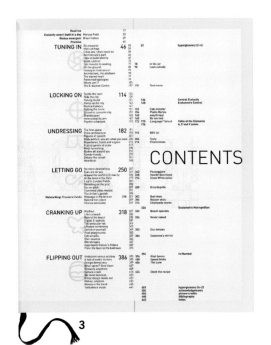

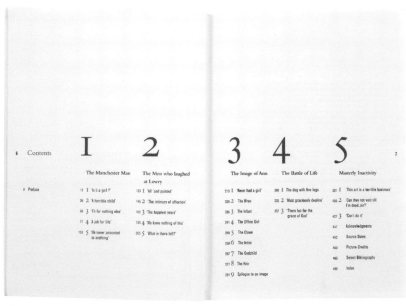

比較古老的書籍會使用兩套頁碼排序：前置頁另以羅馬數字或其他數字標示。今日仍有部分出版社沿用這種計頁系統，讓編輯、設計者和印製部門進行校對工作時不會受到編製索引、徵求圖片使用授權等後續作業的影響。

　　若干科技類書籍、操作手冊和學術報告可能會採用一種更細緻的十進制編次系統，取代一般書籍慣用、以大小標題分出章節段落的做法──譬如：將第五章標示為5，第五章第一節就是「5.1」，而第五章第一節第三段則標示為「5.1.3」。若是運用這種編次法，必須提防章節代碼與頁碼數字互相混淆。

頁碼

一本書的每個頁面上通常都會印上頁碼，由「1」開始，從第一個右頁起算，第一個跨頁則是「2」與「3」，如此這般，偶數頁在左，奇數頁在右，依序串連整本書。有些設計者會在維持這套編頁法的大原則下，只列出右頁的頁碼數字；有的設計者則將左、右兩頁的頁碼一併標示在右頁。前附內容的頁碼往往會使用字母或羅馬數字。頁碼可標示在頁面上的任何位置，不過以置於頁面外緣最為常見。置放頁碼的位置應該符合該書的屬性並維持整體設計的一貫邏輯。如果該書為單欄行文，傳統上（並非硬性規定）會將頁碼居中列在頁面的地腳。如果該書頁數甚多，而且需要頻繁利用索引查找內文，把頁碼置於天頭較有助於迅速翻到欲查找的頁面。如果把頁碼置於前切口餘白的半高處，當讀者快速翻撥頁面時，由於頁碼的位置正好就在拇指附近，讀者可以立即看到 5 。　　　　　　5本書即採用此種做法。

3 介紹建築師奈傑爾・考特斯（Nigel Coates）作品的論著《狂喜城市》（*Guide to Ecstacity*, 2003），由Why Not Associates負責設計，其目次頁運用了頗複雜的層級系統。頁面上充斥許多大大小小的元素，乍看之下彷彿信用卡簽帳單上複雜難解的數字代碼，但其中自有一套邏輯與階層關係。雖然讀者必須自行在交錯的欄位之間跳讀，但相對應的章節標題與頁碼數字皆使用相同級數、粗細、顏色的字體。

4 筆者為Shelley Rohde的《洛利傳》（*L.S. Lowry: A Biography*, 2000）所設計的簡潔跨頁目次表，運用水平軸線對應頁碼位置。本書以雙色印刷，分成五部，極大的紅色Bembo字體數字下方各自又細分為若干章節編號（使用級數較小的同款字體）。頁碼列於章節號之前，章節標題則置於章節號之後。

架構：開章頁與圖註

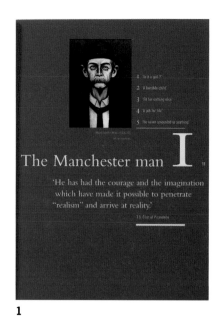

1

2

1 Shelley Rohde《洛利傳》的篇章起首使用右頁。章名和章序對齊頁碼數字排列；此做法方便讀者從目次直接翻找該章，此做法通常見於學術書籍，純休閒讀物亦可援用。該章的分節標題與序號以較小字級列出，字型則搭配章節名頁眉。整本書利用各種字級、字型，形成一貫的階層系統，能使閱讀更加流暢。

2 Carola Zwick、Burkard Schmitz 與 Kerstin Kuedhl 合著的《網路與其他數位媒體的色彩設定》（*Colores digitales para Internet y otros medios de comunicacíion*, 2003）篇章起首的分章方式，並採用放大網點的圖案做為跨頁底圖。

> 「雜誌經常運用『*提引*』
> （*pull quotes*）的手法，
> 直接放大某段行文，
> 藉此引起讀者的注意。」

⑥行文中將引文段落設成斜體亦頗常見；中文書則常讓引文自成一段並改變字體。

章節結構

章節是一本書內容架構最主要的段落區隔。許多非虛構類書籍，每一章的內容都各自獨立，讀者可以不按照次序自行決定先閱讀哪一章。為了凸顯每個新章節的起始，可以以視覺手法強調。篇章起首可運用整個跨頁或單右頁；若使用單左頁當做篇章起首，其效果通常較差，因為翻動書頁時很容易忽略左頁。

章節名頁眉

章節名頁眉通常安置於書頁的天頭，但亦可置於餘白處或地腳（稱為「章節名地腳頁眉」）。

標題階層

每本書或多或少都會用到段落標題，參考類、非虛構類書籍更是屢屢需要動用整套標題階層。和選用字體的程序一樣，設計者應同時考慮內容的屬性與形式。用標題將內文分出段落，可幫助讀者在閱讀時更有方向感，不至於無所依憑。傳統做法會讓標題獨佔一行，字級加大或改變字體粗細，或使用另一種字型。

引文

引文是一段特別為讀者標出的獨立行文段落。如果引文很短，（慣例上）直接加上引號即可——英式慣用單引號（' '），美式則慣用雙引號（" "）⑥。

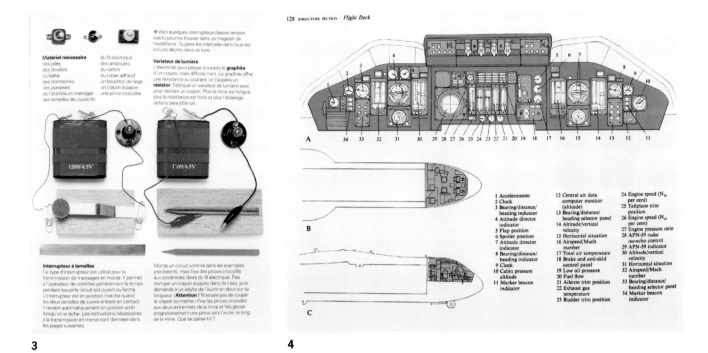

3

4

8：內容架構

解說

一本書中的大部分插畫、照片、圖表、地圖通常都需要配上某種形式的解說，例如：加一段圖註、標籤說明，或指示線。在編輯與設計技巧上，有許多方式可營造出這類圖、文的聯結。以下是幾種比較常見的手法。

圖版與圖片說明

早期圖書由於圖片與內文必須在不同的印張上分別印刷，所以並不使用圖註；圖版上會標註編號或字母⑦，讓讀者自行參照內文閱讀。加註圖號的方式現已式微，但若干學術出版品、藝術類書籍、展覽圖錄，如果有另帖印製（printed as separate signatures）的圖片，仍然會援用這套圖文對照系統⑧。若採用編圖號方式，圖版最好安排在該圖所對應的內文之後⑨。

一幅圖片配一則圖註

最簡單明瞭的圖註方式是依照網格將文字說明置於圖片旁邊。當文、圖相鄰時，不一定要在圖註前附上方位指示（如：「上圖」、「下圖」等說明文字）。

圖註與圖片分離的場合

當圖片與圖註沒放在一起，仍可運用一圖一圖註的方式。如果右頁有一幅滿版出血的圖片，左頁上圖註可加註「對頁圖」。如果是佔滿整個跨頁的出血圖片，則圖註可置於最近的頁面，加註「次頁圖」、「前頁圖」（或「上頁圖」）即可。

3 開發少兒科學書系《動手做！》時，我們認為一幅圖搭配一段說明文字最為恰當。此範例顯示《動手做！電》（ Make it Work! L'Electricité, Sélection du Reader's Digest, 1995 ）運用雙欄網格，將每幅圖片置於各自相對應的內文上方。

4《飛行知識大全》（ The Lore of Flight, BDD Promotional Books, 1990 ）書中局部，圖片以字母 A、B、C 編序，同頁還另以 1~34 編號在圖上加標籤說明。圖上的編號用以參照集中排列在另外一處的對應說明，如果把那些說明內容全部當做標籤放在圖片上，就會顯得太過擁擠。這種解說手法必須搭配連續的字母或數字編序。此則圖註也是採用「另處集中圖註」的方式編寫，以整個跨頁為範圍編號排序，而不是用文字說明方位。

⑦十六世紀以降至十九世紀附插圖的印本書上，常見以「fig.（ figure ）a」、「fig.b」……的方式為插圖編序。
⑧「另帖印製」指該書將圖版集中於不同的書帖集中印製，通常是因為圖版須採用有別於文字頁的紙質與印刷方式；另帖印製可方便印製流程並節約成本。
⑨讓內文先提及，然後再出現圖版。

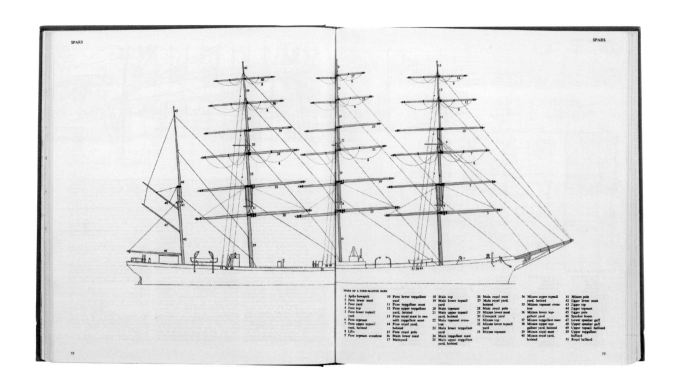

上圖 《船隻大全》(*The Lore of Ships*, by A. B. Nordbok, 1975)跨頁插圖上的標籤說明與圖片分開，並一一編號。圖片和頁面顯得清爽、舒朗。如果加上指示線，勢必與圖片上的桅索細線形成錯亂；直接把標籤說明置入圖片也會造成版面紊亂。讀者必須在圖片與標籤說明之間來回梭巡；在維持基本跨頁版面編排的前提之下，將這兩個元素排得稍近一些，讀者查找對應名目時比較不費力。

集中圖註

如果設計者志在營造乾淨清爽的頁面，方便讀者仔細觀賞圖片，譬如：一部繪畫作品集，如果在每幅圖片下方放置太長的圖註，勢必會破壞版面編排，此時，便可運用集中圖註欄，再以方位指示標明各對應圖片的位置。雜誌編輯條列圖註時喜歡用「順時針」或「逆時針」的排序方式，往往容易造成混淆；圖註階層的行文方式、字體也須花點心思；如果版面空間許可，每則圖註可分別加上編號，另起新行。如果多則圖註連續行文不予分段，編號或方向指引的字體必須加粗或改成斜體，才足以區隔出段落。

圖註壓圖

圖註亦可在圖片上疊印或反出——這種方式經常運用在雜誌上。採用此法有許多地方必須注意。就印製層面考慮，在圖片上置入反白文字，將來改換另一種語文版本，便需要另製新版。所以，假使該書已決定推出其他語文版本，圖註反白將會提高印製成本。在圖片上疊印黑色或特別色的文字則只需一次製版費。採用圖註壓圖，事前必須仔細衡量底圖的狀況，文字必須安置在圖片上最易於閱讀的區域，亦即：明暗階調連續、色彩平滑均勻的區域。不管是疊印還是反白，文字與底圖的明度反差至少要在30%以上。彩色底圖上的反白字體則必須筆劃夠粗，還要具備清晰的襯線與字谷（counter），這樣才可以避免筆劃被周圍的油墨吃掉。

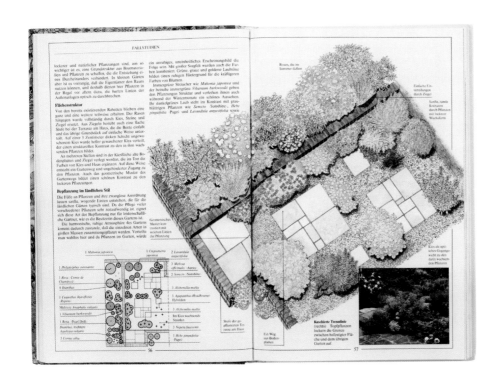

左圖　德文版《小型庭院》（*The Small Garden*, by John Brooke, 1989）書中以俯瞰插畫解說造園計畫。另外一幅平面配置圖則用來解說園內各植物的名稱。讀者閱讀時彷彿著玩配對記憶遊戲：先看著主插圖，從中選擇某株自己感興趣的植物，找出配置圖上的對應位置，再順著指示線查到植物名稱。

圖註列表

有的圖像包含許多需要逐一詳列說明的細節，例如：學校團體照。這種圖片可以先依位置區隔成幾個群組：上排左起、中排左起、前坐者……等，再分別予以條列。不過，當照片上同時出現好幾排、數百人時，這種方法就太不切實際了。這時可以在照片上加註編號，但是如此一來難免會干擾畫面；另一個方法是另外繪製一幅較小的輪廓線圖，再把編號加在輪廓線圖上，用以對應圖註。

標籤

許多圖表、插圖或相片為了特別說明圖版上的各個局部，往往需要加上標籤說明。可以直接在圖像上加入標籤，但這只適用於標籤不多、圖像簡明的場合。如果標籤說明文字很多，有干擾畫面之虞，可以改採佔用面積較小的數字。

　　可以在標籤說明和圖片上相對應的特定位置間拉一道指示線。指示線的粗細要有別於圖像原有的線條，線段最好不要加上箭頭。說明文字與指示線關係應維持一貫的邏輯，譬如：指示線對齊說明文字行文的基線，或字高中段……等。而標籤說明和指示線的距離也要保持一致。某些設計者會自訂一套指示線標籤的規則，譬如：每一道指示線均呈現相同的角度，讓所有標籤說明都可以排列在網格基線上；這種做法看似合理，卻往往有缺陷，因為一旦指示線太多太密，它們會比圖片本身更搶眼。應付動輒上百個標籤說明的圖片（例如：解剖圖或機械圖），最好是合併使用指示線與數字編號的方式處理。

A 旁註位於頁邊餘白，通常會沿著基線網格、對齊行文中對應參註符的等高位置，參註符可使用字母、數字或其他符號，一如腳註形式。有些書籍有許多腳註、旁註、出處註，參註符遍布行文，這時必須仔細做出區分，以免相互混淆。

腳註、旁註、出處註、尾註

將註解文字置於該頁面底部，稱為「腳註」（foot-notes），而「旁註」（shoulder-notes）[A]則是列在頁邊的餘白。「出處註」（source-notes）是註明某段內文概念的來源而不是直接引用。這些註解資料亦可全數列在該所屬頁面、該章節的最後，或全書的最後，這時則統稱為「尾註」（end-notes）。一旦書中出現這類參註形式（通常見諸非虛構類或學術類書籍），須在行文中加註小編號、字母或各式參註符號（植成角標〔superscript〕），用以標定內文中特定的註解位置。如果註解數量不多，可依序使用幾種標準字符，例如：星號★、短劍號†、雙短劍號‡等。假如以數字做為參註符，通常是各章重新編序。如果行文中同時有腳註與出處註，可分別用字母與數字標示參註符。參註符必須考量主文的字體，小心地設定妥適的字級。如果該書的註解非常重要，用粗體數字參註符，可在頁面上形成明顯的視覺焦點，吸引讀者留意。此做法偶見於需要頻頻凸顯、對照其他專業見解的學術報告。但一般而言，數字參註符會較主文字體為輕，亦即：後者在視覺上應優先於前者；畢竟，應該讓讀者讀完完整的文句之後，參註符才會起作用。有的設計者會讓參註符數字與行文使用相同字型，僅僅縮減一半字級。讓參註符的級數剛好吻合行文大寫字母的頂線與 x 高線之間，這樣處理似乎頗為恰當，但對行文字體級數較小、x 高較大的場合卻不一定適用。

- 參註符數字為正常行文字級的一半：[1]（此處所示為 5pt）
- 參註符數字介於行文的大寫字冠與 x 高之間：[2]（此處所示為升冪線以上 4.5pt）
- 如果行文採用短升冪字型，參註符數字可用另一種顏色或突出大寫字冠與 x 高之間：[3]

段號

自從埃蒂安納（Robert Estienne, 1503–1559）於 1553 年在日內瓦運用段落編號（verse numbers）印行法文聖經以來，後世印行的各種版本聖經都普遍援用這種手法。在行文中加入段號非常實用，可以讓任何一名參與讀經的會眾藉由段號，輕易找到某段經文的特定段落與起首。這種在章節內進一步細分段落、予以編號的手法，也運用於某些法條類書籍和科學報告之中。某幾種版本的聖經會將段號排列在經文之外，自成一欄，這種處理方式比將段號插入經文中更易於查找。在大部分現代出版的聖經中頻頻用來吟誦的詩篇，都可以發現詩文體的行文之外列有這種段號數字。

‡ 所謂腳註，便是將註解列在所屬頁面的底部。

尾署

尾署(colophon)交代有關作者、出版者、印行年份等事項,通常見於較古老的書籍結尾處,但現代書籍則會將這些內容印在一本書的開頭、簡書名頁之前,或全書的最後,當做後附的收尾。

詞彙表

許多非虛構類的書籍末尾,往往會列出一份與該書相關的專業用語詞彙表(glossary),這些詞彙通常依字母順序編排,但是某些科學書籍會在字母順序的原則之下,額外增列延伸詞彙,分門別類併入屬性相近的字詞群組內。就像任何表列編排一樣,必須根據條目屬性區分出從屬關係的輕重。通常會以筆劃粗細或運用大小寫加以區別;有的書會用線條區隔;有的則會在主條目下方加底線,讓它成為小標題。

索引

一本書的內頁編排尚未全部完成之前,無法進行索引編製⑩。書前的目次可供讀者對該書的整體架構產生概括性的了解,而索引則讓讀者追查某特定的內文段落或某幀圖版。索引編製者依據編輯規劃,設定該書索引該做到何等精密、深入的程度,然後仔細翻查編排完成的內頁,逐一挑出內文關鍵詞以及該詞條所在的頁次。圖片索引則以該圖之主題為準。許多索引編製者與設計者往往會用另一種字體格式標示圖片索引條目的頁碼⑪,方便讀者尋找配圖的位置。

⑩因無法確定各詞條最後會落在哪個頁面。

⑪以「粗體」或「斜體」最為常見。

9 圖解術

此章所探索的許多概念，並不僅僅適用於書籍設計；如果要為這一章下一個更恰當的標題，「資訊設計」（information design）似乎亦無不可。即使我將這些內容納入書籍的範疇來討論，依然是秉持著廣義的設計理念，即：設計者在一部書籍之中，不只負責編排頁面，還要竭盡所能將作者欲傳達的訊息以最妥善的方式傳達給讀者。因此，書籍設計者面臨的其實是一個更高的挑戰——不僅要在版面上將圖文編排得美觀、漂亮，更必須肩負消化理解內容、擘劃全書形式、妥善發包外製等種種任務。絕大多數始終習慣以文字闡釋意念的寫作者，對於設計、圖解的手法往往不像對遣詞造句那樣熟練，其實，有時候使用圖像說明反而可以讓意念更簡明易懂。

把統計數據化為圖形

傳達數據內容的圖解形式通常會包含三個元素：數據、格線與解說。讀者最需要獲知的是其中的數據，所以，任何違背這個主旨的多餘設計都應該摒棄。資訊設計專家塔夫特（Edward Tufte）對於他口中的「圖表渣滓」（chartjunk）表達極為強烈的反感：「圖表內部的多餘裝飾除了耗費油墨之外，根本不能向讀者提供任何新訊息。儘管裝飾的原因五花八門——讓圖表看起來更科學、更精確；呈現更活潑的視覺效果；讓設計者有機會展現巧思云云。不管基於什麼理由，全是百無一用且多此一舉，其結果往往成了一堆圖表渣滓。」（*The Visual Display of Quantitative Information*, 1990, p.107）

　　如果採取比較寬廣的溝通策略來看待，則塔夫特的嚴苛論調也不無疑義。因為任何訊息之所以能夠成功傳遞，廣受外界接納、吸收，作者與讀者雙方必須使用相同的「語言」，並具備近似的文化背景。換言之，不論這個「語言」是以書寫抑或圖像的方式呈現，設計者與編輯都應當加以尊重。資訊必須透過某種我們諳熟的形式或語言呈現，我們才能夠察覺、理解並加以吸收。因為，唯有讀者的日常生活、工作都處於一個經常接觸各種數據資料、統計圖表的文化環境，並且早已熟稔圖表、表格的表達慣例，如此，以極簡潔的手法來比較和對照數據的做法，才能奏效。總之，我們不能忽視許多閱讀者並不熟悉乾乾淨淨（亦即「不含渣滓」）的統計表現手法；假如表達形式令人感到費解，他們就會對圖表採取拒看的態度，進而無從接收或許對他們頗有幫助的資訊內容。如果目標讀者的文化水準較低，或不具備學術背景，亦不熟悉圖解表現的慣用形式，簡潔的圖表就有可能行不通。碰到這種情形，「不含渣滓」的圖表反而可能會「傳遞」讓讀者覺得自己被漠視、甚至感覺受到威嚇的訊息，如此一來，就更遠遠談不上有效的「接納」或「吸收」了。

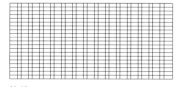

格線

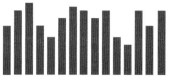

數據

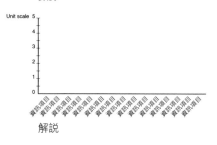

解說

上圖　大部分資料性圖表的內容皆可概分成三大元素：格線、數據與解說。此處將一幅簡易長條圖的組成一一拆解開來。

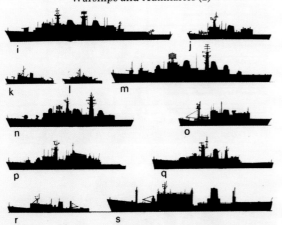

Fig. 112   Comparative silhouettes of British
Warships and Auxiliaries (2)

Type of warship or auxiliary Name of ship or class In commission, on reserve or fitting out	Number in class	Dates of com-pletion	Displ't tonnage	Length (metres)	Page ref.
i Guided Missile Destroyer County class	6	1963-70	5,440 6,200	159	113
j Survey Ship *Hecla* class	4	1965-74	1,915 2,733	79	155
k Mines Countermeasures Ship Ton class	31	1950s	425	46	151
l Patrol Vessel Bird class	4	1975-77	190	37	—
m Guided Missile Destroyer *Bristol* Type 82	1	1972	7,100 6,750	154	139
n Guided Missile Destroyer Type 42 *Sheffield* class	6	1974+	3,150 3,660	125	139
o Ice Patrol Ship *Endurance*	1	1956	3,600 gt	93	—
p Frigate Type 21 *Amazon* class	8	1974-78	3,250	117	143
q Frigate *Leander* class	26	1963-72	2,800/ 2,900	113	143
r HQ & Support Ship and Minelayer *Abdiel*	1	1967	1,500	80	151
s RFA Stores Ship Ness class	3	1966-68	16,500	160	161
t Frigate Type 12 *Rothesay* class *Whitby* class (Trials etc.)	8 1	1960-61 1956-60	2,380 2,800	113	143

Type of warship or auxiliary Name of ship or class In commission, on reserve or fitting out	Number in class	Dates of com-pletion	Displ't tonnage	Length (metres)	Page ref.
u Frigate Type 81 Tribal class	7	1961-64	2,300 2,700	110	143
v Frigate *Lynx* (Reserve)	1	1957	2,300 2,520	100	143
w Target Boat *Scimitar* class	3	1970	102	30	—
x Frigate *Lincoln* (Reserve)	1	1960	2,170 2,400	100	143
y RFA Replenishment Ship *Fort* class	2	1978/79	17,000	183	161
z Survey Ship *Bulldog* class	4	1968	1,088	60	—
aa Royal Yacht *Britannia* convertible to Hospital Ship	1	1954	4,961	126	162
bb Landing Support Ship *Sir Geraint* class	6	1964-68	5,550	126	158
cc Fleet Submarine *Valiant & Sovereign* classes	12	1963-71 1973+	4,900 4,500	87 83	147
dd Patrol Submarine *Oberon & Porpoise* classes	16	1958-67	2,410	90	147
ee RFA Helicopter Training Ship *Engadine*	1	1967	9,000	129	161
ff Patrol Vessel Island class	7	1977-79	1,250	60	—

以下幾節內容將要探討如何以各種不同手法的圖像形式來傳達資訊內容，包括圖表（charts）、示意圖（graphs）、地圖（maps）和圖解（diagrams）。

識別

圖像，不管是照片、圖繪還是圖表，都扮演著協助讀者識別物件、人或概念的關鍵角色。許多參考書籍特別注重這個目的，比如：條列知名人士的《名人鑑》（*Who's Who*）、提供大量圖解的視覺百科等；各種觀測指南則可供讀者辨認星體、飛行器、古董家具、動物、蝴蝶等等。此類書籍進行圖解時，必須透過以下幾個基本原則：視點、輪廓、比例、精確、細節、顏色、花色與紋路。要達到正確無誤的辨識，通常得靠一連串驗證的步驟。例如：以輪廓方式進行圖解，需藉助比例、顏色、大小等其他驗證方式。

上圖　鑑於船隻的龍骨部分原本就看不見，《船艦觀測大全》（*The Observer's Book of Ship*, 1953）中的側面剪影圖一律只顯示水平面以上的船身輪廓。以這種輪廓辨識法描繪飛行器，則從底部測繪為佳，但用於船艦就無法奏效，因為兩者的觀看角度不同。有趣的是：此圖不使用數字，而是以一個或兩個字母做為標籤，可能是顧慮數字標籤會與某些船隻型號中的數字（例如：「42型驅逐艦」）造成混淆。

利用視覺線索提供識別

1 這本《鳥類圖鑑》（*Fugle i Felten*, 1999）以跨頁圖呈現觀測者從下方視點展示飛翔中的猛禽。此圖顯示幼鳥與成鳥的輪廓、羽衣花色，並輔以相同的繪製比例，更有助於正確辨識。各小圖旁則另附性別符號標籤，以示區分雄鳥與雌鳥。

1

2

2《布朗氏船舶旗幟與煙囪標示》（*Brown's Flags and Funnels*, 1951）登載商船的各種標示。圖片是依照船上煙囪塗裝的主要顏色加以編排，此頁所示為紅色。這是能夠順利辨識的關鍵；讓讀者可迅速比對所有紅色煙囪的船隻，如果依照字母序排列，對照起來就不可能那麼方便了。此書是根據海員的觀測程序而設計。此書也運用了一連串驗證的步驟：「我發現一艘紅色煙囪船隻」，翻查冊子上的紅色煙囪段落，「煙囪頂部有一截黑色，還懸掛著一面紅色三角旗」。

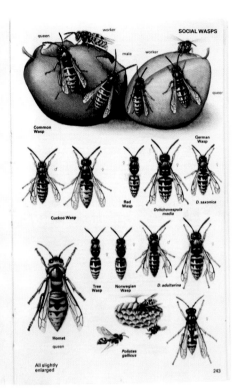

3 Michael Chinery 的《柯氏昆蟲圖鑑》（*Collins Guide to Insects,* 1991）在這面標題為〈群居的黃蜂〉的跨頁上呈現的辨識重點是昆蟲身上的紋色。左頁以實物大小描繪九種不同的黃蜂，並從頭部花紋的微小差異加以辨識。所有的黃蜂圖片皆依照相同比例、實際大小描繪。雄蜂與雌蜂則另以性別符號區分。

4 這本日文版東京導覽書內收錄地下鐵各路線班車運行時程表，分別以各種顏色標示距離各節車廂最近的出口或轉乘其他路線最便捷的停靠點。站名統一排列於圖表左側，乘客可據此提高移動效率。

3

4

圖表與示意圖

非虛構書籍中多半都有許多用來輔助說明、闡釋作者論點的資料。某些資料如果列成表單，得花許多時間才能讀懂，圖表與示意圖則是將它圖像化，方便讀者輕鬆解讀。讀者能夠很快地了解圖表中所要呈現的模式、順序以及所佔比例。要表示統計數字、數字範圍、百分比以及其他特殊資料，有許多慣用的手法，此節將逐一簡短介紹。

長條圖 bar chart：用以比對數量

長條圖或稱直方圖（histogram），是用來比對多筆同類資料。透過一組柱狀線段代表加總之後的數據資料，顯示其間的演進變化。條狀線段可依垂直或水平方向排列，只要在其中一邊的軸線上顯示度量比例，另一邊則分出類別項目。繪製長條圖通常不必加上圖框，有時甚至可以省略水平格線。

繪製長條圖

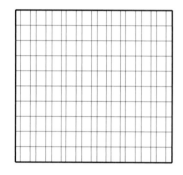

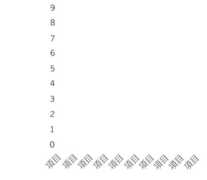

1 所有的長條圖都建立在格線架構上，一般都以垂直軸線由下而上做為數量區間，比對項目則列在水平軸線上。格線的進量幅度大小取決於數據的整體變動範圍。

2 垂直軸線上的進量幅度要夠大，才能顯示出各數據長條之間的高低差。如果需要比對的數據之間落差範圍極大，譬如：從5到500，可能就必須降低進量幅度。

3 圖表兩側的說明文字不應太過明顯；字體大小不可搶過數據，但位置必須精確對應垂直軸線上的數據進量與水平軸線上的項目類別。此範例將標籤說明以45°角齊右抵靠水平軸線。

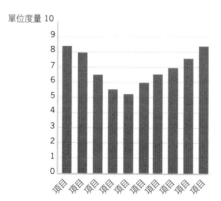

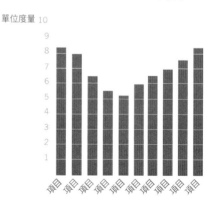

4 可以調整格線、數據長條和文字說明的明暗對比（此範例依序各為20%、50%、100%），讓整幅長條圖看起來更清楚。

5 抽掉格線、垂直軸線與水平軸線，將標籤說明文字平網處理，使整幅長條圖顯得更加清晰。

盒鬚圖 / 箱型圖 box plot：界定數值的分布情形

跟簡易長條圖一樣，盒鬚圖也是在一條進量軸線、一條分類軸線上以直線形式呈現數據；亦可畫成垂直或水平。盒鬚圖主要是用來呈現最大值（maximum value）、最小值（minimum value）、四分位值（quartile value）、中位值（median value）和四分位數間距（inter-quartile range）的分布狀況。

最小值　　　　　　　四分位值　　中位值　四分位值　　　　　　最大值

圓餅圖 Pie chart：呈現整體之中所佔的百分比

圓餅圖藉由分割整體面積的方式傳達訊息。一個完整圓形的360°代表100%；180°代表50%；90°代表25%；36°則代表10%。透過連續幾幅圓餅圖，可以表現各項數據的消長情形，也可以顯示時間進行。圓餅圖最好以正圓形表示，因為一旦經過傾斜處理，改成橢圓形，某些區域的形狀會隨之改變，進而產生角度誤差。相較其他各種統計圖示，以切塊形式呈現數據的圓餅圖稍嫌難解；分區上色通常可以改善這個問題，但是某些統計學者認為一旦上了不同顏色，難免會造成各項目之間互別苗頭的弊病，讀者的目光會被比較搶眼的特定色塊吸引，連帶影響了讀取資訊的優先順序。

繪製圓餅圖

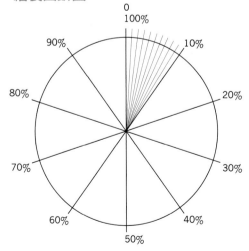

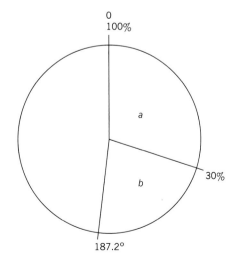

1 一幅簡化的圓餅圖將完整的圓形以百分比劃分。一個完整圓形可分為360°，於是，1%等於3.6°；以此類推，10%就等於36°。

2 將完整的「餅面」以3.6°分成一百等分，即可得出數值該佔多少面積。30%就是3.6°×30＝108°（a）；22%是3.6°×22＝79.2°（b）。兩個切塊所佔的位置則是79.2＋108°＝187.2°。

曲線圖 line graph：顯示數值的歷時變化

曲線圖乃用來顯示數值在演進過程中的變化。曲線可以往垂直或水平方向發展，不過一般都以橫向為主。理論上，曲線可以無止境發展下去。不像長條圖或圓餅圖，曲線圖可以同時呈現當下與過往發展的軌跡。根據現在與過去的演進狀態，可讓統計者推斷未來的數值走向。粗略地說：根據某年度雨傘銷售曲線圖的統計紀錄，從該年11月到翌年4月的銷售數字明顯揚升，而後逐漸下滑，直到下個年度的11月又再度上升，如果連續三年都顯示相同的曲線變化，便可依據這個結論，推測來年的銷售曲線也會一樣。以曲線圖呈現單一資料項目的過程演變非常簡單，但是同一組格線亦可用來同時顯示多筆資料，從中比對各項目隨著時間的消長差異。

　　也可以用一幅簡易曲線圖記錄某物件或人在時間過程中的變遷。唱片暢銷榜可追蹤榜首單曲的更迭，綜合連續數週的排行前一百名，便可記錄某特定唱片在銷售排名的升降。許多繪圖器材都以曲線圖的方式描繪資訊，並且能夠當場輸出，例如：心電儀、地震儀、測謊器等。

右圖　《汽車協會白皮書》（*AA Book of the Car*, 1970）書中的曲線圖顯示駕駛過程受到行車狀況的影響。頁面最上方是某段道路的模擬圖，下方有兩幅曲線圖。第一幅顯示駕駛者的血壓變化；第二幅顯示心跳拍數。貫穿兩幅曲線圖、間續出現的垂直線指向特定路段的路況。圖中較淡的棕色曲線分別代表正常狀態下的血壓與心跳；黑色曲線則代表駕駛面對塞車時的焦躁反應。

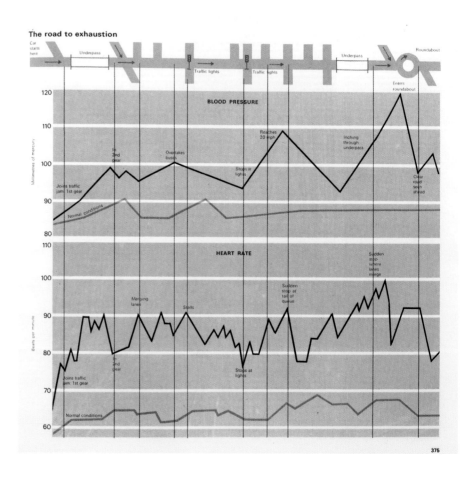

散點圖 scatter plot：說明規律與頻率

如果要比對不同類型的資訊，可以採用散點圖。資料群組以集聚或分散顯示兩組數據之間相互關聯的形態，例如：室外溫度升高與冰淇淋銷售量之間的關係。如果兩者的關係呈現正相關，兩組數據在圖表上會出現相符的狀態；而室外溫度升高與溫熱飲料之間則屬於負相關，圖上兩組數據的散點會形成互相交錯，當其中一組數值增高，另一組數值則減低。反過來說，室外溫度升高與狗糧的銷售量之間則沒有關聯性。所謂最佳擬合直線（line of best fit），即散點圖上的點狀分布的大致方向均相符。

時間軸線 time line：交代歷史軌跡

簡易的時間軸線展現單線進展，事件依照時序羅列其上。書上的時間軸線通常都是橫向穿越頁面，但以垂直排列亦無不可。運用不同的度量比例，可以區分不同長度範圍的時間，從最遼遠的地質演化到極短促的音速。複雜的時間軸線可供讀者交叉比對各事件的發生時點。軸線上的條目可以自成體系、分出群組，譬如：一條說明二十世紀藝術演進的時間軸線，可依流派或國籍分別列出幾組藝術家，甚至可以運用某套編碼系統，同時交代各畫家的流派、國籍。許多時間軸線都會採取插畫的形式，須注意的是：每則條目的對應插畫和文字說明必須保持一貫的對應關係，否則很容易會亂成一團，無法標定正確的時間點。軸線上資料分布的比率應保持恆定，確保所有的內容都能互相比對。但是，由於各段時間範圍內所要交代的內容、條目數量可能並不均勻，也就是說：可能某段時間範圍內需要交代極多內容，而另外幾處卻無可著墨，顯得空空蕩蕩，根本很難控制得恰到好處。如果時間軸線上的資訊具備某種循環周期（譬如關於植栽、種作等例行程序），可以改用環狀的時間軸線。這種形狀雖然不利於比對資料，但對於查詢某單項內容的時段卻非常方便。

圖像時刻表 graphic schedule：顯示時間與距離的關係

傳統的火車時刻表總是在表格上填滿了文字、數字。法國工程師雅布熙（Charles Ybry）於1846年設計出一款新式的圖像時刻表。雅布熙自創的圖像時刻表不僅列出行車時間，還能夠顯示距離。圖像時刻表上除了記載班車出發時間與抵達時間，同時以圖像說明在特定的車速之下，各停靠站之間的距離。對於一般民眾而言，這種時刻表稍嫌複雜，使用起來並不方便，但是全世界有許多鐵路管理單位都利用它做為排班工具。

顯示時間進行的圖表

1

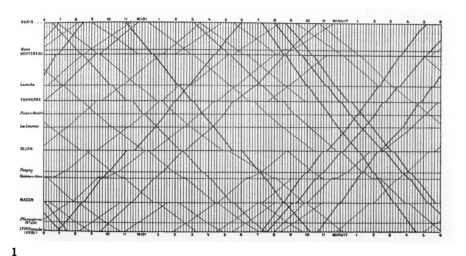

2

3

4

1 馬氏時刻表（Marey Schedule）的水平軸線代表時間的進行；垂直軸線則登載各站之間的相對距離。錯綜交叉的斜線顯示班車的運行狀況，從左上方開始，跨越代表時間／距離的格線。如果各站之間的線段越陡、越短，表示火車行進速度越快；線段斜度越緩、越長，代表該班列車的行進速度較慢。而斜線與斜線之間的水平線則代表班車正停靠於該站，只顯示時間而距離為零。如果兩道下降斜線在表上呈現交叉，就表示後發班車趕過了前一班列車。

2 James Fisher 的《鳥類鑑別》（*Bird Recognition*, Pelican, 1951），書中以一幅環狀圖表呈現一整年的周期變化。

3 （圖2之局部）以原尺寸大小（寬5.7公分）呈現的環狀時間軸線。在不同的時間區塊裡共有六十五個說明文字，說明鳥類一整年的活動情形。此圖表的基本格線是由將一整年切分為五十二週的十二個同心圓所構成。由最外圈開始分別是：第一圈分成四個季節，同時標出最長與最短的白晝出現時點；第二圈代表十二個月份；第三圈分為五十二等份（週）；第四與第五圈描述夏羽與冬羽；第六圈交代候鳥遷徙的周期；第七、八、九圈則說明產卵、孵育的時段。

4 刊登在西班牙文版《植字與排版術》中的一幅跨頁時間軸線範例圖，羅列多位字型設計師的生卒年份。登在左頁上的前五十年（1900~1950）以相同比例描繪；1950年之後則改以十年為單位，呈現比較大的進量比例。資料內容的排列方式分成兩種：已經去世的設計師以去世的年份時點為準齊右排列；依然在世的設計師則以出生年份為準齊左行文。運用這個方式，不但在一個跨頁上交代了一百四十八名設計師的生卒年，版面依然保持清晰明瞭。

地理投影法：將地表攤平的技術

歷代地圖測繪師開創了各式各樣的方法，試圖在二維平面上描繪出三維立體球體，這些製圖法就稱為「投影法」。三維空間的球體表面其實並不能直接鋪成一張連續的平面，只有把球面切成幾瓣，才能夠畫成平面的地圖。

「投影」（projection）一詞隱含其與光源有所關聯，投影圖的原理是假設一盞聚光燈從球體的內部穿透球面，讓經緯線的影子投射在攤平的紙上。簡言之，各種投影法的差別全在於光源與紙面、光源和球體之間的相對位置不同。舉例來說：正切圓柱（tangent cylinder）投影法是將假想光源置於球體內部正中心，沿著球體外緣的圓周（即赤道線）繞覆一張紙。正割圓柱法（secant cylinder）原理基本相同，差別只在於正割圓柱法是將紙筒圓柱插入球弧之內。

不管使用哪一種投影法繪製地圖，或多或少都難免造成若干變形。所有的投影法皆無法百分之百毫無誤差地呈現球體上的所有條件：距離、方位（以「度」為計量單位）、面積。任何一種投影法皆只能保有三大關鍵數值的其中一項：等距（equidistance）、正形（conformality，球面上的相對方位正確）、等積（equivalence，球面上的相對面積正確）。有幾種投影法甚至無法具備以上任何一項的準確性，充其量只能算是「約定俗成」罷了，但是我們不妨根據各投影法的特性，選用其中「誤差最小」者。有感於每一種投影法各有優缺點，有的製圖師便合併數種不同的投影方式，研發出所謂「混合投影法」（hybrid projections）。

下圖　此書影出自Barbara Taylor的《動手做！地理篇：地圖卷》（*Make it work! Geography: Maps*），此跨頁內容闡釋地理投影法如何以二維平面呈現三維空間世界的原理。用細繩做成經線和緯線，黏貼在代表地球的透明半球體上；燈泡從球體內部投射出光線，桌上便會呈現經、緯線的平面投影。

6 : 圖解術　119

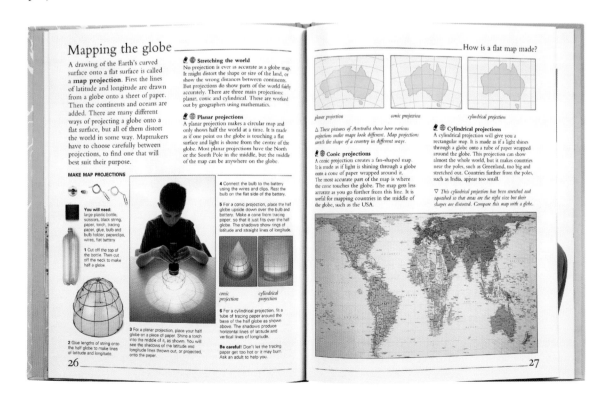

下圖 由Michael Kidron編撰、設計的《國家現勢地圖集》（*The State of the World Atlas, 1981*）針對世界各國的礦藏、水源、財富等資源，以地圖形式進行比較。Kidron更動了各國的土地實際面積比例以反映數值大小，並將國界簡化成幾何形狀，以加強其量化世界地圖的圖像效果。

地圖投影法的運用

為特定目的或一本書選擇合適的地圖投影法必須非常慎重，大多數出版商會酌情採納專業製圖師的意見。正如1982年版《泰晤士地圖集》（*Times Atlas*）的編輯所稱：「一部地圖集當中免不了在面積、比例、投影方式上不斷妥協。雖然就理論而言，應該自始至終恪守一貫的比例和投影法，但如果真的那樣執行，結果反而不盡理想。」

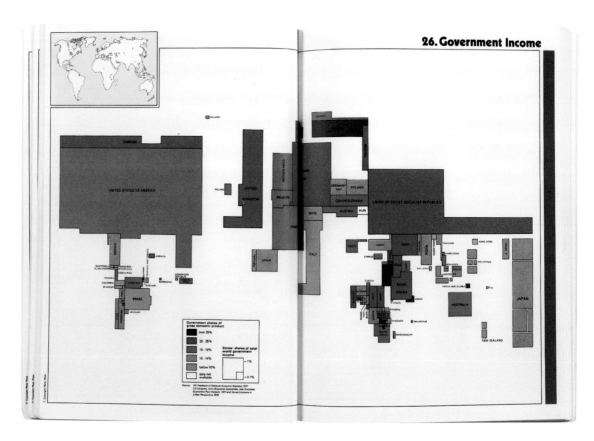

投影法的種類

麥卡托投影法（Mercator projection）又稱做「航海圖投影法」（navigators' projection）。其經線與緯線均成90°垂直交錯；屬於正形投影法，特點是方位皆以直線表示。

高爾投影法（Gall's projection）既非正形也不是等積。其特點是高緯度地區的變形程度（比麥卡托投影法）較輕微。在南、北半球45°地帶的面積甚至可以完全正確。

正弦投影法（Sinusoidal projection）又稱桑佛二氏投影法（Sanson–Flamsteed projection），屬於等積投影，能顯示球面正確的陸塊與海洋面積。

摩爾威投影法（Mollweide projection）為等積投影，能顯示球面正確的陸塊與海洋面積，將經度線（球面的垂直圓周線）畫成橢圓形。

漢麥爾投影法（Hammer–Aitoff projection）為等積投影，能顯示球面正確的陸塊與海洋面積。與摩爾威投影法不同的是，因漢麥爾投影法將緯度線也畫成弧線，使得圖面外緣的變形幅度較小。

巴氏局部投影法（Bartholomew's Regional projection）屬分瓣投影（interrupted projection），將球面分成數瓣，但仍保持陸塊完整。

巴氏「泰晤士投影法」（Bartholomew's 'the Times projection'）將經度線從0°開始漸緩增加弧度，畫成平行弧線。較諸其他各種圓柱投影法，這種製圖法最能夠減低地形扭曲的程度，同時讓地圖保持方正的矩形輪廓。

動態最大化投影法（Dymaxion projection）由數學家兼設計家富勒（Richard Buckminster Fuller, 1895–1983）獨創的投影法，將世界建構在一個三角形二十面體（富勒將之命名為'dymaxion'）上。這種測繪方式能夠迅速將平面組成立體形式，是富勒鑽研地測結構的諸多成果之一。

Mercator projection

This is the navigator's projection and the most renowned of all projections. It is conformal and its special merit is that lines of constant bearing (loxodromes) or compass bearings (rhumb lines) plot as straight lines. Since great circles other than meridians and the equator are curves in the Mercator projection a great circle route cannot be plotted directly but it can be transferred from a gnomonic projection and then divided into rhumb lines.

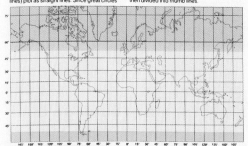

Gall's Stereographic projection

This projection is a stereographic projection from an antipodal point on the equator, on to a cylinder which cuts the Earth at 45°N and 45°S. It is easy to construct and has been widely used for world maps including those showing distribution data. The projection is neither conformal nor equal-area. Its principal merit it that it reduces greatly the distortion in northern latitudes of Mercator's projection, scale being true at 45° latitude N. & S.

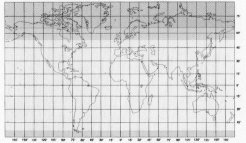

Sinusoidal (Sanson-Flamsteed) projection

This projection is equal-area and is a special case of the Bonne projection in which the standard parallel is the equator made true to scale. The central meridian is half the length of the equator and at right angles to it. Parallels are straight parallel lines, equally spaced and equally subdivided. Meridians are curves drawn through the subdivisions of the parallels.

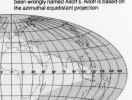

Mollweide projection

In this equal-area projection the central meridian is a straight line at right angles to the equator and all other parallels, all of which are straight lines subdivided equally. The spacing of the parallels is derived mathematically from the fact that the meridians 90° east and west of the central meridian form a circle equal in area to a hemisphere. Meridians are curves drawn through the subdivisions of the parallels. Except for the central meridian, they are all ellipses.

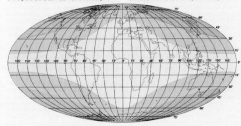

Hammer (Hammer-Aitoff) projection

This equal-area projection is developed from the Lambert azimuthal equal-area but with the equator doubled in length and with the central meridian remaining the same. Because the parallels are curved instead of being straight and parallel there is less distortion of shape at the outer limits of a world map than in the similar-looking Mollweide. This projection has been wrongly named Aitoff's. Aitoff is based on the azimuthal equidistant projection.

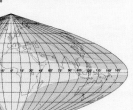

Bartholomew's Nordic projection

This projection is equal area. It is an oblique case of the Hammer projection which is a development of the Lambert azimuthal equal-area. The main axis of the Nordic projection is an oblique great circle passing through 45°N and 45°S. Its equal-area property makes it a suitable base for distribution maps and it is particularly well suited to the depiction of such data in the temperate latitude zones and the circum polar areas.

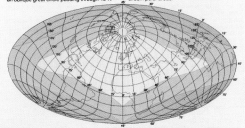

Bartholomew's Regional projection

An interrupted projection which aims to combine conformal properties with equal-area as far as possible. It emphasizes the north temperate zone, the main area of world development. From a cone cutting the globe along two selected parallels symmetrical gores complete the coverage of the Earth. In this modified example Pacific Ocean overlap usually included, has been eliminated to show land areas to the best advantage.

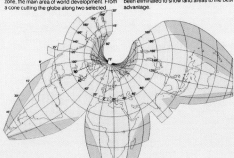

Bartholomew's 'The Times' projection

This projection was designed to reduce the distortions in area and shape which are inherent in cylindrical projections, whilst, at the same time, achieving an approximately rectangular shape overall. It falls in the category of pseudo-conical. Parallels are projected stereographically as in Gall's projection. The meridians are less curved than the sine curves of the sinusoidal projection. Scale is preserved at latitudes 45°N and 45°S.

左圖 1985年版的《泰晤士地圖集》把幾種不同的投影法集中刊登在同一頁，讓讀者可以比較其中的差異。經緯線以黑色印刷，棕色線條則代表陸塊的海岸線。不同的底色顯示各種投影法逐漸變形的趨勢：黃色區域表示該地區範圍的變形程度較低；綠色表示變形程度逐漸增劇；土黃色則代表該區域已嚴重變形。

9：圖解術 **121**

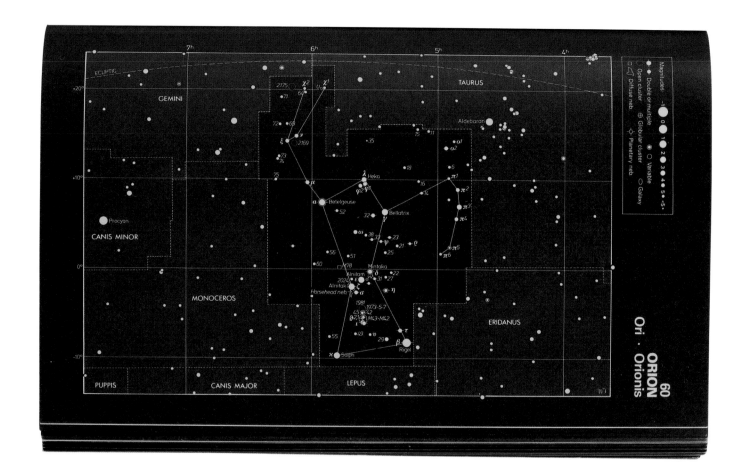

上圖 《柯氏夜空觀星指南》(*Collins' The Night Sky / Guide to Stars and Planets,* 1984)書中這幅星相圖顯示各恆星之間的相對位置,但這種投影法無法表現出這些星體與地球之間的時間和距離。此圖以圓點代表各星體;圓點的大小是根據亮度或星等作出區分,與星體本身的實際大小無關,圓點越大,表示該星體在夜空中顯得越亮。

繪製天體

天文學家描繪夜空時,與地圖測繪師面臨的問題並無二致。目前可見的各種星相圖,其測繪原理都是假想一顆大圓球(代表宇宙)裡頭包著一顆小球(即地球)。對讀者而言,星相圖的樣貌就像從小球瞻望大球內側表面上散布的亮點。實際上,天文學家依照星群的分布,將天空劃分成幾個幾何區塊,而這些區塊則無限延展成太空。所有的區塊分別排列在兩個大圓圈內,一個圓圈代表從北半球仰望的星空;一個代表南半球仰望的星空。另有一個狹長的「赤道帶」(equatorial zone),顯示從赤道地區觀測到的星體。不同星等(亮度)的星體在圖面上則分別以亮點的大小加以區分,星等「0」代表該星體的亮度最大,星等「5」則是最黯淡的星體。有些星相圖還會用不同顏色區別星體的溫度。

呈現相互關係的圖解

統計學家發展並借用各種圖解方式，以表示各元素或群組之間的關係。如果讀者對一般圖解呈現的手法不陌生的話，這種圖解將會非常管用；對作者與設計者而言也十分有利，因為不必再大費周章用數字或文字交代，只須運用圖解，便能清楚說明各元素之間的關係。

范氏圖 Venn diagram

范氏圖解[12]能顯示各元素群組之間的關係。圓圈一向常被用來含括群組，但橢圓形或其他幾何形狀也頗常見。個別圓圈代表一組單項的資訊群組，交集區域中則包含兩個群組的共通元素。理論上，圖解中可以顯示無限多以圓圈表示的群組，但由於圖解篇幅有限，同時必須讓人清楚識別交集的部位，還是有必要限制群組的數量。

[12]由十九世紀英國哲學家暨數學家范恩（John Venn, 1834-1923）於1881年首創。

下圖 范氏圖將同類元素或概念集合在一起。依不同定義區分出個別的群組圓圈；以此圖為例，第一個圓圈的簡單定義是「圓」；同樣地，第二幅圓圈遵循的定義是「方」；最右側一幅表示前兩組元素形成交集，前兩項定義經過交集，產生新的定義──「小」。

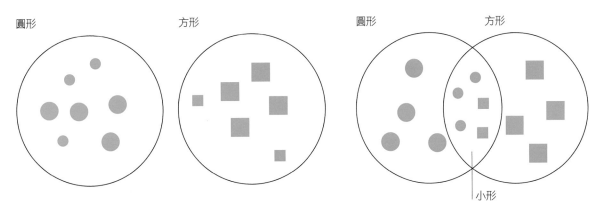

圓形　　　　方形　　　　　　圓形　　　　方形

小形

映射圖 mapping diagram

與范氏圖一樣，映射圖是用來呈現詞語或數值之間的關係。映射圖是運用線段來顯示數據之間的關係；透過運算手段，將資訊歸納成群組。

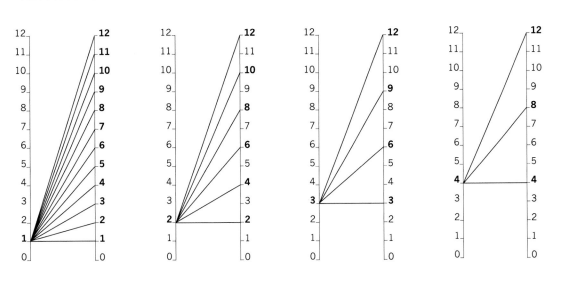

左圖 這組映射圖顯示數字12的因數（1、2、3、4）。用粗體字標出對應因數，可更清楚地看出其中的關係。這種圖表可用來顯示數字與數字或詞語之間的對應關聯。

右圖 《徽章之源流、象徵及其涵義》（*Heraldry Sources, Symbols, and Meanings*, by Ottfried Neubecker, 1976）中的拉頁樹狀圖表，描繪某個斷代的法國皇室族譜。各代世系皆成排羅列，但只顯示男性王位繼承人之間的聯繫。

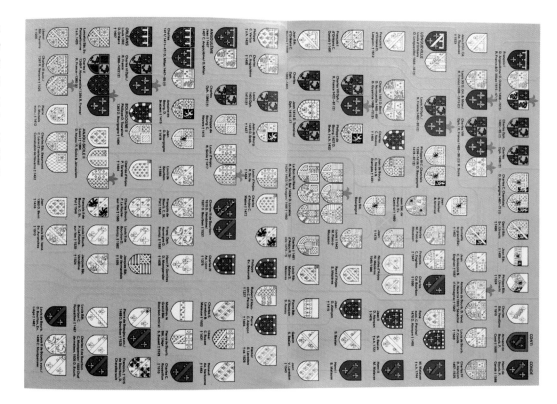

右圖 由上而下、逐層細分的倒立樹狀圖，可用來分析一組資訊的組合成分。與前一個族譜範例不同的是，這幅出自西班牙文版的《植字與排版術》（見頁118）樹狀圖是一組封閉、完整的資訊。依照文法結構逐步拆解一個句子，再分門別類標示其功能和屬性。

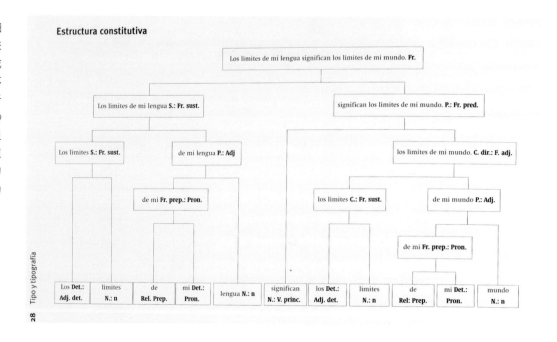

樹狀圖 tree diagram

樹狀圖是用來呈現某些物件、概念或人物之間的相互關聯性或彼此的從屬關係。族譜或許正是樹狀圖的最佳實例。此種樹狀圖看起來就像一株倒著長的樹，分枝不斷從代表世系源頭的各個節點往下發展。樹狀圖可用來顯示音樂、哲學或繪畫等領域的各個流派、各種理論的演化關係。

這種圖解旨在鋪陳不斷擴增的資訊；每增加一代，圖解的複雜度也隨之增加。視頁面的寬度與高度，累增的（additive）樹狀圖可以逐層延展，排進書中。樹狀圖同樣也可以交代逐層遞減的（reductive）資訊，從頁面最上端開始呈現各成分如何逐漸組合成整體。這種圖解亦可用來當做條理解析的說明工具，讓讀者了解某項資訊內容的組成元素。

線路圖 linear diagram

線路圖並非地圖，因為線路圖主要呈現的是節點與節點之間的關係，而不是地理上的實際方位。這種圖經常會用不同顏色代表不同線路，讓閱讀者可以在錯綜複雜的線條之間辨識各線路的不同路徑。電路、管線的配置與地下鐵、火車的營運網皆利用這種方法呈現。

下圖 這幅東京地鐵圖呈現線路上每個車站的排列關係。不同線路各以不同的顏色標示。線路圖的用意在於呈現車站與車站之間的聯繫，無須像地圖那樣交代其實際的地理位置。

9：圖解術　**125**

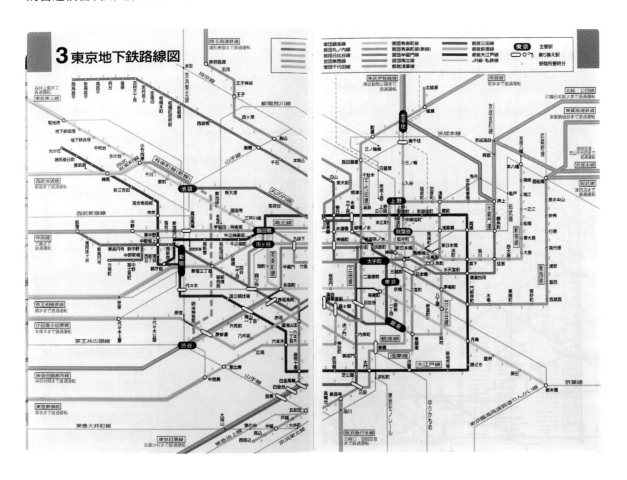

在二維空間上呈現三維空間

建築、機械工程、造船等領域通常都會採用各種以二維空間表達三維空間的繪圖方式。這種按照比例，將立體的物件、空間表現在二維平面上的繪圖技法由來已久。了解這種圖示的慣用技法，對於書籍設計者與美術總監的作業很有幫助，因為科技類書籍中的插圖經常都是依據工程製圖的原理繪製。

正投影製圖法 orthographic drawing system

工程製圖是一套運用二維形式描述三維立體物件的全圖像語言，這種製圖技術能夠清楚交代任何三維物件的位置、大小與形態。雖然書籍上經常可見各式各樣的工程圖，但是以正投影製圖來解說三維空間的做法，其影響範圍卻遠遠超出工程和建築的相關出版品。專門從事科技類型插畫的繪圖師和設計者屢屢借用正投影繪圖法的某些描繪技法，用以闡釋許許多多與工程、機械不相干的概念與內容。

　　絕大多數實體物件的表面都是由若干線條與邊角所構成。在空間概念中，邊角可定義為「點」。正投影製圖即是在空間中界定點的確切位置，以及點與點之間的連結線。這往往得透過兩幅或兩幅以上的圖示，來呈現同一個點在空間中的位置。以正確角度在兩個平面（垂直面與水平面）呈現同一個點，透過交互對照，便可確定該點在空間中的實際位置。

　　互切的垂直立面與水平面可以將空間劃分成四個象限；這四個象限可區分為第一、第二、第三與第四象限角。正投影繪圖法在任何一個象限角內皆可成立，但一般都只利用第一與第三象限角做為投影角度。第一與第三象限角會影響三組基本圖示的呈現順序：前視圖（front elevation）、側視圖（side elevation）、俯視圖（plan）。這些圖示可以任意用不同的比例繪製，不過最好還是依照相同的比例，較能顯示正確的長度。此外，可再配合若干輔助視角，交代該物件的細節部分。也可以對該物件進行精確的截面（cross-sections），呈顯依照比例繪製的正確長度。

軸測投影繪圖法 axonometric projection：同時顯示物體的三面

這是一種能一次呈現物體三面的工程製圖法，不像正投影圖必須分別用三幅圖呈現三個面。由於軸測投影圖不顯示透視，所呈現的物件和我們肉眼所見並不相符，但這種圖確實很容易讓人看得懂。

　　軸測投影繪圖通常都用來綜覽某個地景空間、建築或物體，也很適合搭配截面圖的技法，或畫成連續圖示，交代其歷時演變。

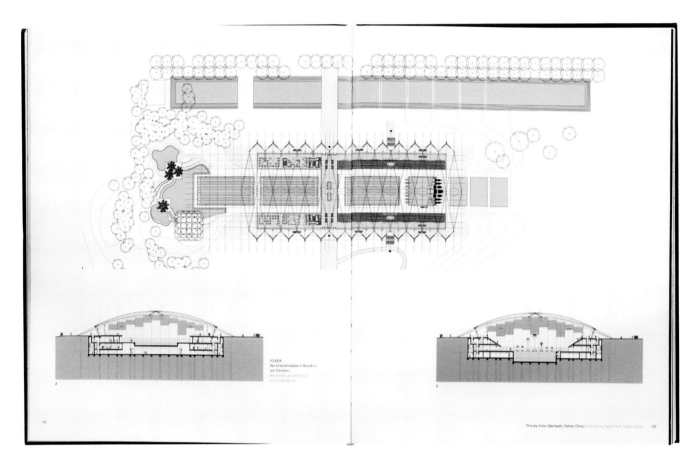

上圖 《體育館與運動場》（*Stadium und Arenen*, 2006）書中的一幅跨頁插圖，顯示體育館各面的正投影。依照慣例，正投影圖都以前視、側視與俯視三種方正視角呈現物體。

左圖 Hermann Bollmann以等角透視法繪製的紐約市軸測投影圖，圖上的物件全部以45°角呈現。此範例同時顯示街道分布與曼哈頓市區大樓的高度，不但看起來美觀，也具備良好的説明性。

右圖　海恩斯汽車維修手冊（Haynes car manual）中使用拆解式透視圖，解釋福斯Passat 3車款（1999）避震裝置的各項零件相互連結和組裝的方式。請注意其中運用指示線與編號標示、再逐號列表說明的解說方式；編號的順序並非完全繞著圖像排列，而是依照零件組裝的先後。

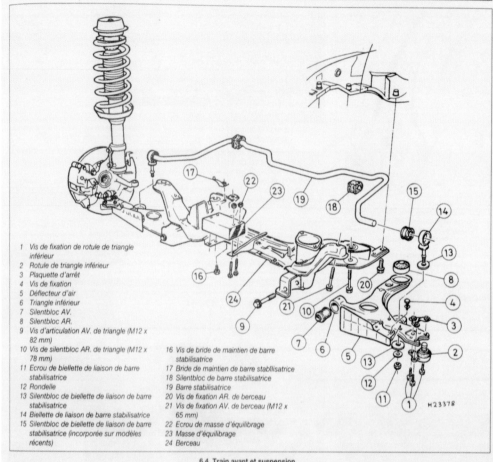

1 Vis de fixation de rotule de triangle inférieur
2 Rotule de triangle inférieur
3 Plaquette d'arrêt
4 Vis de fixation
5 Déflecteur d'air
6 Triangle inférieur
7 Silentbloc AV.
8 Silentbloc AR.
9 Vis d'articulation AV. de triangle (M12 x 82 mm)
10 Vis de silentbloc AR. de triangle (M12 x 78 mm)
11 Écrou de biellette de liaison de barre stabilisatrice
12 Rondelle
13 Silentbloc de biellette de liaison de barre stabilisatrice
14 Biellette de liaison de barre stabilisatrice
15 Silentbloc de biellette de liaison de barre stabilisatrice (incorporée sur modèles récents)
16 Vis de bride de maintien de barre stabilisatrice
17 Bride de maintien de barre stabilisatrice
18 Silentbloc de barre stabilisatrice
19 Barre stabilisatrice
20 Vis de fixation AR. de berceau
21 Vis de fixation AV. de berceau (M12 x 65 mm)
22 Écrou de masse d'équilibrage
23 Masse d'équilibrage
24 Berceau

6.4 Train avant et suspension

9 Dégager le triangle inférieur en le manœuvrant vers le bas tout d'abord à partir de son articulation avant puis vers le bas et l'intérieur depuis le pivot porte-moyeu et enfin vers l'avant depuis son silentbloc arrière. Si besoin est, abaisser légèrement le berceau pour pouvoir dégager le triangle au niveau de son silentbloc arrière. Utiliser un levier approprié pour libérer le triangle de ses silentblocs en veillant toutefois à ne pas endommager les pièces attenantes.

Démontage

10 Après l'avoir déposé, nettoyer le triangle inférieur.
11 Vérifier que sa rotule ne présente pas de signes d'usure exagérée et que les silentblocs d'articulation ne sont pas abîmés. S'assurer également que le triangle n'est pas endommagé ni déformé. Changer si nécessaire la rotule et les silentblocs.
12 Pour procéder au remplacement de la rotule, repérer sa position de montage exacte sur le triangle, ce qui est impératif compte tenu que la position respective du triangle et de sa rotule a été ajustée en usine et il y a lieu de respecter ce réglage lors du montage d'une rotule neuve. Desserrer ses vis de fixation et dégager la rotule avec la plaquette d'arrêt. Monter la rotule neuve en observant le repère de montage effectué à la dépose puis serrer les vis de fixation au couple prescrit. En cas de montage d'un triangle neuf, centrer la rotule par rapport aux trous oblongs.
13 Pour changer le silentbloc avant du triangle, l'extraire à l'aide d'un boulon long muni d'un tube métallique et de rondelles. Monter le silentbloc en utilisant la même méthode, en le trempant au préalable dans de l'eau savonneuse pour faciliter sa mise en place.
14 Le silentbloc arrière du triangle peut être extrait en faisant levier mais dans certains cas, il y aura lieu de couper ses parties en caoutchouc et métallique pour le chasser ensuite. Cette dernière solution n'est en principe nécessaire qu'en cas de difficulté à dégager le silentbloc du fait de la corrosion.

10

拆解圖 exploded drawing：呈現組合元件

這種圖示可以用軸測法或透視法呈現，顯示該物件的所有組合零件，就像將它一一拆散開來。拆解圖的前提是：所有零件必須與其組裝部位保持一致的角度。每個零件則一定要依照同樣的視點加以描繪，也必須逐一安排在適當的位置，看起來才不會怪怪的；不過，如果該物件本身十分複雜（譬如：汽車引擎），各零件難免會發生互相重疊的情形。這種圖可呈現正確的全貌、顯示各部位的接合方式，並說明組裝的大致程序，對於用來指明各部位零件非常管用。汽車維修和DIY手冊往往大量運用這種圖示法。

透視圖 perspective drawing：以固定視點呈現景物

透視法是運用單一視點呈現三維空間的繪圖法。與正投影製圖法不同的是：透視圖並不能擬真表現物體的大小與長度；這種圖示法的表現方式是透過固定的位置以單眼觀看物體，再依此結果決定圖畫上各元素的形貌。義大利文藝復興肇始期間，佛羅倫斯建築家布魯內列斯基（Filippo Brunelleschi, 1377–1446）制定了透視圖法的數學法則。

　　人類使用雙眼觀看世界，再經由大腦將兩隻眼睛所見到的不同影像加以組合。透視圖法的原理則是運用單點（即「視點」〔viewpoint〕）進行觀測。靠近視點的物體會顯得較大，而距離越遠則顯得越小。當我們站在海邊眺望海平面，眼前會出現一道橫貫整個視野的水平直線：地平線。假如站在火車鐵軌的中央望向鐵道盡頭，兩道漸趨漸遠的平行軌道最後會在地平線上交會成一個點：消逝點（vanishing point）。透視法便是設好視點、物體、地平線、消逝點之間的相互關係，並將它們全部布局在一方可見的「畫面」（picture plane）上，就像把所有景物呈現在一張橫在視點與對象之間的紙上。

三維立體繪圖程式 three-dimensional drawing program

數位立體繪圖可供插畫家用路徑線框（wire frame）建構虛擬的三維立體物件或景觀。與傳統繪圖方式不同的是：進行立體繪圖的過程中可以任意變換視點；可即時從各個角度觀看該虛擬物件。動畫、動態影像與建築展示中經常利用這種分割畫面、多重視角的技術，但尚未充分運用於書籍設計領域。

Paso 6. Instale el cartucho de impresión

Utilice este procedimiento para instalar el cartucho de impresión. Si el tóner cae en su ropa, límpielo con un paño seco y lave la ropa en agua fría. El agua caliente fija el tóner en el tejido.

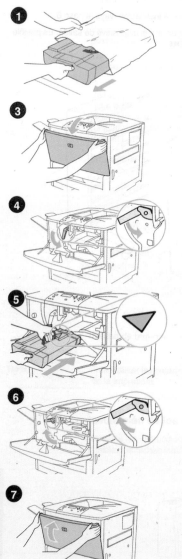

Para instalar el cartucho de impresión

1 Antes de quitar el cartucho de impresión de su embalaje, colóquelo en una superficie firme. Saque con cuidado el cartucho de impresión de su embalaje.

PRECAUCIÓN

Para evitar que el cartucho de impresión se dañe, utilice las dos manos al manejarlo.
No exponga el cartucho de impresión a la luz más de unos minutos.
Tape el cartucho de impresión cuando esté fuera de la impresora.

2 Mueva el cartucho de impresión con cuidado de delante hacia atrás para que el tóner se distribuya correctamente en su interior. Ésta es la única vez que deberá agitarlo.

3 Abra la puerta delantera de la impresora.

4 Gire la palanca verde hacia abajo hasta la posición de apertura.

5 Sujete el cartucho de manera que la flecha se encuentre en el lado izquierdo del mismo. Coloque el cartucho tal y como se muestra, con la flecha del lado izquierdo apuntando hacia la impresora y alineado con las guías de impresión. Introduzca el cartucho en la impresora tanto como pueda.

Nota

El cartucho de impresión tiene una lengüeta interna para tirar. La impresora quita automáticamente la lengüeta para tirar tras instalar el cartucho y encender la impresora. El cartucho de impresión hace mucho ruido durante varios segundos cuando la impresora quita la lengüeta. Este ruido sólo se produce con los cartuchos de impresión nuevos.

6 Pulse el botón de la palanca verde y gírela en el sentido de las agujas del reloj hasta la posición de cierre.

7 Cierre la puerta delantera.

右圖 此頁出自西班牙文版的惠普印表機操作手冊，運用一組分解連續動作的透視圖解，加上大量的文字說明，以單一平塗顏色，解說更換墨水匣的正確步驟。

連續圖解：循序漸進分解步驟

連續圖解或稱做步驟分解圖（step-by-steps），在出版領域已有悠久歷史。連續圖解可以用圖繪或攝影的方式，或運用模型加以表現。有的連續圖可以完全不必另加文字說明，但是有些連續圖加上圖註之後效果更好。

這種圖解法需要縝密的規劃和高明的美術指導。通常會碰到需要妥協的地方是：能夠圓滿解析一套流程的分解動作數目，往往不一定能夠剛好配合該書版面網格容許的欄位數。譬如：分成七個或十一個步驟，對於解說操作內容或許正合適，卻無法像六或九個步驟那麼符合六欄網格。

運用簡單動畫原理而可以讓閱讀者觀看一段連續動作（差不多就像一小段電影）的「一翻即動小書」（flick book），通常都只被當成小玩意兒，不過，一翻即動小書上的短動畫倒是說明連續圖解的絕佳範例。

只要經過精心的設計與安排，完全以分解圖示而不用任何輔助文字，也可以說明得十分清楚；而且，不使用文字除了對往後印行其他語文版本比較方便，對於需要行銷到許多不同國家、隨產品附上的使用手冊也很有利，因為不必再多費工夫一一翻譯。

下圖 如果插畫能夠妥善地明白交代，連續圖解往往比照片更能清楚傳達操作步驟。下圖是一幅解釋如何切火腿步驟的分解圖，出自 Jennifer McKnight–Trontz 的《一步一步來》（*How To*, 2004）。四幅插畫皆從同樣的視角取景，無須動用任何文字也足以清楚解釋整個流程。

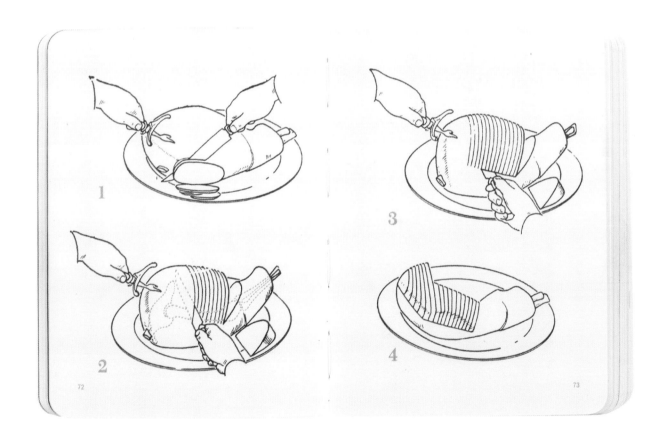

連續圖解：分解步驟

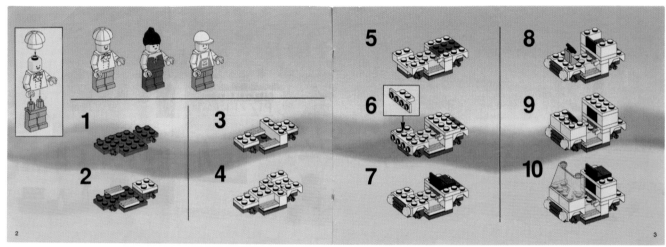

1 有名的樂高模型組合圖解手冊完全不使用文字說明，除了方便該產品行銷全球之外，也因為其主要對象是尚未具備閱讀能力的兒童。其圖示以等角立體圖呈現。每幅圖示都拆解成連續漸進的步驟，同時每個模型皆以相同的視角描繪，但其中若干細節會另外加上輔助小圖。

2

2《滑雪教程》（*Sci da manuale*, by Markus Kobold, 2001）的跨頁分解圖使用編號照片，從上而下逐一解說下坡的技巧。照片中的滑雪者身影越來越大，反映滑雪者沿著山坡越來越近。由於紙頁與雪地都是白色，或許不必個別加上圖框。

3 針對兒童編寫的《小瓢蟲叢書之風帆與舟艇》（*Ladybird Book of Sailing and Boating,* 1972）也頗受成年讀者青睞，此書以文圖分離的方式進行（文字説明列在左頁，插圖則印在右頁）。手繪插圖之上還有另一幅簡單的平面流程圖示，解説自X點到Y點之間，從下而上的連續流程。

4 DK（Dorling Kindersley）出版社出版的《風帆操作手冊》（*The Handbook of Sailing, Bob Bond,* 1980），此跨頁出自該書德文版，在八欄的版面上，運用説明文字、一幅縮小圖和七幅連續分解圖進行介紹。第一欄的圖示使用數字代表其最後出現的分解圖次序。每幅圖片呈現的視角都經過縝密的安排，能夠凸顯該動作的細節。如果按照實際狀況，船身應該會越駛越遠、越來越小，但插畫家刻意將七幅步驟分解圖畫成同樣大小。

3

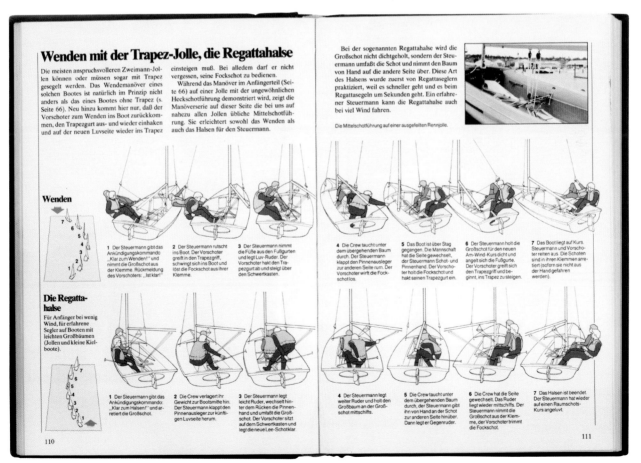

4

顯露物體內部細節的圖畫

科技類型的插畫有各種依據正投影與軸測投影原理的繪製手法，能夠表現無法用照相機拍到的物件內容。這種圖畫多半會在單幅插畫內綜合截面、剖開與擇要提示（schematic）等技法。科技類型的插畫繪製需要事先掌握關於視點、書頁版式、開本的細節，並且列出編輯與美術編輯想要加上標籤說明的部位清單。插畫繪製者必須仔細控制線條粗細、整體的色調與顏色，印刷成品才能夠既呈現足夠細節又同時保有清晰度。

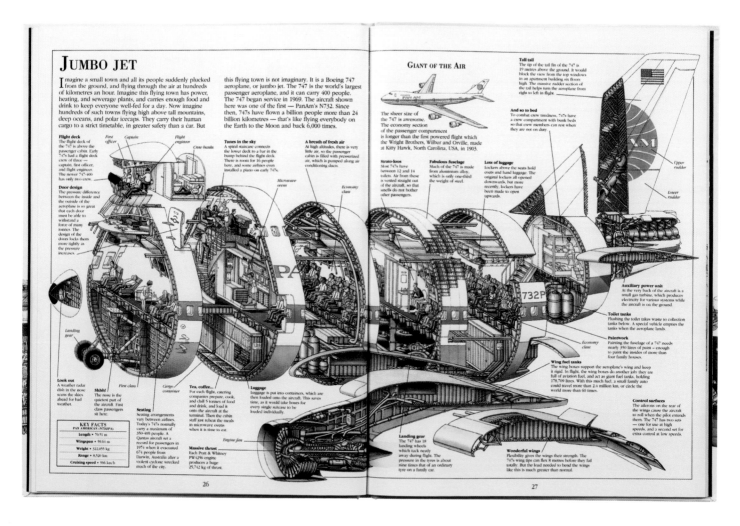

上圖 插畫家 Stephen Biesty 採用一種觀察物體的巧妙方法，非常適合書籍。如果以剖面方式從機身的側面描繪整架巨無霸噴射客機（範例右頁上方的小圖）的內部，所有的細節將會顯得非常小。Biesty 將機身切成八截，畫出極細緻的內部空間。雖然整體比例已經過壓縮，但讀者仍能看出機身的形狀。

截面圖 cross-section

截面圖，顧名思義，就是將切成片狀的實體物件或建造物的樣子畫出來，經常運用於建築、機械、地質等領域，因為截面圖可以顯示該物件的內部結構或交代其組裝過程。除了上述這些專業領域之外，專門解說物品內藏細部構造的書籍也大量運用這種表現方式。

剖開圖 cutaway drawing

這種圖畫可以從單一視角同時展現人體、物件或景觀的外部與內部。去除局部的表皮、外殼或壁面，讓內容顯露出來。由於這種圖解法可以讓讀者對各項元素產生整體印象，所以非常管用。這種科技類型插畫或許會展示一幅側視圖與一幅用等角透視法或遠近透視法、以四分之三角度呈現的圖示。依此法作畫，不僅可以看到物件的正面、頂部表面與側面，由於剝除了表皮，其內部運作也可以顯現出來。

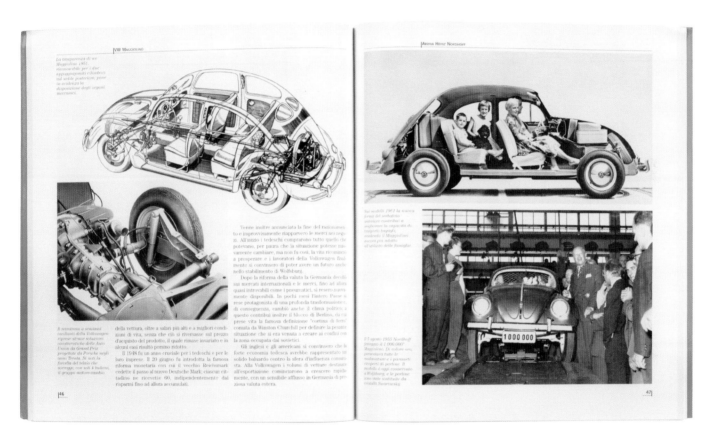

提示圖 schematic drawing

提示圖與截面圖、剖面圖不同，提示圖並不展示所有個別元件的細節，只關照大原則。這種圖畫旨在呈現通則，而不是用來解說特定的某個物件。由於這種圖解法無須任何文字也可以清楚解釋事物運作的原理，不像截面圖或剖開圖往往需要另加標籤說明，所以很合適運用在書籍編製上。

上圖 《福斯馬焦利諾車款》（*Volkswagen Maggiolino*, by Marco Batazzi, Giorgio Nada, 2006）書中某幅跨頁，左頁以剖開圖法描繪一部金龜車。精心安排的不同明暗色調讓車體靈活畢現，而最外側的車殼則只用線條交代。右頁上方這幀曾用於金龜車廣告的照片，實地運用了「剖開」的技巧；將車身側面切除，讓車內的引擎、乘客、行李、備胎全部一覽無遺。無論插畫或照片都沒有用到任何標籤說明。

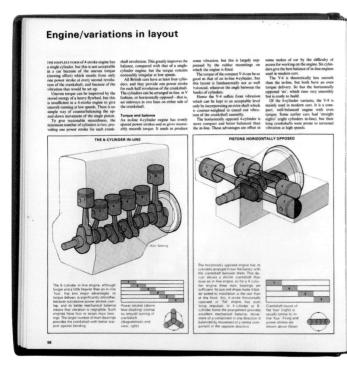

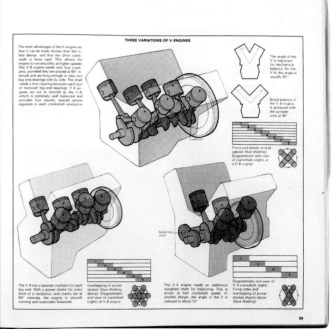

上圖　《汽車協會白皮書》書中圖解各種不同的引擎裝置。跨頁上的五幅圖並非代表某特定車款，而是說明不同車廠採用的不同款引擎。引擎外箱只以簡單的黑色輪廓線與粗略的明暗色調呈現，而活塞頂則描繪得較為精細。每幅主圖上的汽缸頭都有編號，用以參照下方以黑、藍色表示的每具活塞的動力行程；綠色的輔助小圖則顯示機軸的運轉方式。

符號：象形符號與表意符號

包含地圖、圖表和圖解的書籍中，經常會使用表達各種意義的符號或圖案。有時候，運用符號純粹只是因為符號比文字更節省版面空間。由於設計者的職責是盡可能確保內容清晰明瞭、容易辨讀，以多國語文印行的出版品中運用符號可以代表一致的概念（但是，讀者可能會因為不同的文化背景，對於符號背後的意義產生天差地別的理解，所以，完全用符號取代語文、通行全世界的想法是不切實際的）。象形符號是把人、物或某個動作畫成圖案，可視為「圖像化的名詞」；表意符號則是代表某個動作、概念，可視為「圖像化的動詞」。表格、直條圖可以用堆疊的象形符號代表數量。用符號取代長條圖，可減少標籤說明，因為象形符號能同時傳達數量與意義。針對此目的，奧地利哲學家兼教育學家諾伊拉特（Otto Neurath, 1882–1945）於1936年創設一套「文同符」體系（Isotype, International System of Typographic Picture Education，國際排版印刷圖形教育體系）。諾伊拉特認為：簡明的符號不受不同書寫語文的限制，能夠讓讀者理解涉及數量的複雜資訊。

　　運用連續的一組象形符號亦可用來說明某個操作流程；每一個符號各自代表某個特定的物件或概念，讓讀者自行望圖生義。一旦將符號轉譯成文字，讀者就會明白圖像語彙的局限所在，譬如：「此」、「之」、「該」、「其」、「當」、「因」、「於」等在口語、書寫中用來聯繫意念的虛字，卻無法用圖像表示。

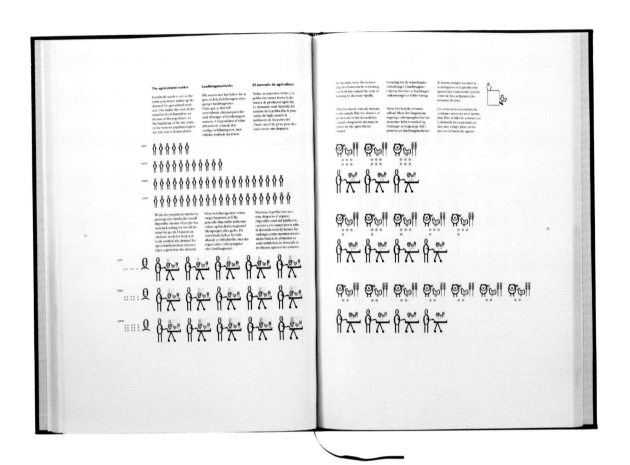

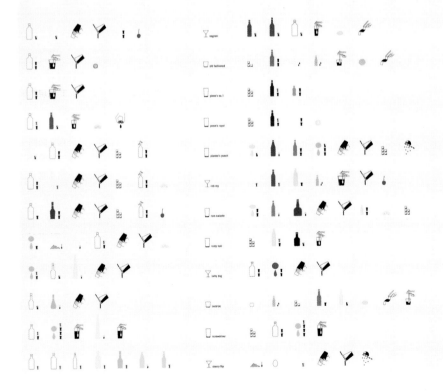

上圖　《上市：解析市場經濟》（*For Sale: An Explanation of the Market Economy*, by Annegeret Mølhave, 2003）一書同時以英文、丹麥文、西班牙文印行。圖中的插畫符號是利用Bembo字型的筆劃構成。三種語文以一貫的次序排列，插圖則置於文字之後。由於符號本身已附帶數量的意含，所以無須再附上三種語文的標籤説明。

左圖　Werner Singer的《圖一杯》（*Pic-a-Drink*, 2004）某內頁局部，以一連串符號説明各種雞尾酒的調製程序。這幅圖表的發想概念是企圖不用任何詞語解釋調配法，只運用不同的瓶身形狀與顏色代表某種酒、配合代表份量的小符號。這套象形符號必須搭配圖示説明（本圖未顯示），閱讀時也是從左到右，一如文字。

表格與矩陣

呈現數據資料的表格可採用許多種形態：依數目、文字或圖形等方式呈現。表格式欄位架構可以讓讀者對所有的資訊內容一目了然。垂直軸線與水平軸線上的說明文字則可讓觀者輕易找到某筆數據所在位置。例如：火車時刻表通常都會由上而下將各停靠站依序排列在垂直軸線上，而各班次的發車時間則在水平軸線上橫向排開。

右圖 日本的鐵道時刻表在頁面最左側依序列出所有的停靠站名。發車時間則以一小時為欄位單位橫向排列。使用者先從左列找出出發地站名，再延著欄位找到可搭乘的下班車時間，時間表使用二十四小時制表示。

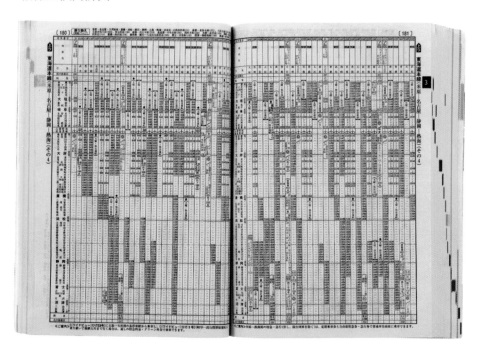

右圖 列表格時，設計者應該從讀取的角度加以考量。表格包含兩大元素：數據、格線；後者的存在是為了烘托數據，增進易讀性。假如把兩個元素設定成同樣比重，往往會損及清晰度。線條很多的表格，可以鋪上一層淺淡的底色以加強線條。為了維繫欄位，範例中數據從缺的位置都填入省略點，並且使用兩種不同粗細的字體（正體與粗體）。這種區分階層的手法，對於編排時刻表或需要比對商業資料的場合很管用。

398	435	86	975	227	945	879	364	765
25	321	45	859	658	25	369	225	214
398	435	86	975	227	945	879	364	765

以分格方式呈現數據＝極易混淆。

398	435	86	975	227	945	879	364	765
25	321	45	859	658	25	369	225	214
398	435	86	975	227	945	879	364	765

格線用來烘托數據＝簡單明瞭。此範例中的橫線可確保讀者不至於讀錯行。

398	435	86	975	227	945	879	364	765
25	321	45	859	658	25	369	225	214
398	435	86	975	227	945	879	364	765

垂直線可鞏固欄位。

12·00	...	13·00	...	...	...	15·00	16·00
12·13	13·20	...	...	13·56	14·00	...	...
12·36	...	...	...	...	14·22	15·28	...
13·05	13·40	...	...	14·39	14·55	16·05	...

此範例運用鋪底色的技巧加強橫排的視覺效果，而省略號則可加強欄位。

表記系統與書籍

本章已簡略介紹了許多不同的視覺呈現手法。各種不同類型、題材的書籍，利用示意圖、圖表、圖解與表單，佐以若干規則，發展出適合書籍印製形式的特定表記符碼（notational code）。用以記述語文的制式符碼是印刷字體；記錄樂曲則運用音符；地圖集中可以找到代表各種地形的記號；數理領域有代數符號；化學則有專用的方程式；建築界使用正投影視圖等等。表記系統能將三維立體世界轉換成二維形式，於是書籍正好可以充當最合適的載體。書籍已成為儲存全世界知識的容器，其保存的方式便是透過各式各樣的表記符碼。鑑賞書中各式符碼的動作，我們都只用「閱讀」加以描述——讀文字、讀樂譜、讀地圖等等。所有的表記系統皆具備以下這些特性：

- 可存取一段歷程、某個物件或某種抽象關係。
- 運用二維平面符碼轉譯和濃縮三維空間歷程。
- 以某種可長可久的形態凝聚原本一閃即逝的事物。
- 可藉由讀取的過程重建原始歷程。
- 可以當做規劃或模擬未來的工具。

下圖 設計家兼音樂家Maria Gandra在她的《記譜法》（*Musical Notation*, 2004）中自創一套可資記錄樂曲譜寫歷程的符號。符號排列在代表音階的格線上，不僅可以當成樂譜來讀，亦可供樂手演奏之用。

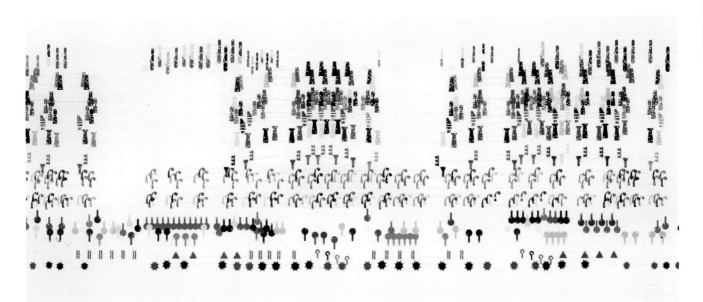

10 編排

所謂書籍的編排作業，指的是設計者決定頁面所有元素確定位置的過程。本章首先將說明設計者如何藉助落版單和流程表，了解一本書的內容梗概；繼而探討頁面上各項組成元素以及各種編排版型。編排天平的兩端，一邊是用以貫串整個閱讀流程的文字，另一邊則是圖像，編排頁面圖文基本上與製作圖像時斟酌的構圖的過程很類似。必須先讓這兩項原則達到均衡，才能夠進一步講究各式各樣的頁面編排樣式。

逛書店時，我們總會頻頻「預覽」書籍，動手翻一翻內頁，大致評斷該書的內容、品質、整體訴求。讀者對於該書的第一印象，可能來自它的空間布局、色調或內頁編排；這些因素暗中傳達書頁的整體價值，左右文字內容的呈現方式，並且連結了作者的意圖。假使整本書編排得亂七八糟，印得密密麻麻，就算內容本身再怎麼言之有物，也會大大降低它的價值。讀者一打開書頁，如果馬上明顯感受到井然有序、條理分明、刻意安排的結構，甚至精心營造的紛亂，藉由預覽這些符碼，便能提升內文的價值。

準備工作：整理文字檔案與圖像檔案

進行書籍頁面編排之前，必須將所有的內容預先整理、組織好。目前這道手續極可能都是利用QuarkXPress、InDesign或PageMaker等軟體在電腦上完成。設計者手上一定要取得齊全的內文列印稿與電子檔案、仔細整理過的圖檔、正片、數位相片等素材。最好先花點時間檢查文字是否已經依照內容分出段落、章節，編輯人員也做好了落版前的所有編輯工作。進入編排作業之前，在內文中明確或約略標出插圖置入的位置並估算好各章節使用的插圖數量，對於作者、編輯、設計者都很有幫助。將圖片的列印稿與電子檔依照使用的次序排列好，順著章節逐一編號、設定檔名，可以讓設計流程更加順暢。經常發生以下這種情況：因為圖片編輯尚未取得某幾幅圖片的使用授權，或攝製工作還沒全部完成，手頭上的材料中會缺少某幾張正片。我通常還是會按照正確的次序先把圖片列印樣排列好，缺圖的地方則先插進一枚空膠套，等候它們一一補齊；電子檔案也可以比照這種方式，先把數位圖片一一整理、排列好。

紙上操兵：用落版單草擬圖文配置

許多非虛構類書籍的編輯都會和作者一起擬出一份粗略的落版單——依序編頁、畫出每幅跨頁的圖表；如果該書將合併運用雙色與四色印刷，或許還會標出各印張會在何處接壤（顯示每一份「書帖」的印製範圍）以及頁面色彩的配置情況。編輯往往會先大約規劃出前附、各章節、後附分別佔用的篇幅範圍。

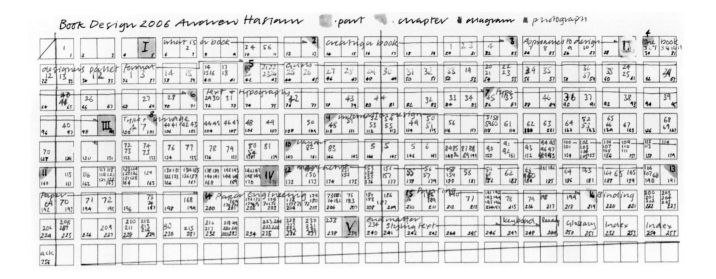

假使編輯沒有做好這道程序，設計者也可以根據文稿列印樣畫出落版單，或直接把內文輸入幾種版型之內，看看全書會走幾頁。把設好字型、級數的文字排入版型的基線網格內，結果一定不可以剛好填滿預設的全書篇幅。舉例來說：假使預計要製作出一本兩百五十六頁的書，排入全數內文之後佔掉一百二十一頁，設計者便可測知還剩下大約一半的篇幅可供圖像使用。這道手續也可以以個別章節為單位個別進行。第一章光填入文字佔用十四頁，假如全書的圖文分配比率很平均（譬如：一比一），那麼這一章就應該會用掉大約二十八頁。如果設計者經過計算，已知要預留十頁給前附使用，而規劃中的設計會固定將章節起始置於右頁，以此類推，便可以在落版單上將第一章的起點定在第11頁，佔用二十八頁，收尾處則位於第39頁。而第39頁為右頁，按照原始規劃應該留給篇章起首來使用，設計者於是有兩個選擇：讓這一章「多走」一頁，使內容收尾落在第40頁，新的篇章起首則落在41頁；或者「少走」一頁，讓第一章收尾落在第38頁，第二章便可接著從第39頁開始。

　　按照章節內容謹慎地調整落版單，設計者就能從中清晰地理出頭緒，知道應該如何處理，才能符合整本書預設的篇幅。即使該書其中的某個段落完全沒有配圖，或與既定的圖文比（text:image ratio）出現極大落差，設計者也可以利用落版單上的預留空間進行調配。仍用上例來說明：第二章或許在完全沒有配圖的情況下佔用十八頁，於是便可以在落版單上標出該章將從第39頁走到第57頁。如果該書顯然無法吻合原先預估的篇幅，設計者就得和編輯討論是否要增加若干印張⑬，或者補充文字或圖片。進行編排過程中，如果已經確定哪張圖片會出現在哪一頁，設計者也可以在落版單上預先草擬該幅插圖在頁面上的位置、大小。

上圖　本書的粗略落版單，顯示印張的配置與各章節的分布情形。我用綠色標出每一部的開頭頁，各章的起始點則以綠色三角形標示在該頁（左或右）上角。不同顏色的數字各自代表不同意義：黑色數字代表頁碼，紅色數字為照片編號，藍色則是圖表編號。這些連續不斷的編號隨著書籍進行的次序由小漸大，但可能會分別依序分布在各部或各章與章之內。落版單還可以用來交代各圖片的落點和全書的色彩配置，甚至書中用紙的轉換。

⑬或依照此間慣常的說法即「增加台數」。

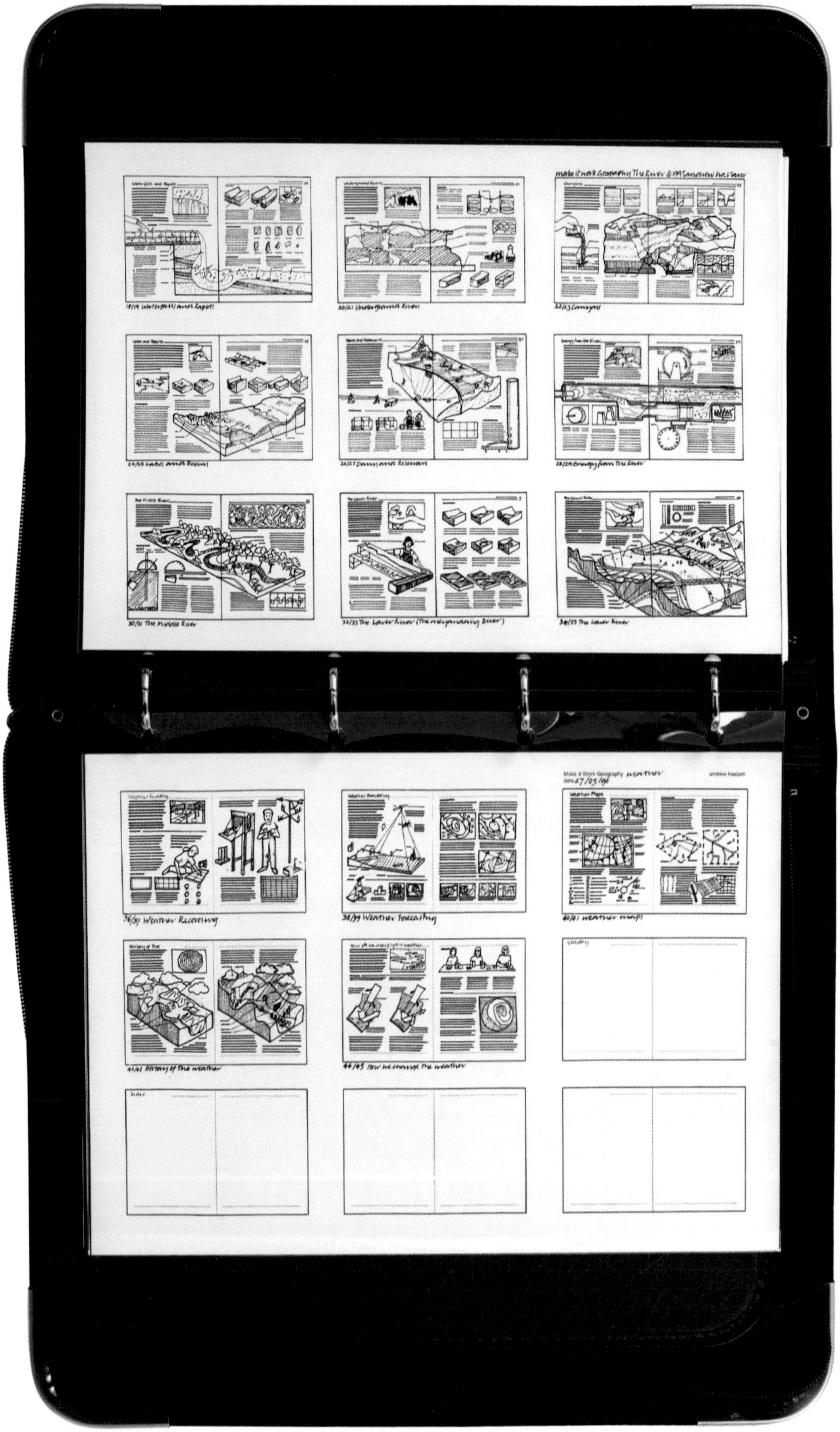

情節串流圖板：撰寫內容和委製圖片的依據

前述的落版單，是設計者取得一本書的完成文稿與全部的圖片，著手進行編排之前的準備動作；這種運作模式通常合乎傳統的成書流程，也就是由作者擔綱，發起第一棒。不過，如果一本書的內容出自出版者、編輯或設計者之手，落版單也很管用。我發想《動手做！》書系的時候，曾在每一本分冊的落版單上畫出詳盡的編排預想圖。這些圖可以稱做「情節串流圖」，其功能與用途基本上跟電影開拍前先畫下的分鏡故事板（storyboard）沒什麼兩樣。我先決定該書系的文稿內容，仔細研究每個大大小小元素，然後畫出詳盡的版面——包含打算置入的圖庫照片與稍後要製作的各種模型（連屆時要從什麼角度拍攝、該分成幾個階段拍攝以顯示其演變步驟也都事先一一畫好）。這份情節串流圖（配合詳細的內容提綱）讓每回編輯會議都有具體的討論焦點。這套情節串流圖後來也成了方便的行銷工具：由於《動手做！》書系共含二十六本書，有意印行其他語文版本的國外出版商與業務代表可根據這些縮小圖推想成書的版面模樣。

根據內文進行編排

純粹以功能考量的頁面設計，是要讓讀者能夠直接接收作者傳達的訊息。著眼功能的頁面編排應取決於內容的屬性。凡是以文字為主體的書籍，閱讀的便利性與正確性是設計的重點。德國設計家史畢克曼（Eric Speakerman, 1947–）曾明確指出：「萬般設計皆由文字起」（designing from the type down），他的意思是：內容訊息是一本書最要緊的部分。設計者進行頁面編排時應呼應內容，引導讀者順利獲得訊息。設計者考量該書的可能讀者，審慎地選擇、運用妥當的編排手法。這種以閱讀功能為優先考慮的頁面，其最高境界是讓整個閱讀過程之中察覺不到任何斧鑿痕跡——設計者完全不顯露設計技巧，或至少若有似無。讀者可以流暢無礙地逐頁接受行文安排，專注於作者所欲傳達的訊息。如果設計得太過火，令讀者分心，甚至在閱讀內文時屢屢受到干擾，破壞了寫作者與閱讀者之間的緊密聯繫，這種頁面就不能算是高明的編排。

過於主張功能性與慣例密不可分的關係，死守某些舊式編排技法，也難免有食古不化、不知變通之嫌。不幸的是，有些設計者的確掉入這種窠臼：「一成不變」地複製過往奏效的編排成例，並堅稱唯有某種特定的編排方式才是「亙古不移」的好設計云云。設計者面對的最大挑戰不應只是一味重複過去的陳規，而該思考如何結合現代觀點，賦予各種通則與慣例新的意義。

編排手法舉例：以文字為主的書籍

以下將從頁面元素較少，譬如只有單欄行文的最簡單版面開始，逐次說明各種編排手法，較複雜的案例則留到最後再講解。對於頁面編排，我所遵循的原則是：在文字閱讀的順暢性與版面構圖的美感（這兩者正是頁面編排的要角，同時也是構成完整跨頁畫面的元素）之間，努力取得平衡點。多方參考各種不同類型書籍的典型編排方式，可以讓我們更了解某些出版習慣何以長期受到廣泛採用，其中許多都基於一項功能性前提：方便讀者迅速獲知內容。

下圖　以下四頁以圖例解說各種版面編排的不同閱讀動線。

1

2

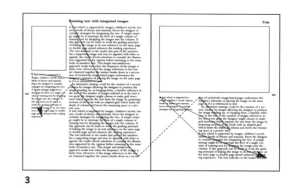

3

1 連續行文的編排

小說很少包含圖片，設計時自然以文字易讀為首要考慮。一旦設定好版式、網格、餘白範圍，還有版面上各項編排元素的屬性，設計者便可將文字排進網格。行文自左至右、從上而下逐欄排列。閱讀內容的過程應顯得平順、綿延不間斷；欄位內包含的各個文字段落，也要能夠清楚一眼察覺。

同樣地，讀者每翻開一頁，應能馬上看到文稿中的各個段標。在對稱頁面上，行文沿著一道由上而下的對稱線（即訂口），從左往右頁流動。不對稱頁面的編排也與此雷同，但不管是右頁或是左頁，旁註與內文的相對位置應始終保持一貫。

2 以文字為主的參考書籍

純文字的參考類（譬如：辭書、百科全書、字典等）或用列表形式呈現內容的工具書，通常會依照作者、編輯或編者設定的某種分類原則循序排列。對於這種書籍，設計者的任務是確保書籍的設計足以呼應文稿的架構，並且能讓讀者便於使用。以參考書籍來說，視覺階層要足以識別、彰顯、呼應文字內容的階層關係。範例中的行文排成兩欄；紅色曲線顯示讀者閱讀一本以字母序編排的參考書，查找特定條目的正常程序。先利用頁眉翻查、鎖定頁面，瞄一眼頁面右上角的頁眉，在頁面中尋覓欲查找的條目，再進一步詳讀該段文字。

青色曲線則代表翻查一本不是以字母排序的工具書，或是經由目次或索引進行檢索的視覺動線。辭書通常都是以索引為檢索路徑：先從索引查出特定頁面，然後再列出條目。某些以字母序編排的參考工具書，則可能會像上圖的範例一樣，同時併用兩種檢索系統。

3 以圖輔文

一本以大量文字為主體、只包含極少量圖像的書籍（譬如：人物傳記或歷史書），設計的關鍵是要先設想怎樣的閱讀順序最能讓讀者理解內容。為了加強圖、文之間的關係，可以將圖片的位置直接放在對照文字所在的文字欄之後。如果圖片比參照文字內容更早出現，讀者可能會摸不著頭緒。

幾種簡單的應變辦法：將該幅圖片置於該頁的頂端或底端；利用左右餘白空間，將圖片與參照文字比肩置放；另以單頁或跨頁呈現圖片。雖然上圖範例是不對稱網格，但對稱網格也可以比照處理。

以下兩幅跨頁的插圖以箭頭說明視線的移動方向：紅色代表內文排列走向，青色代表視線從內容主體移往圖片、邊欄或圖註的方向。實線表示閱讀文字的動線；虛線表示肉眼從一個元素挪往另一個元素的動線。我依據絕大多數書籍編排的原則，將基本的移動走向定為從左上到右下。然而，閱讀者也可以依照自己的喜好，自由選擇從何處開始閱讀。

　　設計者安排頁面元素時，可利用這個「原則」，強化原有的閱讀動線，或者，像下一幅跨頁上的圖例那樣，透過行文區塊與圖片的大小、位置，營造出幾個視覺焦點。

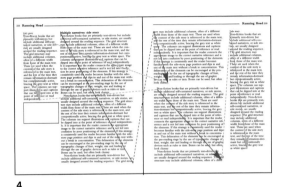

4

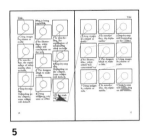

5

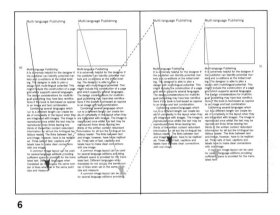

6

4 多角陳述：邊欄

以文字為主但包含多篇完整敘述內容或側寫故事的非虛構類書籍，通常要更留意閱讀的順序。設定網格架構時可能要預設邊欄──欄寬通常與主文欄位不同。當主文提及側寫故事的內容，可利用邊欄適時提供參照，其他時候只當做版面上的灰色塊或空白區域來處理即可。

　　邊欄也可以視情況用來安置插圖或圖註。必須要讓讀者能明白哪段內文該參照哪幅圖片，注意不要因為安插元素位置偏失，造成讀者的困惑。如果能以一貫的對照邏輯編排整本書，讀者會逐漸習慣其中的規則，學會在不同內容之間進進出出也不會中斷注意力。可以趁試稿階段改換數種不同字型、粗細、級數、行間，或運用圖形（例如：加線、平網等小技巧），得出最佳效果。

5 依垂直欄位或橫向對齊安置圖像

非虛構類的書籍經常以循序漸進的文字配圖解說內容。有的讀者會自行根據內容，完全以插圖進行理解，有的則會專注於文字敘述。設計者必須設法讓每項元素都能相輔相成。如果閱讀路徑非常重要且篇幅有限，順著欄位依序排列行文與圖片，可以營造逐欄連續不斷的「圖／文相間」進行動線（上例左頁的紅色曲線），但無法讓圖片產生連貫性。綜覽全頁時會覺得頗為紛亂，因為文字與圖片都沒有統一的對齊規則。

　　如果換成另一種方式，橫向對齊圖片的位置，逐一配上各則說明，便可以產生比較自然的閱讀動線（上例右頁的青色曲線），整個頁面看起來也比較工整；頁面元素透過對齊、加上餘白的烘托而顯得整齊劃一。用這種編排方式雖然比較費篇幅，但可以更清楚地傳達內容。此跨頁就是採用成排對齊圖片的編排方式呈現，方便讀者比較各個不同範例。

6 多語文版本

對於多語文版本的書籍，不同處理方式也會影響編排。如果是純文字書籍，有意印出他國語文版本的出版商多半會買下版權，直接進行翻譯，設計時便不必遷就原書材料；在這種情況下，外文版的版式、篇幅、封皮、編排形式都可能會和原文版不一樣。

　　另一種多語文版本則像上圖範例那樣：在頁面同時印上兩種語文。設計者建構的網格必須能夠配合各種語文的需求，讓不同語文都能納入一式欄位。如果書中有配圖，編排時就要讓圖片的位置能夠同時呼應兩種行文，不論讀者閱讀哪一種語文內文，也可以順利對應圖片。這種書通常都不會安插太多圖註，因為要把原文和一種或更多譯文排進狹窄的欄位內，版面將會顯得擁擠雜亂。

　　非虛構類的圖冊型書籍大多採用另一種編排法：透過設計，將所有版本中的彩色（CMYK四色）照片都安排在相同頁面、相同位置，因為文字部分只用到黑版，印行譯文版時只要抽換黑版即可。這種編排方式必須預先考慮他種語文的行文可能會佔用較多或較少篇幅。

編排手法舉例：以圖像為主的書籍

以圖像為主的書籍可能會包含許多元素；這類書籍的跨頁版面複雜度與其中的閱讀動線受設計者編排的影響，遠較許多以文字為主的書籍更大。設計者必須盡力在頁面上營造視覺焦點，引導讀者進入跨頁版面，就像觀賞一幅畫一樣。各次要的圖片則是用來襯托出主要的視覺焦點。

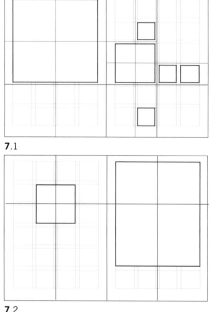

7.1

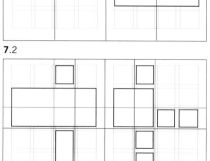

7.2

7.3

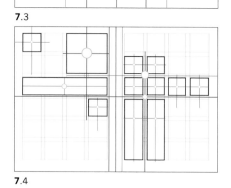

7.4

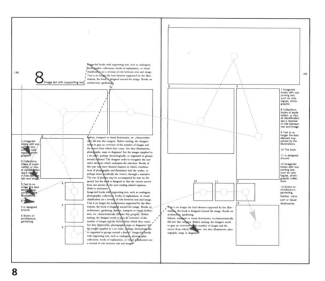

8

7 現代派網格

現代派網格（參見頁56）除了用來輔助統合文字與圖像的編排之外，亦容許每幅頁面在一致的架構下各自呈現不一樣的獨特性。由於圖格受到基線的規限，行文與圖片可以整齊地排列。文字與圖片都與網格緊密相繫。因寬度相同的垂直格間與水平基線，每一頁，乃至整本書，區隔各元素的空白間隔都能保持固定。網格體系雖然嚴整地規限了空間，卻仍可支援數百種不同的編排手法。

這四幅範例展示幾種使用同式網格下的不同版面編排。主要與次要的對齊線以紅色表示。**7**.1 使用三種不同大小的圖框，但是右頁的文字與圖片區域是左頁的一半。**7**.2 使用大小對比的形狀居中置圖。**7**.3 用了四種形狀但有兩道沿著訂口相互對稱的主要對齊軸線，不過兩頁的編排並沒有對稱。**7**.4 使用四種形狀和不對稱編排。圓圈代表視覺焦點的輕重等級；其中有的焦點落在圖片正中央，有的則落在圖片與圖片之間。

8 以文輔圖

觀賞以圖版為主的書，讀者的視線會先被頁面上的圖片吸引，文字則扮演陪襯角色。最重要的視覺聯繫皆建立在各圖像相互的關係上。閱覽者按照其頁面上呈現的先後順序串連各幅圖像，鋪陳出一段有頭有尾的資訊內容；或者，讓圖像自然形成某個主題。

圖片的順序、大小以及裁切方式都會影響訊息內容與頁面的視覺動能。各式嚴密的現代派網格，都會限制圖像的形狀與大小，因為所有的圖片都必須順應圖格。只要運用對齊功能，設計者便可以在頁面上安排圖片的次序，並且統一各個原本完全不相干的圖像的形狀與大小。如果設計者想合併一組不同形狀的相片或圖畫，運用對齊並控制尺寸，確保每幅圖片置入頁面時都不必裁切。

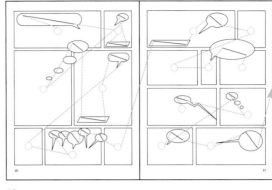

10

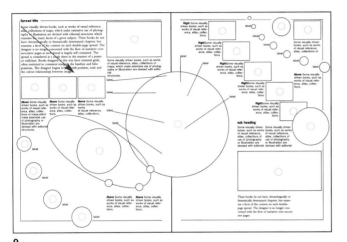

9

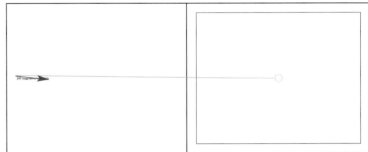

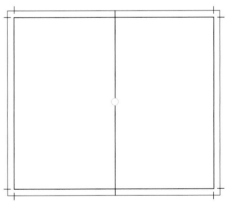

11

12

9 把跨頁當做壁報

假如一幅跨頁本身就是獨立、完整的內容，根本不需要設想訊息如何隔頁流動的問題。設計這種跨頁版面通常不必在乎從左往右下的傳統閱讀動線，這也是我沒有在這個範例上標示閱讀動線的原因。撇開正中央的訂口，整幅跨頁基本上就等於一面壁報。閱讀動線並不是由設計者設定，而是由讀者自行決定。出現在版面上的圖註與標示皆依據畫面需要擺放，往往沒有固定的對齊線，各圖註的位置也不統一。

　　這種頁面編排的重點在於營造出一幅均衡的畫面，而較少考量一般對於留白的慣常用法。以這種方式設計的跨頁只需極少的網格，通常只是用來規限頁緣餘白、基線和頁碼的固定位置。設計者可以盡情運用圖像嘗試各種元素配置、比例、配色。假如所有圖片均為去背而不是方正裁切，橫跨頁面拼嵌圖片時就必須多花一點心思。雖然我們將跨頁（連同圖像）視為一個整體，但總會盡量避免讓文字跨過訂口。裁成矩形或正方形的照片或圖片以水平或垂直方向對齊網格。如果使用呈現物件外形的去背圖片，不規則的輪廓便會和工整的網格形成對比。各圖像元素之間的相對大小以及圖像與文字之間的關係必須小心斟酌。

10 連環漫畫與圖像小說

連環漫畫或圖像小說的編排方式幾乎全操在繪製者手中，他依據敘事情節，決定跨頁上的圖框與圖畫呈現的形式。圖畫與圖框的形狀則視故事的需要加以考量。對白泡泡（speech bubbles）可以始終置於圖框框線內，也可以結合兩個或兩個以上的故事元素。

11 鑲邊：加框線

「鑲邊」（passe-partout）一詞通常用於裝裱領域，指的是把圖畫裝進框內。在書籍設計中，用來指稱編排過程中的任何加上框線的動作也頗為宜。編排頁面時動用框線，往往是可以讓照片顯得莊重的簡單辦法。

12 滿版出血的圖片

當圖片某個局部溢出網格、抵到頁緣，即稱做「出血」。假如一幅圖片佔滿整個頁面且四邊出血，則稱做「滿版出血」（full-bleed）。用這種方式處理圖片是為了營造強烈的視覺衝擊，經常會在連續幾頁出現大量空白的時候運用，藉此形成對比。

把頁面當成一幅畫來經營

文字編排的目的是要讓整個閱讀（如果是圖像書籍，則為「觀賞」）的流程能夠從頁面左上到右下流暢地進行。進行頁面元素配置時，設計者要仔細斟酌的圖片與文字敘述之間的關係。文字區塊也被視為由灰色構成的視覺元素，用來平衡由相片、圖畫或插畫組成的圖像元素。

右圖 荷蘭出版品《社區宅居》（*Een Huis Voor de Gemeenschap, by Jeanne van Heeswijk, 2003*）示範照片如何與內含文字的頁面相結合。

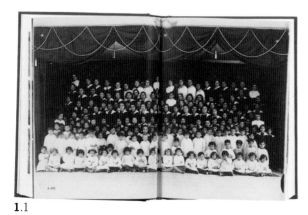

1.1

1.2

上圖與右圖 《排排坐：群像攝影論》（*Mapping Sitting – On Portraiture and Photography*）中這幾幀團體照全部以相同比例的跨頁呈現。第一個跨頁（**1.1**）題為「團體照」，滿版出血的照片呈現一群排排坐的人，觀看時會自然形成某種可預料的節奏。反觀第二個跨頁（**1.2**）右側出現另一幀延伸至下一個頁面的團體照（**1.3**）的局部；然後依照同樣模式，連續綿延二十一個跨頁。每幀團體照都緊接著前一幀，兩者之間僅隔著四毫米的空白。

1.3

延展頁面

絕大多數出版品的頁面版式都是全書一致，但如果其中出現不同的頁面形狀，比正常頁面更窄或更寬，甚至以刀模切割成特殊造形，即可造成出其不意的視覺衝擊，令讀者感到驚奇。這種異於常規的頁面讓設計者有更多機會施展創意，亦能改變閱讀的步調。窄頁面迫使設計者思索新的頁面關係，因為原本的較大頁面會有一部分圍著較小頁面，形成跨頁中的另一個小跨頁。此外，縮小的頁幅還可能同時縮減寬度與高度，因而更會形成大頁面包著小頁面的情形。圖像或行文可以從正常頁面走到窄頁面，也可以利用正常頁面內容被短頁局部遮蓋，在圖像或文字編排上營造特殊的視覺效果。如果右頁有模切的缺口，則會稍微透露接下來的內容，讀者彷彿透過一扇窗戶預先窺看下一頁；翻過這一頁，模切的形狀便會移往左頁，如此一來，就變成了先前閱讀過的內容被框住。

摺頁、拉頁，顧名思義，就是從書本的前切口往外展開的延展頁面。其形態包括自左頁（或右頁）往外延伸的單幅拉頁，在原本的跨頁上增添第三個頁面，或同時利用兩側形成雙開摺頁（double gatefold），讓跨頁的頁幅增加一倍。摺頁的頁幅必須略小於正常頁幅，才能夠避開訂口的狹縫，讓讀者順利地開闔。還有更繁複的拉頁形式，譬如：沿著前切口往外連續反覆摺疊好幾次的拉頁。延展頁面除了從前切口的方向往外發展之外，亦可以自上切口向上延伸，形成一整幅沿著中心對摺線往垂直或水平方向擴展、幾乎是原本面積四倍大的頁面。

右圖 由 Mark Holborn、Neil Bradford 監製、Michael Light 設計的《滿月》（*Full Moon,* 1999），書中運用許多雙開摺頁。該書收錄阿波羅號太空人拍攝的 6×6 中片幅照片。為了盡可能以含框（full-frame）形式重現完整的照片，此書版式延用照片的正方形規格。然而，摺頁全部展開，則會呈現一幅由七幀照片接成的全景。

文圖交融：自訂規律

到此為止，本章探討的編排方式都是以頁面與網格架構為考量原則；頁面上文字與圖像元素的擺放位置完全由網格決定。近來，有些設計者開發出許多編排的新創意，這種編排方式逐漸與視覺配置脫鉤，而是遵循一套「內化規律」（internalized 'rules'）的應用邏輯。設計者會先為所有個別元素自行訂立一套規則或「行為模式」（behaviours），再套用在整本書上。於是，頁面編排不再是規規矩矩遵循各種視覺標準下的產物，而是帶著某種內化決定論的意味。運用這種方法編排書籍，最重要的就是要根據該書的內容與陳述方式，謹慎地選擇其「內化規律」。

上圖　菲爾・班恩斯運用有板有眼的方式設計出《生猛創意：藝術門外漢更高竿》（*Raw Creation: Outsider Art and Beyond*, 1996），全書以他自創的規則處理頁面編排。每段新起的行文都對齊前一段行文的收尾處；圖片與相對應的說明文字對齊；圖註則置於主文的行間。這種有點瘋狂的系統正好與書中收錄畫家作品的執拗風格雷同。

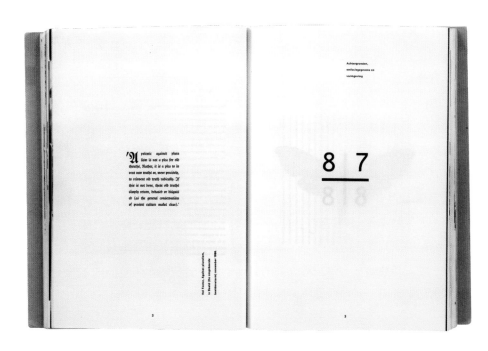

左圖 《荷蘭的郵票》（*Nederlands Postzegels*, by Irma Boom, 1987）採用極薄的聖經紙雙面印刷。當圖片印在紙張反面時刻意印成左右相反，形成透背現象，與書頁正面產生疊印效果。正、反兩面頁面元素的位置就會出現精巧微妙的印刷層次。本書採用摺葉裝（concertina binding），數字「87」印在第三頁的正面（背面空白）；「88」印在第四頁的反面，正面則印著蛾的圖像；第五頁上有一組以90°角倒放的文字塊。當書頁疊在一起時，便會形成許多層次。

景深效果：營造頁面層次感

如果小心控制頁面色調的輕重濃淡，圖像與文字是可以適度重疊的。這種拼排元素的手法，可以形成層次感，並且營造出景深效果。要達到這種效果可以藉由疊印或透背（只要書頁用紙薄到某個程度，印在反面的圖形就會隱隱約約透到前面來）。假如打算利用透背技巧，必須確定紙張夠薄，才能透過紙頁看到另一面的圖案。

對頁圖　Tania Conrad於2002年設計的奧斯卡‧王爾德《不可兒戲》(*The Importance of Being Earnest*)分角讀白本(reader's copies)的各冊跨頁內容對照。每冊的內容都不一樣，都只列出個別角色的台詞，但是都依照相同的網格進行編排。Conrad在黑色字體上動用了複式變體。裡頭運用的字體粗細變化遠比一般劇本所使用的更繁複、多樣。讀腳本時，這些筆劃變化可用來強調台詞中的語氣。至於動作提示則以旁註的形式列在邊欄⑭。

下圖　Typeaware設計集團製作的歌劇《浮士德》腳本，將文字與圖片融合於版面上，不但記載了內容，也同時展現了該劇的風格。

劇本：圖像化的口語

劇本跟小說一樣，都設計成可供閱讀的形式，只是劇本的內容是用來「唸」的。有些劇本會將內文安排成一齣繁複的戲碼，有的則是按照不同角色進行編排。口白是一種有別於文章體的敘述形式，其重點是清楚區分每個演員各自該說的台詞。大多數劇本的頁面都會分成幾欄，以此明確區隔不同角色。某些劇本會將所有角色齊左排列，由於每個名字長短不一，造成名字末端到齊左行文的台詞內文欄之間出現或長或短、極不整齊的空白間隔；所以，有的劇本索性讓名字欄內的文字齊右，台詞欄內的行文齊左，藉此縮小並統一兩個欄位的間距。許多劇本會編列行號(line numbers)；有的則乾脆省略掉頁碼；排演途中，劇場導演只要報出第幾幕、第幾行，表演者便能夠很快地找到，知道該進行哪一段。某些劇本上會記載詳盡的舞台動作、走位提示，有的則不然；某些劇本會預先留出一個空白欄位，供事後以手寫補全。

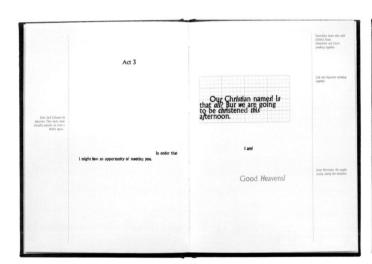

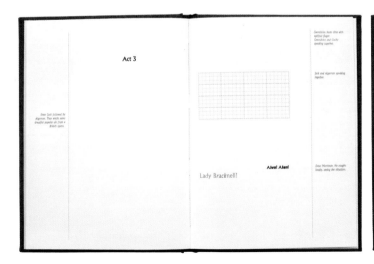
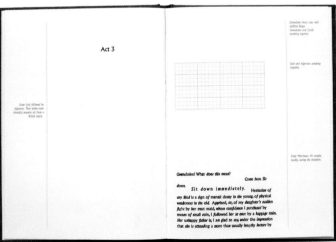

⑭「複式變體字型」（multiple master fonts; MM fonts）是 Adobe 公司研發的 PostScript 字體的延伸；這種字型具備不只一個「母型」（master），可容許更繁複、更細微的筆劃變化。複式變體字型如今已被 OpenType 取代。

1.1

探索視覺文化的書籍

近來市面上出現越來越多探討各種視覺文化的書籍：建築、設計、時尚、傢俱、藝術⋯⋯有的屬於實用的指南、入門，有的則是某單一主題的現代作品集結，附帶專業的評論文章。藝術家、設計家個人作品集的數量也不斷增加。其中有些出版品會設計成書系形式；有的則是單行本。這個領域正可讓設計者大顯身手，盡情展現創作意圖，同時也將書籍的整體價值感發揮到極致。

1.2

1 為了慶祝詹姆士・喬哀思名作《尤利西斯》問世一百周年，愛爾蘭設計家 Orala O' Reilly 提議將書中摘錄的句子以噴砂法複製在都柏林石上（**1.1**），陳列於都柏林市內區，並比照原石板尺寸、以橫展型版式印行皮面精裝、摺葉裝的專書《骯髒的都柏林》（*Dirty Dublin*, 2004）（**1.2**）。O' Reilly 設計了一款能呼應喬哀思慣用手寫體特點的特殊上色連字體（ligatures），並在書中每一章選配不同的顏色。

2 Wim T. Schippens 的《精選集》（*Het Beste Van*, 1998）是一部荷蘭文文選，內文以紅、綠兩色互相疊印，所以比逐行對照兩種行文節省了一半篇幅。閱讀時須把濾色片覆在頁面上；綠色濾色片會掩蓋綠色文字，紅色字則顯得幾近黑色；改用紅色濾色片也會得出相同效果，只是變成紅色字看不見，顯現出綠色字。

2

能夠這樣任意揮灑，確實是設計者之福，我們希望，讀者亦能同感欣悅。獨立出版商向來就有限量印行高品質圖書的傳統，這類出版品往往也會成為收藏品，大型的藝術、設計圖書出版社，也援用了這個出版傳統，他們會另闢品牌，專事印行十分昂貴（從兩百五十英鎊到兩千英鎊不等）的限量版畫冊。這種書通常都會有作者的親筆簽名，並附上原版畫片，和幾件與畫家相關的周邊物品。從購買者的角度而言，他們會覺得這並不僅僅只是購買一本關於該畫家的書，而是擁有他的藝術作品。

3《德賴斯・范諾頓作品集》（*Dries van Noten Book*, 2005）是比利時服裝設計師德賴斯・范諾頓出道滿二十五年的誌慶作。此書有一片繞覆（wraparound）封皮，用一條攔腰束帶裹著；一打開這本書，映入眼簾的是華麗的照片、燙金的書頁、金色的環襯。

3

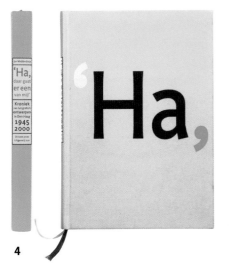

4

4 由 Jan Middendrop 撰寫、設計的《哈，那是我的作品！》（*Ha, daar gaat er een van mij!*, 2002）是一本美麗的書，以豐富的圖像呈現1945至2000年海牙的平面設計歷史。封皮的黃、綠兩色，也延伸應用於書籤帶上。

1 莎拉・方納利（Sarah Fanelli）的《狗的一生》（*A Dog's Life*）中趣味橫生的插畫，結合了手繪圖像與拼貼攝影。內文以恣肆不羈的方式編排，其中還摻雜一些手繪字體。一翻開前、後環視的摺頁，整本書就成了一條狗的模樣。

2 Charles Perrault 創作、Lucia Salemi 繪製插畫的義大利童書《波里契諾》（*Pollicino*），是一本傳統形式的繪本，恪守左文右圖的編排基調。

3 Bernardo Atxaga 創作的西班牙童書《從 A 到 Z 暢遊兒童文學》（*Alfabeto Sobre La Literatura Infantil*），由 Alejandra Hidalgo 繪製插圖，使用木刻字體配上膠版插畫，儘管版面編排中規中矩，但古靈精怪的童趣仍表露無遺。

兒童故事繪本

過去這二十多年來，兒童故事書有長足的進展。以學齡前兒童為對象的書通常都是由成人代為朗讀，而其他以少兒為訴求對象的書則是以能讓他們自己閱讀為目標。童書可以開啟奇妙的天地，故事裡充滿了不凡的人物，具備神奇的魔法，能夠完成種種不可思議的奇幻歷程：文字與圖畫兩相結合，總能抓住孩子們的想像。許多少兒圖書都是利用重複原理（the principle of repetition），讓小讀者們可以預知情節，並因此樂在其中。

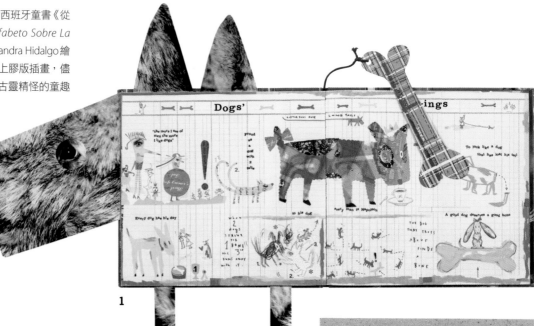

1

2

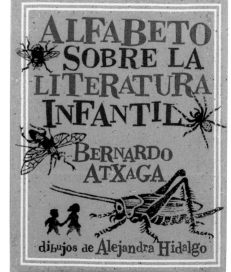

3

將動物擬人化，讓牠們開口說話，行為舉止都和孩童無異，是兒童故事的特徵之一。許多傳統兒童故事書的主題都是具有道德教化意味的寓言，能幫助小讀者建立自信的故事。很多出版商開發了超大開本的經典童書，讓育幼院老師可以一面對學童朗讀故事，一面向大家展示書上的圖片。

4 Alexander Calder 創作的《馬戲團》（*Circus*），書中刊載用鐵絲、木頭組成的模型人偶，拍攝、印刷時採用全黑的背景。反白文字以特別的排列方式結合人偶並帶出故事內文。頁面上的所有元素都以一整幅跨頁圖來進行規劃。

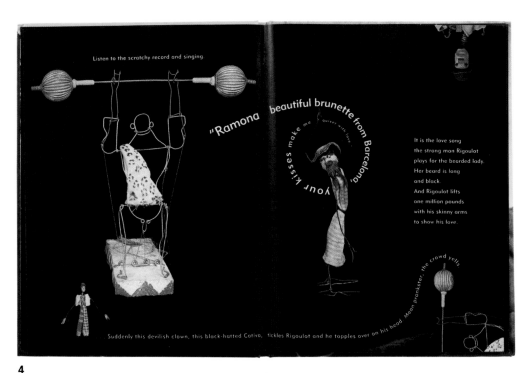

4

5

5 聖・修伯里（Saint-Exupéry）創作的童話故事《小王子》（*Le Petit Prince*）採用簡潔的水彩插畫，穿插在內文中。這些插圖與內文彼此交融、貫穿全書。帶著傷感筆調的內文因這些圖像更形動人，此書已成為兒童文學的不朽經典。

6 J. Otto Seibold 與 Vivian Walsh 合力創作的《朗趣先生搭飛機》（*Mr. Lunch Takes a Plane Ride*）跨頁影像，此書的插畫雖以電腦繪製，但是印在鬆軟的紙上，並仿效 1950 年代版刻風格的微妙色澤。其線條、平塗的色塊，摻雜少許平網色，再加上隨興不準確的透視，都讓畫面瀰漫著童稚的特質。

6

1 收錄荷蘭攝影家 Leendert Blok（1895–1986）作品的《鬱金香》（*Tulipa*），由 Willem van Zoetendaal 設計。前封上沒有任何文字：圖像已交代了書名。

2 這本攝影集以拉頁展示美國攝影家 Mike & Doug Stern 的三幅相關創作。拉頁的摺痕恰可呼應作品中支離破碎的影像。

攝影集

攝影集需要倚賴極高品質的印刷技術，才能夠完美呈現攝影師的精心傑作。設計者通常都要配合攝影家安排照片的順序，一起決定每頁應該安排多少幀作品，哪兩幀作品要配成一對，分置跨頁的兩邊。由於分置於相對頁面的兩幀照片會自然產生呼應，可以營造某種敘述氛圍，或呈現對比關係，處理時一定要特別留心。也必須注意相片的規格與書本版式之間的關係，因為照片直立或橫

1

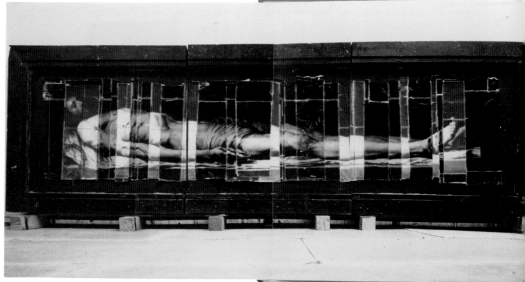

2

3

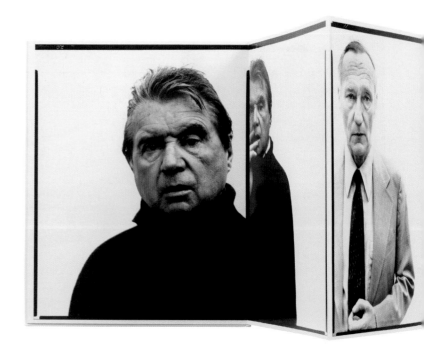

擺，會造成不一樣的四邊餘白。另一個需要考量的是頁面顏色，還有：照片要不要裁切？要不要出血？這幾個問題都會影響照片在跨頁上呈現的效果。某些攝影作品適合以強烈對比方式呈現，有的照片襯上黑底之後效果奇佳；有的則以不帶個性的灰色或白色做為頁面底色比較好。至於圖註文字的位置、字體風格，應該以能夠為照片增色、又不至於干擾觀賞者的注意力為優先考慮。

3 美國攝影家李察・阿維東（Richard Avedon, 1923–2004）的《肖像集》（*Portraits*, 2003）以經摺裝的形式構成。此書沒有書背，只有前封和後封兩面硬板；其中一面是一幀照片，另一面則刊登一篇説明文章。

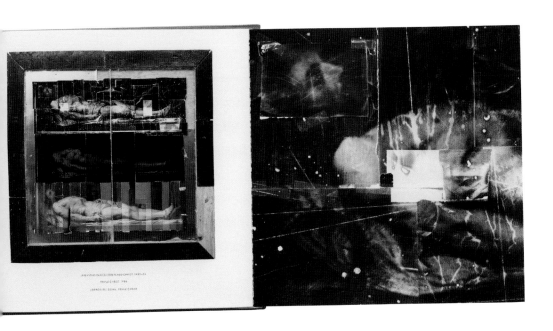

4 James Cotier 的《布達佩斯裸體攝影集》（*Nudes in Budapest,* 1991）收錄匈牙利老人的影像。攝影作品一律印在右頁，維持原照片的底片比例，以雙色調（duotones）色彩印刷。左頁印上一方淺淡的色塊，和右頁的攝影作品鏡射相映。淺淡的色塊讓照片中老婦人的凝視有了焦點，彷彿眺望著逐漸遠逝的回憶。

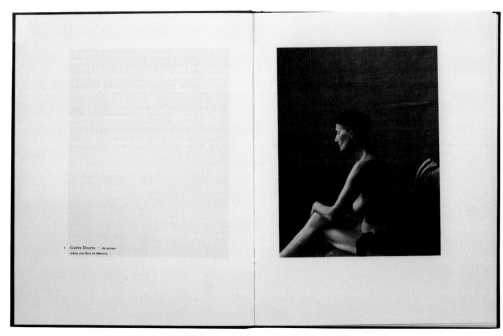

11 封皮與書衣

書籍的封皮具備兩大功能：保護書芯、彰顯內容。關於前一項功能，我將在第十六章（裝訂）之中再予探究，此處先針對第二項功能進行討論。古諺所謂：切莫單憑外表論斷一本書，乃是評判設計家、插畫家藉著一方袖珍畫面闡釋內容之能力高低的不變鐵則。書籍封皮可視為出版者代作者出面，向讀者提出的承諾。封皮的目的在於吸引人們前去翻閱、進而買下那本書。本章將羅列可能出現在前、後封皮與書脊上的各項元素，並進一步探究幾種設計封皮的不同手法。

依據明確的指令進行設計

封皮往往是最令作者、出版者與設計者僵持不讓的環節。作者極力主張封皮要傳達出該書的內容；出版者必須兼顧社內美術指導與行銷主任雙方的不同看法；而設計者與插畫繪製者則要遵從企劃編輯的指令。明確的工作指令非常要緊，而設計者則應該直接向握有決定權的人提交作品。封皮設計的成品往往會被當做促銷材料，通常得在寫作全部完成之前便得交出。一份工作指令應該包含完整的文案資料清單，並扼要列出關於圖像與其他所有應加以考量的事項（譬如：是否隸屬某書系、需不需要預設外文版本、出版者對該書有何期待等）。

封皮樣式：個別處理或三面一體

當我們踏進書店，總能看到書架上陳列著五顏六色、分門別類的書籍。同時透過文字與圖像傳達一本書的內涵，如今已是絕大多數出版者慣用的策略。然而，假使時光倒流，讓我們回到1900年，就會發現當時書店裡的書籍前封清一色只有文字，壓印在皮面或布面的封皮上。從1950年代到1980年代，大多數的封皮插圖也僅僅印在前封上，書脊與封底則往往以十分不同的方式處理。現今某些比較老派的出版社仍沿用這種做法：書脊、說明文案、書衣通常都使用一套標準的文字格式；書衣後摺耳用來刊載作者簡歷（往往會同時附上一幀美美的肖像照）；前摺耳一般則會摘引幾段評論文字。

時至今日，前封、後封、書脊都必須共同擔負銷售書籍的重責大任。當一本書被人買下、收儲在書架上，書脊上的書名便成了日常檢索的條目，但令人意外的是：當我們在自己的書架上找某本書的時候，多半還是依憑印象中的書脊顏色和上頭的設計。封皮設計的手法不斷翻新，因為所有出版社都視封皮為行銷利器。近年來，許多設計者、插畫家逐漸把前封、書脊、後封當成一個完整的畫面，而不只是立方體上各自分離的三個平面。把封皮視為環繞著書芯的連續體，可讓美術指導更能夠自由地抒發創意，享有更大的揮灑空間。

前封與後封的任務分工

不管採用何種形式處理封皮，將之視為一個整體，或比較傳統的做法，將前封、書脊與後封分開處理，設計者通常都免不了得運用若干圖像與文字，加強前封的地位。前封的視覺力道通常要比後封來得更強烈：前封率先發聲，後封則扮演提醒的角色；前封代表「打招呼」，而後封則帶有「告別」的意味。藉著圖像與文字兩者之中的階層、比重，營造出這些功能。雖然書後的文案能吸引潛在讀者掏錢買下那本書，但是在版面設計上，它們仍然不能比書名更搶眼。

下圖 國際標準書碼（ISBN）連同一組條碼，通常印刷在一本書的後封，當售出該書時可以用電子器材讀取。

ISBN978-986-6408-02-1

00000

9 789866 408021

前封、書脊、後封的元素

雖然不一定每本書都會包含以下列出的每一項元素，但是著手設計之前一定要先確認哪些元素要出現在封皮上。

前封元素

- 圖像
- 作者完整的姓名
- 書名，如該書有副書名的話則附上副書名
- 前封文案
- 版式與開本（尺寸可能大於內頁）、書脊寬度、摺耳寬度等所有可供印刷的表面
- 印刷條件，譬如：單色印刷、雙色套印、四色印刷，或特殊表面處理等

書脊元素

- 作者完整姓名
- 書名，如該書有副書名的話附上副書名
- 出版社商標

後封元素

- 國際標準書碼和電子條碼
- 零售定價
- 宣傳文案或該書介紹
- 點題、大綱，或內容重點提示
- 評論選錄
- 作者小傳
- 已出書目

摺耳

- 零售定價
- 該書簡述
- 點題、大綱，或內容重點提示
- 評論選錄
- 作者小傳
- 已出書目

國際標準書碼

這組號碼以條碼形式列印於書後，可見於各零售商品的外包裝，為必備的一組印製項目。

條碼

- 必須印在書後明顯處，不可隱藏在摺耳或封皮內面
- 印製尺寸必須介於原始大小的85%到120%之間
- 必須以全黑印於全白底色上，或印在無色的框線之內，與框線的距離必須大於兩毫米

上圖 出版社的商標、印記一向印在書脊的明顯位置。雖然擺放位置不一，但這個符號出現在書脊上可加深購書者心中的品牌印象。

書脊

歐洲國家大多數出版品的書脊文字都是從上到下排列，基線則是始於與後封毗連之處，但有些美國出版商會採取從下到上的排列方式。篇幅較多的書，書脊也較寬，有時會以水平橫排書名，不過這意味著字體必須縮小、字詞間距也受到較多限制。設計者一定要弄清楚書名應如何排列，書名和作者名彼此之間孰輕孰重，出版社商標與社名該置於什麼位置。

環襯

環襯黏貼在精裝本前、後封的硬板內側，通常會使用比書頁更厚的紙張。環襯可以完全空白，也可以印上圖案。早年出版物的環襯，可能會採用紋染（marbling）或印上特別設計與內容相關的紋飾，現今則多以四色印上照片或插圖。

把封皮當做片頭

從前封、書脊、後封，到該書的前置頁，是讀者進入一本書的最初步驟。設計者應該謹慎地編排，營造出條理分明、前後呼應的整體印象，就像一部電影的片頭，演職員表隨著影像循序出現，奠定接下來整部影片的基調。

封皮的類型

身為一名設計者，頗值得花一點時間巡逛書店，不止去看書、觀摩其他人設計的作品，也該觀察人們如何瀏覽、購買。不同類型的書籍，從封皮的風格便可看出各自的目標讀者群。書店裡的商業書區和經典文學或詩集書區，書籍封皮在風格上會呈現極顯著的差異。細心觀察逛書店的人，一定可以發現那些人在年齡層、性別、服飾細節上都有明顯的差異，只要排除先入為主的刻板印象，設計者應該會有所收穫。即便出版已邁入全球化的今天，不同種類的書籍，也不會以相同的封皮風格行銷全世界。於是，在國外逛書店也頗令人振奮，因為我們可以從中得知書籍裝幀、封皮設計如何透露不同的國情與地域文化，同時也感受跨國出版集團的全球視野。接下來，我們要來探討封皮的各種設計手法。首先，我們先看既能強調品牌形象又可促銷個別書籍特色的封皮；然後再援引第三章討論過的幾種設計手法：文件紀實式、概念歸納式、風格展現式，來說明它們如何運用在封皮設計上。

上圖　對頁示範的六本書的書脊，以出版日期先後從左到右排列。每一本書都由三個相同的基本元素組成：作者姓名、書名、企鵝標誌。但三者的輕重順序、文字排列的方向、字體級數與風格隨著時間演進而改變。

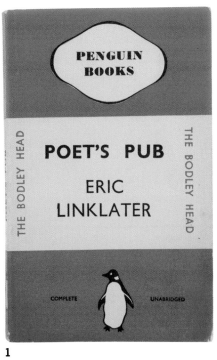

1

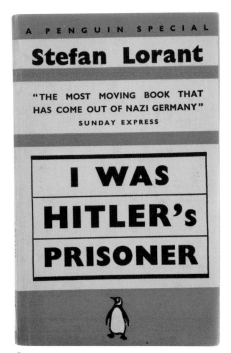

2

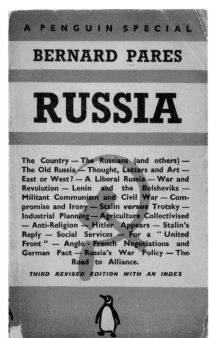

3

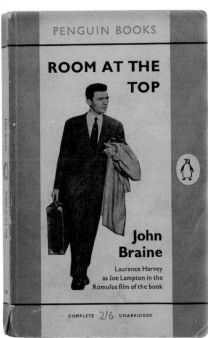

4

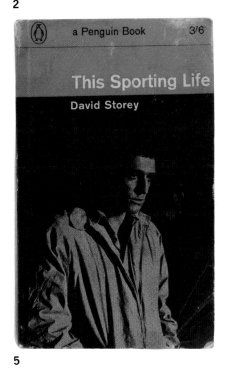

5

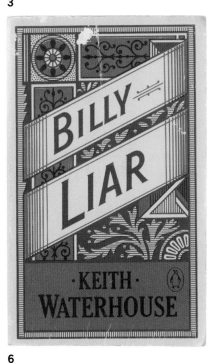

6

上圖　早期的「企鵝文庫」（Penguin Books）前
封，一律以橘色底加上白色環帶，書名與作者名
使用同一款字體，雖然系列感極強，卻不易呈現
個別書籍的內容差異。較晚近的「企鵝文庫」在
前封上加入黑色線條或印上以半色調印製的插畫
或照片，和橘色的系列識別與書名亦頗為協調。

1–3　1936 艾瑞克・林克萊特《詩人酒館》。
　　　1939 史蒂芬・羅蘭《我曾是希特勒階下囚》。
　　　1942 伯納・佩雷斯《企鵝特刊：俄國卷》。
4–6　1959 約翰・布萊恩《金屋淚》。
　　　1962 大衛・史多利《球場生涯》。
　　　1974 基斯・瓦特豪斯《騙子比利》。

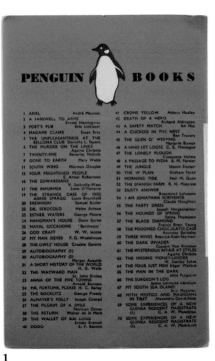

1

2

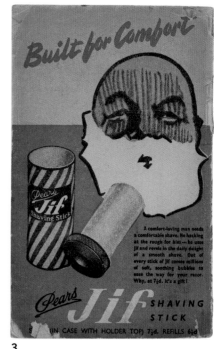

3

4

5

6

上圖　前頁各書的後封，顯示同書系出版品四十餘年的風格演化。最早的一本，出版於1936年的 **1**，在後封列出企鵝平裝叢刊其他在版書目。出版於 1942 年的 **3** 利用後封刊登與該書《企鵝特刊：俄國卷》毫無關聯的刮鬍棒廣告。晚近出版的 **4–6** 則在後封印上宣傳文案，但行文排列方式各自不同：**4** 採首尾對齊方式行文；**5** 齊左不齊右；**6** 則是對齊欄位中軸。由這幾款企鵝平裝叢刊後封運用方式的發展，可以看出今日平裝本小說在風格傳統上的轉變。注意其中作者肖像的用法與企鵝商標的演進——有時面朝左方，有時面朝右方。

強化品牌印象

以書系方式呈現的封皮具有雙重目的：既推銷個別書籍，還要提醒讀者同屬該書系規劃內的其他書籍。如果同一書系的書籍總是集合在一起陳列，就能夠佔據越來越多可供展示的架位。某些舊式書店陳列商品仍依照傳統規矩，排架時遵循以主題分類或按作者姓氏筆劃序；但有一些比較了解品牌重要性的書店，則會以書系為單位而不是以個別書籍進行陳列。這種銷售策略對出版社極為有利，因為這樣可以培養品牌忠誠度，激發讀者進一步購藏完整書系的念頭。

文件紀實式

以文件紀實為出發點設計的封皮，旨在忠實記錄該書的內容。可能是運用符合該書的標題字體形式，或從內容中選用代表性的圖像；這種手法算是體現「所見即所得」（what you see is what you get, WYSIWYG）的精神。設計者須特別注意書籍封皮與內頁設計的關係：可在跨頁的編排中延用封面的組成元素。

概念歸納式

以概念歸納式手法設計的書籍封皮，意在透過某種視覺化的隱喻、諧擬、矛盾或俚俗概念，逗趣地善用圖像與書名，呈現出內容。當有人在架上瞄到書架上某本書書脊上的書名，抽出來一看，封面令他不禁莞爾，感到一陣喜悅──即所謂「會心一笑」（a smile in the mind）（有一部探討概念歸納設計法的書就是用這個成語當做書名⑮）。這種封面有推波助瀾的功效，從單純的逛書店進而掏錢購買，消費者用來合理化自己的購買行為的潛台詞是：「這本書的封面真高明：我看得出它的高明處，因為我夠聰明。」就像我們總會找出許多理由，從各方面助長自己的成見，這類購買行為往往會形成一種循環，讓人頻頻循相同模式繼續購買其他書籍。

風格展現式

虛構小說、短篇故事集的封面上，經常可見風格展現式的設計手法。其目的並不只是呈現某種概念化的代表性圖像，而是要引發觀看者對於該書內容的聯想，以隱約透露書中的情節勾引目標讀者。這種封面通常會運用插畫、攝影作品，或從現成畫作中挑選合適的圖像。美術指導或插畫家須營造出引人注目的圖像，既要和書名相得益彰又可吸引讀者的好奇心，隱隱帶出書中的故事元素，或巧妙轉化該書內容所要傳達的情緒。潛在讀者同時受到圖像與書名的吸引。這種封面經常利用圖繪、標記、象徵等技巧，營造出朦朧的詩意，令讀者沉吟玩味。風格展現式的設計手法往往視內容為視覺轉譯的起點。必須注意的是：要在弘揚作者原著的精神，與展現設計者個人的創意之間小心拿捏。

上圖 德瑞克・柏茲歐爾運用概念歸納手法設計企鵝教育叢書（Penguin Education）。他以兩個元素統合該書系：從頭到尾只用一種字型（Railroad Gothic），每本書都採用能反映各書不同內容的同樣式封面編排。鑑於書系內每一冊的書脊寬度、書名長短皆不同，他以統一的對齊方式加以因應。範例所示為《都市規劃的難題》（*The City: Problems of Planning*）的封面，借用了「禁止進入」的交通標誌圖形。

⑮即 *A Smile in the Mind: Witty Thinking in Graphic Design*, by Beryl McAlhone and David Stuart, 1996, Phaidon。

使用紀實照片的封面

Knaur

Gernot Gricksch

Die Herren Hansen erobern die Welt

Roman

1

Роберт Валзер

JAKOB ФОН ГУНТЕН

ТЕМПЛУМ

2

dtv

Heinrich Böll
Wanderer, kommst du nach Spa... Erzählungen

右圖　四款運用報導攝影或紀實照片的封面。**1**照片下緣裁成斜邊，呼應照片中那綹逗趣的頭髮，並且和齊中排列的工整文字形成對比。**2**透視在圖像上扮演要角。雖然那截切過人像雙腳的黑色粗線段顯得有點生硬，但它和頁面底部的距離和照片中的地平線與頁面頂端的距離則完全相同。**3**乍看之下彷彿稀鬆平常的日常光景，因照片中的缺腿男子而透著一絲哀愁。文字排列符合照片中道路的消失點。**4**封面矩形的構圖右側是略經裁切的船身，左側則是從船首延伸出來的錨繩線條。

3

Sandra Lüpkes
Die Sand- dornkönigin

Inselkrimi

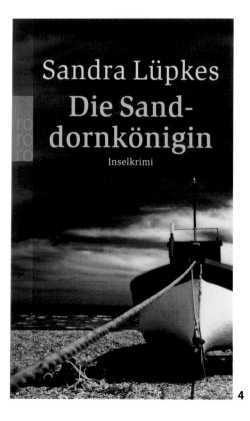

4

風格展現式封面

1

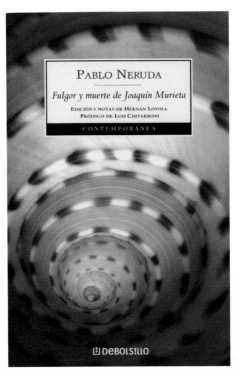

2

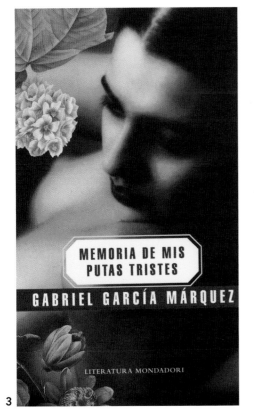

3

4

左圖　這些封面皆巧妙地運用攝影圖像彰顯內容特質。這些封面都把畫面設計成一幀小型海報。四本書的文字都是居中排列；**1** 文字在版面上的黑色色塊以反出處理。**2**、**3**、**4** 則將文字以欄框圍住，再疊在圖像上。

以插畫傳達意念的封面

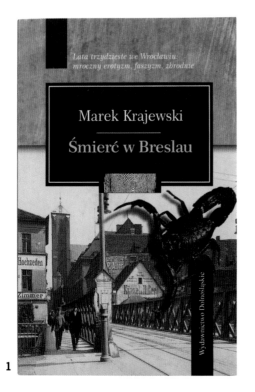

1

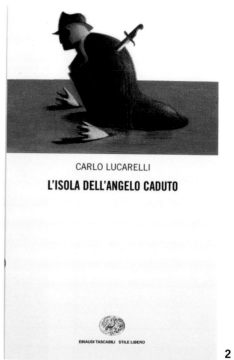

2

3

4

運用圖紋的封面

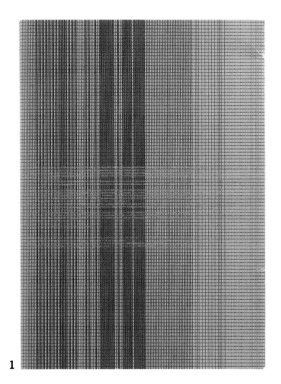

1

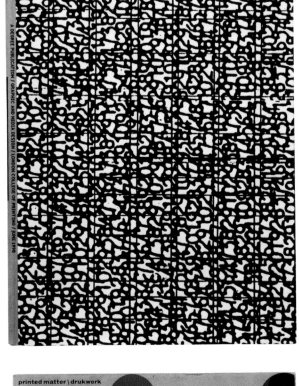

2

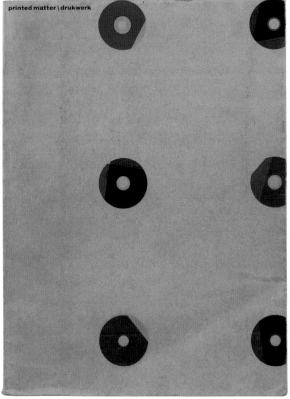

3

對頁圖 四款使用插畫的封面。**1** 這部波蘭小説的封面插圖以照片、圖繪和一個立體的實體物件，造成蒙太奇效果。**2** 此插畫由 Lorenzo Mattotti 繪製，畫面中的血泊形成一道紅色的飾帶圖案，暗喻一面紅旗。**3** 此封面採用 Bruno Mallart 繪製的概念式插畫，用一口畫具箱表現該書的內容元素。**4** 與前例一樣，此封面插畫也運用了概念式手法：象徵男性的紅色小圖案被女人雙腳夾住，動彈不得。

上圖與右圖 這三本都是設計相關書籍，皆使用圖紋做為繞覆封皮。**1** 介紹設計集團 Faydherbe/De Vringer《平面劇場》（*Grafisch Theatre*）的後封，使用細線構成的網格。**2** 倫敦印刷學院 1998 年的課程目錄，使用緊密重疊的數字組成的圖紋。**3** 收錄荷蘭平面設計作品的《印刷品》（*Printed Matter\Drukwerk*），以裝飾圓圈疊印在繞覆封皮上。

printed matter \ drukwerk

用文字構成的封面

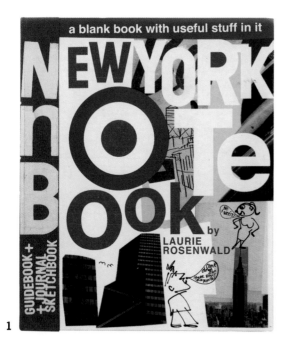

1

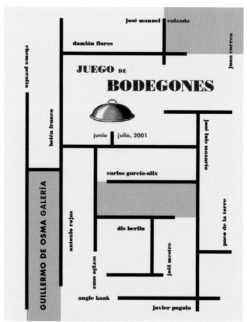

2

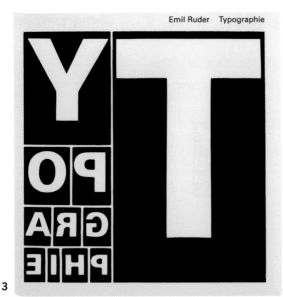

3

4

上圖　不用圖像、純粹以文字構成的封面廣泛見於各種內容類型的書籍。別出心裁的書名與作者的字體，配合顯眼的顏色，能讓封面產生強烈的視覺衝擊。**1**勞瑞・羅森瓦爾的《紐約筆記》（*New Youk Notebook, by Laurie Rosenwald*）運用大小參差不等的字體級數，書名的三個頭字母甚至跑到布質書脊上。要完美排列這兩個元素頗不容易；不整齊的書名字母位置完全不顯紊亂，同時也完美詮釋了本書的內涵。**2**這本 Guillermo de Osma 藝廊目錄的封面以色塊與字標組合而成，各元素環繞著位於中心的書名，看起來就像一座迷宮。**3**艾彌爾・魯德的《版面學》封面上的書名字母筆劃即使左右相反也讀得懂。魯德以此完美地表現出印刷之前的字體樣貌，強調金屬活字模塊的特質，並顯示利用網格架構所得的結果。**4**沃夫岡・韋格特《我的版面設計之道》的封面反映他在該領域的實驗作為：字體雖經局部刪除但仍認得出來，並使用非常強烈的對比色。

IV Manufacture
製作

一本書的製作流程包括撰寫與設計全部完成之後的所有後續工作。此流程包括：前置生產作業、印刷、裝訂；這幾道工序將在以下各章逐一講述。我另闢兩章，專門探討印本書絕對不可或缺的基本材料——紙張，以及立體書。

設計者在書籍製作流程中所扮演的角色，視不同的出版單位與個別的書籍，其涉入的程度而有所不同。設計者有時會親赴現場監督印刷、裝訂的過程；有時候則會利用電話、傳真或透過電子郵件聯繫，或只在樣稿上進行修正。不論設計人員對於製作流程之中任何一道工序的參與程度如何，都必須深入了解其中各項製作技術，才能夠在作者、出版社、編輯、印刷廠與裝訂廠之間扮演好聯繫、協調的角色，也才能讓自己的設計成品同時具備創意與可行性。掌握製作技術的知識會影響我們進行設計的方法，也可以從中了解現實技術條件的局限與創意可能性的界線在哪裡。舉例來說：裝訂形式會影響一本書開啟的方式，以及打開之後是否可以攤平；書冊能否完全展開攤平，對於平裝小說來說或許並不是那麼要緊，但對攝影書而言卻頗為重要。

12 前置生產作業

印刷業界所謂「前置生產作業」（pre-production），涵蓋了設計者將全書內頁編排完成之後的各項流程。至於「複製」（Reproduction）一詞，亦常被用來泛指同一套工序，但是，由於晚近數位工具廣泛運用於印刷產業，該詞才有了比較明確的定義——「repro」乃指製作印版所需的翻攝、曬網片等準備工作。了解圖像與文字在印刷過程中的處理技術，對於掌握該書最後成果相當要緊，所有的設計者都應該重視這些過程。設計者不能把電腦螢幕上所顯示的影像或以工作室自備的雷射或噴墨印表機輸出的列印稿當成實際的結果。藉著與印刷廠合作、檢嚴並反覆修正樣稿，才能夠得知印刷成品的確實效果。本章所探討的前置生產作業是針對能以四種主要的印刷方式（凸版、凹版、平版與孔版）進行印製的圖紋與顏色，至於這四種印刷方式，我將留待第十四章再逐一細談。

線條稿與階調

以印刷的角度而言，任何只具備單一平均色澤、其中不含任何階調（tone）變化與濃淡層次差異的圖紋，就稱做「線條稿」（line work）①。任何由單一顏色構成的區塊、點以及（如其名稱所示的）線條所組成的文字或圖像，都屬於線條稿的範疇。線條稿印刷應用於印製文字、線畫、蝕刻畫、木刻畫、麻膠版畫（linocut）與雕版畫。歷來的插畫家與設計者開創出各種技法，運用交錯的線或點，讓肉眼產生多重階調的錯覺。藉由畫面上暗色跡痕分布的密集或分疏程度差野，讓觀者以為圖像具有各種深淺不同的階調。但是，只要透過高倍放大鏡，便可清楚看出所有的印墨痕跡其實全是同一個階調，只不過是所佔面積與

①或稱做「高反差黑白稿」。

jsem věděl, že je to marné. Nic nenajdu, všechno jenom ještě víc popletu, lampa mi vypadne z rukou, je tak těžká, tak mučivě těžká a já budu dál tápat a hledat a bloudit místností, po celý svůj ubohý život.

Švagr se na mne díval, úzkostlivě a poněkud kárave. Vidí, jak se mě zmocňuje šílenství, napadlo mě a honem jsem zase lampu zdvihl. Přistoupila ke mně sestra, tiše, s prosebnýma očima, plná strachu a lásky, až mi srdce pukalo. Nedokázal jsem nic říci, mohl jsem jen natáhnout ruku a pokynout, odmítavě pokynout a v duchu jsem si říkal: Nechte mě přece! Nechte mě přece! Cožpak můžete vědět, jak mi je, jak trpím, jak strašlivě trpím! A opět: Nechte mě přece! Nechte mě přece!

Narudlé světlo lampy slabě protékalo velkou místností, venku sténaly stromy ve větru. Na okamžik se mi zdálo, že vidím a cítím noc venku jakoby ve svém nejhlubším nitru: vítr a mokro, podzim, hořký pach listí, rozletující se listy jilmu, podzim, podzim! A opět na okamžik jsem já nebyl já sám, nýbrž jsem se na sebe díval jako na obraz: Byl jsem bledý, vychrtlý hudebník s roztěkanýma planoucíma očima, jenž se jmenoval Hugo Wolf a tohoto večera se propadal do šílenství.

Mezitím jsem musel znovu hledat, beznadějně hledat a přenášet těžkou lampu, na kulatý stůl, na křeslo, na hraničku knih. A prosebnými gesty jsem se musel bránit, když se na mne sestra znovu smutně a opatrně dívala, když mne chtěla těšit, být u mne blízko a pomoci mi. Smutek ve mně rostl a vyplňoval mě k prasknutí, obrazy kolem mne nabyly podmanivě výmluvné zřetelnosti, byly daleko zřetelnější, než jaká kdy bývá skutečnost; ve

(106)

相互之間疏密有別罷了。用以印製圖版的線條稿圖片，原稿尺幅最好能夠大於印成品，印刷時經過縮圖處理，原稿上的缺陷、小瑕疵比較不會顯露出來，成品也比較能夠完美呈現階調效果。

　　假如設計者希望每幅線條稿插圖上的線條最後呈現相同的粗細，必須在委製插畫前清楚交代插畫家依照一致的比例進行繪製，印製時才可以使用相同的百分比進行縮圖。採取這道程序，設計者往往得在事前做好版面編排或欄位配置等設定。雖然現在有幾款軟體（如FreeHand、Illustrator、InDesign等）容許文件編排時再調整線條粗細，但是這樣子處理起來頗花時間；預先作好版面規劃，委製插圖前給予明確的工作指示，即可省下事後個別調整的麻煩。

上圖　赫曼・赫塞（Hermann Hesse）小說《*Pohadky*》左頁文字以單色印刷，而右頁插圖則採用平版以雙色印製。

網屏

網屏（screen）是用來篩出圖像或文字中的階調的工具。美國發明家艾夫斯（Frederick Ives, 1856–1937）於1880年代取得玻璃網屏過網法（glass screening process）的專利。讓一幅圖片過網的方式是：將一片分布許多點狀小孔的玻璃片置於鏡頭與相紙之間，如此便能曬印出由許多大大小小的細點排列構成的影像。現今仍沿用這個傳統原理，只是過網的程序已經被電腦取代了；使用數位方式過網，圖片可以解析出成千上萬個網點。

半色調網屏

所謂半色調（halftone），意指圖片上的圖紋並非黑白截然分明，而是包含從深到淺的各種層次變化。圖像會因各部位黑色成分的多寡形成不同的調子：調子越暗，印製時便會用到較多的印墨。如果圖像中各個不同階調呈現微幅漸進演變，則稱為連續階調（continuous-tone）。圖片原稿可能是一幅畫、照片或文字。要印製連續階調的圖片，須使用網屏將原稿圖片上的階調轉成像線條稿一樣階調的黑白網點。原圖稿上的暗色調區域會呈現較大網點；若圖稿由淺色調構成，網點會比較小。使用數位網屏進行過網，其原理與此相同。若階調為50%，則每個黑墨方格都會鄰接著一個無墨或空白的方格。若採用橢圓形網點，中間調則會呈現許多風箏形狀，並呈現十分平滑的階調變化。當網點過大以致互相重疊，這種情形稱為「網點擴大」（dot gain），會讓圖像出現意外的墨色區域，並破壞平滑、漸層的階調變化：橢圓形網點比圓形網點更能夠有效降低網點擴大的發生機率。

半色調網屏的基準是根據每英寸或每公分的網線數目而定，前者以「lpi」（lines per inch）為單位。網線數目越多，則網屏越細緻，印製效果也越好；網線越少，則網屏越粗疏。用極細密的網屏印製圖片，如果再加上用紙的質地足以確實吸收印墨，便能表現出各階調完整的層次變化。報紙和凸版印刷使用的55 lpi半色調網屏，其網線比間接平版印刷（offset lithography）使用的120lpi網屏更疏鬆，更遠遠比不上用來印製高級精緻圖書的170lpi網屏。以水平45°斜角設置網屏，最不容易察覺網點格線的存在。

網屏的種類

以連續規律、縱橫交錯的網點構成的網屏（就像早年的玻璃網屏）通稱為「調幅」（amplitude modulated, AM）網屏。如果網點大小相同，但不是排列在方正工整的格線上，則稱為「調頻」（frequency modulated, FM）網屏。

運用最新的數位科技，設計者可以任意選用以線條或同心圓組成的特殊網屏，也可以自創網屏、改變網點形狀，甚至自訂每英寸的網目數。

下圖　左圖的局部放大顯示小網點組成的亮部，暗部則由大網點構成。

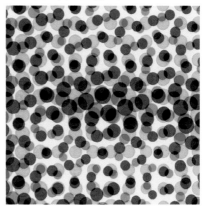

錯網花紋

當兩片半色調網屏疊在一起時稍微出現偏差，沒有完全對準，就可能會出現錯網花紋（moiré patterns）。造成這種光學效應的原因是：兩片網屏重疊，因網點相互交錯而意外冒出一組新的紋路。儘管可以巧妙運用這種效果，讓讀者明白印刷的原理，但這種現象極不利於某些需要清晰呈現的圖像。錯網花紋也可能源自原稿本身的花紋。譬如：一幀黑白分明的格狀鋸齒紋布料的圖片，通過半色調網屏時便很可能會冒出不該出現的錯網花紋。

　　某些印刷成品的圖像經過再次掃描，再用半色調網屏製版，也可能會產生錯網花紋。因為新、舊網點會互相干擾，在圖像上造成突兀的擾射紋。只要圖片原稿來自原版相片、幻燈片或數位照片，就不會出現這種問題。如果要翻製現成印刷品上的圖片，例如：要在書中翻印一張風景明信片，印刷業者會運用一種稱為「點對點套準」（dot-for-dot）的手法，翻製圖片時讓新網屏的網目對準原稿上的網目。現在，在PhotoShop軟體中進行數位掃描，再搭配使用調頻網屏，即可避免錯網花紋的發生。

色彩

在書籍中運用色彩是悠久的傳統,最早可追溯至中世紀西歐地區徒手謄繪的寫本書傳統。當時書上繪飾的手寫字母通常都會施用許多顏色。古騰堡於1455年印出第一部聖經上頭有朱色首字母與小標題,不過那些是全書印妥之後再用手工逐一描繪。現今的印刷機只須運轉一趟過程,最多可以印出六種顏色。

單色印刷

單色印刷,顧名思義,就是只用單一顏色,但是透過網線、網點,可以同時印出文字與半色調圖像。印刷者可以利用色樣或天然原料調配出設計者要求的色彩。要調製出設計者與印刷者雙方都滿意、符合預設效果所需的色墨,可以用肉眼判斷,以不同比例的印墨調製出各種顏色,或利用各種現成的印墨。用來印刷的單一色彩通常會用到下列幾個術語:調墨色(matched colour)、指定色(selected colour)、實色(flat colour),或專色(spot colour)。

彩通色彩對應系統

彩通色彩對應系統(Pantone Matching System, PMS)是目前運用最廣泛、也最符合業界標準的一套配色系統。其他色彩對應系統如True Match、Focoltone與Hexachrome亦可提供與此功能相近的色彩對應色範圍。一套「彩通」色票可以提供一千種以上的基本印墨顏色。這些顏色可以單獨運用在單色印刷的場合,也可以合併運用於雙色印刷。任何一個選定的顏色可以對應一組四色混合

PART 4:製作

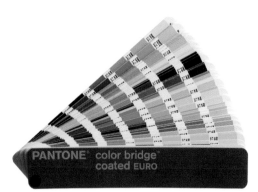

1 彩通色彩轉換系統是以不同百分比的CMYK組成的四色模擬專色。其中有的對應結果頗為相近,有些則不然。這套色票是書籍設計者相當實用的輔助工具,例如:印製封皮時可以使用五色(CMYK外加一個特別色)印刷,印製開章頁時再用色票找出與這個特別色相對應的四色混合印墨。

2 彩通金屬色與色票用以指定單色或特別色,因為這些顏色可以與CMYK四色油墨相混,當做套印色來用。使用金屬色印墨時如果再上一層亮油,可以避免沾染指紋,但是原本的印墨顏色會稍微受到影響。

3 彩通粉色色票收錄淺淡的實色印墨,因為這種印墨添加了展色劑,故能呈現輕柔的色澤。這些顏色雖可用於書籍印刷,但是無法靠CMYK四色油墨調配出來,需要另製一個印版。和金屬色一樣,這種色墨也屬於「特別色」。

> **Quien no conoce nada, no ama nada. Quien no puede hacer nada, no comprende nada. Quien nada comprende, nada vale. Pero quien comprende también ama, observa, ve... Cuanto mayor es el conocimiento inherente a una cosa, más grande es el amor... Quien cree que todas las frutas maduran al mismo tiempo que las frutillas nada sabe acerca de las uvas.**
>
> Paracelso

左圖 佛洛姆（Eric Fromm）的《愛的藝術》（*El arte de amar*）書中某跨頁內容，以雙色印刷的文字橫越訂口。紅色與黑色的專色色字分別以兩塊印版印製，套版必須非常精準，只要稍有誤差，便很容易一眼看穿。

印墨（由不同百分比的CMYK組成的顏色）。彩通另提供粉色（pastel colour，此為真色 [true colour]）而不是平網色階 [tints]）、金屬色（metallics）和加亮油（varnishes）等其他配色系統。

雙色印刷

現代印刷流程設定成單色印刷、雙色印刷、四色印刷與六色印刷。雙色印刷要注意兩個顏色必須落在正確的位置，這道手續稱做「套準」（registration）。雙色印刷可供設計者多一種顏色用來點綴內文或加強插圖的品質。大部分的雙色印刷都是使用黑色再加上另一專色；當然，其他任兩種顏色組合都行得通。

指定色另版套印

指定色線條稿多運用於印製地圖，因為它能夠呈現非常清晰的線條。例如：圖面上極為細密的等高線，如果採用CMYK四色方式印製，四個分色印版將很難完全套準。

上圖 此圖按實際比例局部顯示某印刷精美的瑞士地圖上的阿爾卑斯地區。圖面上的每個顏色皆以個別印版印製。運用四色印刷很難精確地表現包含許多顏色的細線。街道圖或地形圖集上的每一種顏色，每塊色版都必須完美套準；有的地圖甚至得動用高達十五塊印版。

印刷效果

把兩種或兩種以上的色墨印在紙上，它們之間的關係會出現幾種可能：重疊、鄰接，或各自獨立。這幾種不同的效果，根據各種色彩的濃淡輕重，分別運用以下各種不同的印刷技巧。

印上 printing on

所謂「印上」是將線條稿或半色調的圖紋直接印到紙面上。這是所有印刷過程最基本的動作：在紙面印出某種顏色，其中不含任何重疊或反出。

同色疊印 superprint

實色是指網點面積100%的單色印墨，均勻地印在頁面上。降低單色網點的百分比，便會得出較淡的顏色。設計者現在可以在電腦螢幕上直接調整色彩的網點百分比。讓兩種或兩種以上的色彩以不同百分比來表現印刷，便稱做「同色疊印」。運用這種階調變化處理文字要特別小心：如果文字與底色之間的網點百分比反差不夠明顯，會造成文字難以辨讀。兩者之間最佳對比量至少要大於30%；不過，如果使用極暗或極亮的顏色，兩者的反差則必須再拉得更大。

反出 reversed out

當文字或圖紋為白色或者比底色更淡，這種情形便稱做「反出」[2]。如果字母本身的襯線太細，或圖像上有極細的線條，在版面上所佔面積又不夠大的話，以反出處理就有可能會被底色的印墨淹沒。這是因為大範圍的印墨會侵漫較細的筆劃或線條，導致難以辨認。反出的線條越細，這種現象就越嚴重；底色範圍越大，紙張的吸墨性越強。

[2]此間通稱「反白」

疊印 overprint

將某種顏色壓印在另一種顏色之上，稱做「疊印」。疊印須動用兩片以上的印版。最常見的疊印是：在某種底色之上壓印黑色的文字。用來疊印的上下兩個顏色之間必須有30%以上的階調反差，上頭的文字才夠清楚。設計者可以指定印版落紙的次序，成品也會因印版先後不同而呈現不一樣的效果。如果沒有事先特別交代，印刷業者通常會考量何者能夠呈現最清楚的反差，並據此決定印版的先後。一般做法是先印色調較淺的顏色，譬如：如果將黃色（淺色）疊印在藍色（深色）之上，兩色重疊部位會出現一層綠色，但這塊綠色會顯得晦暗，甚至混濁。複雜的疊印可能會動用許多不同濃淡的顏色相互重疊；面對這種情形，設計時必須小心地規劃、試驗，並密集與印刷廠磋商，才能夠達到預期的效果。如有必要，也可以使用指定色，但必須把印製成本提高列入考量。

實色
（此處為100%的青色）

印上
（此處網點面積為20%的青色）

同色壓印
（此處為100%的青色數字
印在20%的青色底色上）

反出
（此處為反白數字在
20%的青色底色上）

疊印
（此處為100%黑色數字疊印
在20%的青色底色上）

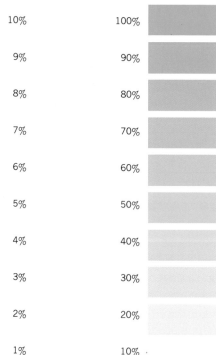

10%	100%
9%	90%
8%	80%
7%	70%
6%	60%
5%	50%
4%	40%
3%	30%
2%	20%
1%	10%

CMYK 實色疊印

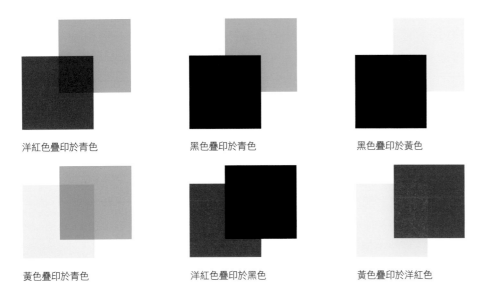

洋紅色疊印於青色　　　　黑色疊印於青色　　　　黑色疊印於黃色

黃色疊印於青色　　　　洋紅色疊印於黑色　　　　黃色疊印於洋紅色

疊印特別色 overprint specials

在四色（CMYK）疊印作業中，再增加指定色，便稱做「特別色」，印製這種印刷品都得動用六色印刷機（可於一趟作業流程連續印出六種顏色）。特別色可能是指定色、金屬色或局部上光或消光，這幾道工序都是以疊印的方式處理。

補漏白 trapping

設計時常常會碰到兩種顏色相鄰的情形。這需要藉助精確的套準程序，否則兩個色塊之間會露出紙頁的白底。為了讓印刷時的套準作業有比較穩當的餘裕，設計者可以設定補漏白。所謂補漏白，就是稍微增加其中較淺色塊的面積，讓兩種顏色的相鄰邊緣出現少許重疊。疊印比較深的顏色之後，交界處就能呈現完美接壞。但假如兩種顏色都屬於淺淡色調，兩者之間會顯露疊印的痕跡。

混合色彩與階調

藉著不同階調的顏色疊印在實色或半色調圖版上，可以營造各式各樣的印刷效果。這些效果包括：打淡做底、雙色調、三色調與四色調。

打淡做底 flat-tint halftone

將半色調圖片印在事前打淡的圖片之上，稱做打淡做底。先印其中較淺的色調，再將色調較深的半色調圖像疊印上去。這種印刷方式會讓整幅圖片呈現一層均勻的色調，並減低原圖的階調變化。勿將打淡做底與雙色調混為一談，後者的用意在於增強圖版的階調層次。

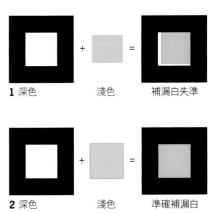

1 深色　　淺色　　補漏白失準

2 深色　　淺色　　準確補漏白

上圖　**1** 較小的青色方塊要嵌入黑色方塊，未正確使用補漏白的結果，造成兩者之間露出白色空隙。
2 青色方塊外圍加上一圈相同顏色，稍微增大原本的方框面積，套準時便有餘裕讓兩者的交界處形成疊印。

雙色調、三色調與四色調 duotones, tritons, and quadtones

如果以單色印製半色調圖片，很可能會喪失若干階調反差，無法完全呈現黑白相片那種層次豐富的階調變化。雙色調疊印法是運用兩塊內容相同的印版，以淺、深兩色重複印到紙上。先落紙的較淺顏色保留了明亮部（最亮的階調範圍）與中間調，而較深的顏色則可呈現陰暗部的層次。當兩塊印版重疊印在紙面，該圖像會比單色半色調圖片擁有更豐富的階調變化；這種印製技巧即印刷業界所謂的「套印」（punch）。印製雙色調圖片時，第二塊半色調印版可能會使用灰色或能夠讓圖像整體變淡的色墨，利用設定網點百分比100%的方式，印出較柔和的圖像。金屬色和或濃或淡的亮油亦可充當雙色調印刷的疊印色。

　　至於三色調與四色調，基本原理與上述相同，只是過程更為繁複。正如名稱所示，三色調是使用三片各自具備階調變化的印版，分成三次印刷；四色調則使用四片印版，分四次印刷。由於每種顏色都得動用一片印版，以這種方法是印製圖片非常昂貴，通常只有十分講究印刷品質、追求原版黑白照片質感的高級攝影集才會採用。

右上圖　Nick Clark為設計者製作過一部非常實用的書《雙色調、三色調與四色調》（*Duotones, Tritones and Quadtones: A Complete Visual Guide to Enhancing Two-, Three-, and Four-Color Images, 1996*）。該書以大量圖例解說每種顏色在不同百分比組合下的差異效果。左頁最大一幅威尼斯風光照片是以100%的磚紅色半色調圖版與100%黑色半色調圖版疊印的結果；右頁左下方那幅小圖則顯得比較清淡，但感覺更溫暖。黑色通常都是疊印在其他顏色之上。以雙色調或三色調印製圖片，亦可善加利用金屬色或甚至螢光色印墨。

右下圖　同書另一幅跨頁書影，顯示光是變化CMYK四色比重，就能玩出各種不同的效果。每塊色版的圖紋都是原始相片的半色調圖版，但是每塊印版的墨色百分比各自不同；例如：左頁的左上角範例是黃版65%、青版30%、洋紅版65%、黑版100%的效果。以此法印製圖片雖然比較昂貴，且須更仔細檢視樣稿，但能夠呈現非常豐富、迷人的色調。

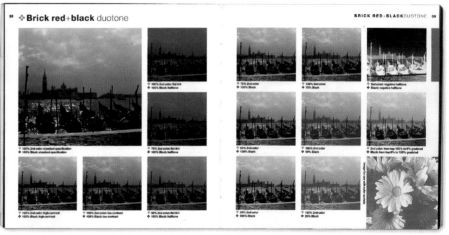

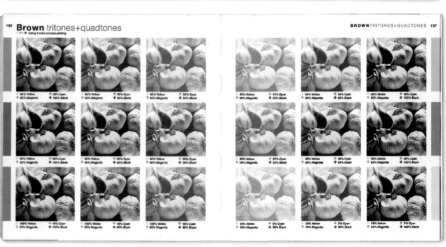

全彩印刷

如果用許多種特別實色來印製一本書，那麼，每增加一片印版就會增加一筆費用。比較經濟的做法是：運用不同網點面積比例的三原色，調配出各種顏色。全彩印刷可以重現彩色正片或數位相片中的階調層次與色彩變化。原色有兩種：色光原色（light primary）與色料原色（pigment primary）。

色光加色三原色：RGB

當白色光線通過三稜鏡，會分解成彩虹的七種顏色：紅、橙、黃、綠、藍、靛、紫。白色光是由紅、綠、藍（RGB）三種色光混合而成，這三種顏色就是所謂的「色光三原色」。而白色光的色調比它的組成原色更白、更亮，所以這種原理又稱做「加色法」。任兩種色光加在一起，就會得出色光的二次色（secondary colours）：黃（yellow）、洋紅（magenta）和青（cyan）。電影播放、電視螢光幕、電腦螢幕的色彩顯示，都是利用加色三原色（即RGB）原理。

色料減色三原色：CMYK

色料三原色是：洋紅、黃與青。當這三種顏色混合在一起，則會成為黑色（實際結果其實是一種極黝暗的卡其褐色）。黑色的色調比它的組成原色更暗，所以這種原理又稱做「減色法」。由於這三種基本色料原色並不能調配出真正的黑色，印刷業界便採取另一套混色方式，以另四種顏色來印製全彩圖像；這四種顏色分別是：青、洋紅、黃和黑（以各個顏色的首字母縮寫成「CMYK」；因為黑色在印刷過程中稱為「主色」[key]，故代稱為K）。③

③由於正常書籍內容多半都是以黑墨印製的文字為主，所以黑色印版傳統上也稱做「主板」（key plate）；而黑色印版因而總是用來當做其他印版套準的基準，故亦稱做「定位色」、「定位版」。

色光原色與色料原色的比較

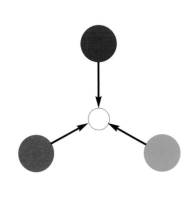

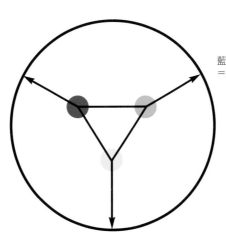

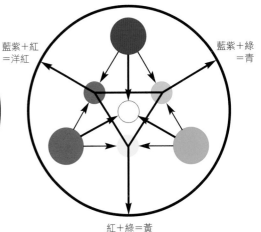

藍紫＋紅
＝洋紅

藍紫＋綠
＝青

紅＋綠＝黃

1 色光原色（或稱加色原色）是指：紅、綠、藍紫三種顏色。三種色光加在一起則成無色白光。

2 色料原色（或稱減色原色）是指：青、洋紅、黃三種顏色。當這三種顏色混合便成為黑色。參見上圖外圍黑圈。

3 將兩組原色並列，即可看出各原色之間的關係。色光原色兩兩混合可得出一個色料原色。

分色步驟

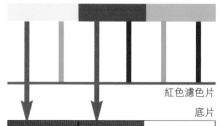

1 用紅色濾色片篩去藍色光與綠色光，曬製出青色分色底片。

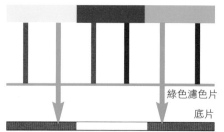

2 用綠色濾色片篩去紅色與藍色光，曬出洋紅色分色底片。

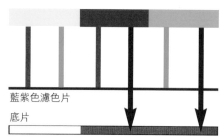

3 用藍紫色濾色片篩去紅色光與綠色光，曬出黃色分色底片。

分色

使用濾色片成功進行分色處理，最早發生於 1860 年；運用色光加色三原色：紅、綠、藍紫，可以曬製出各分色底片。紅色濾色片可以濾出藍、綠兩種色光，曬成青色分色底片；綠色濾色片濾出紅、藍兩種色光，曬製出洋紅色分色底片；藍紫濾色片可濾出紅、綠兩種色光，曬出黃色分色底片。然後再增加黑色半色調圖像，豐富圖片的階調變化，並且在必要的時候，呈現徹底的黑階。在數位分色技術問世之前，印刷廠與製版廠都是使用製版相機（process camera）製作連續階調底片，然後再轉成半色調網片。

色域

能夠透過某個程序呈現出最大的色彩範圍稱為「色域」（colour gamut）。人類的肉眼可以分辨大約一千萬種顏色，但是不論採用哪種分色設備或印刷方式，能夠表現的顏色數量都遠遠不及此數。運用 RGB 原理呈現的色域遠比 CMYK 來得更大。鑑於 CMYK 在色域上的局限，彩通色彩對應系統特別在原有的 CMYK 系統上另外增加兩種顏色──鮮橙色與綠色，並命名為「高保真六色系統」（Hexachrome）。排版軟體 QuarkXPress 與 Adobe InDesign 都內建了這套色彩系統，足以大幅擴展基本的 CMYK 色域。

掃描

數位掃描如今已大幅取代了用製版相機曬製分色片的傳統做法。掃描器有很多種，包括設計者用來將正片或圖畫原稿轉存成電子檔案、方便編排在書中的簡易平台式掃描機，還有印刷廠用來進行印前作業、更精密的滾筒式掃描機。雖然設計工作室中的平台式掃描機也可以掃描出可供書籍印製的圖片，但是，最好還是將正片或圖片原稿送到製版單位進行掃描。掃描器可以將全彩的圖像解析成 CMYK 四色成分。掃描器將圖像解析為連續排列的線條，即「光柵」（raster）；每道光柵都可在軟片（正片或負片）上直接曬出網點。若要使用高解

析度滾筒進行掃描，插畫或圖片最好不要裱褙在硬紙板上，而應貼在柔軟的紙
上，因為硬紙板不易彎曲、無法服貼在掃描滾筒的表面。若插畫原稿的表面原
本就不平整，也會影響掃描品質；假如原稿上有高高低低的繪畫筆觸，或凹凹
凸凸的拼貼痕跡，最好先翻拍成大片幅或中片幅的正片，再以底片進行掃描，
或使用高畫素的數位相機拍成電子檔案，以利完成分色作業。

網屏角度

為了避免發生網點互撞（dot clash）和擾射紋現象，四色印刷時會將網屏的置
放角度設定為互相間隔30°。各色網屏的設定角度分別為：青色105°、洋紅色
75°、黃色90°、黑色45°。

灰色置換

所謂灰色置換（grey replacement），是指印刷業者將原本由青色、洋紅、黃色
色版疊印產生的灰色部位都改用黑色油墨印製。彩色圖版中的灰色與不含色彩
的階調都由黑色取代；這個做法的好處在於：可減低油墨總量（印墨留在紙面
上的多寡），排除網點擴大的可能性，加快印墨乾燥速度，更有效地掌握印刷
過程，亦可節省金錢（由於黑色印墨的價格遠較其他三種色墨更低廉，長期下
來這個優點尤其顯著）。

色序

進行彩色印刷時，各色印版印在紙張上的先後次序稱為「色序」（colour
sequence）或「印刷順序」。該先印哪塊印版並無硬性規定，但大多數印刷業
者都以「黑、青、洋紅、黃」的次序設定印刷機。假如某本書中的圖片包含大
量的黑色區域，或許會把黑色留到最後才印。標準的印刷順序有時候也須考量
印墨的品質，同時也讓印刷者執行連續印製作業時不須頻頻調整印刷機具，譬
如：黑色印墨稍比其他顏色印墨更黏稠（較易附著於紙面），此時則視各印墨
的濃稠程度差別來設定色序。

網點擴大

網點擴大是指印刷過程中出現網點意外放大的現象。一旦發生網點擴大，可能
會使印出來的圖像顯得模糊，並折損原有的階調變化。造成網點擴大的原因可
能是印墨不夠黏稠，或印版上沾附太多印墨，導致網點漫漶、侵害了鄰近的網
點。網點擴大現象有時不可避免，因為CMYK各色印墨的黏稠程度並不一致。
印墨越黏稠，紙面的著墨性越好；印墨不夠黏稠就容易暈開，印墨越黏稠則越
能印出清晰的網點。黑色印墨最濃稠，而黃色印墨則最不濃稠。因此，在塗布

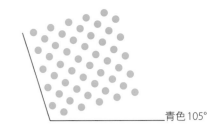

青色105°

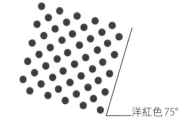

洋紅色75°

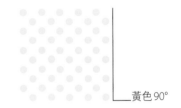

黃色90°

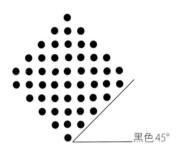

黑色45°

上圖 CMYK四色網片的置放角度各自
不同：青色網片105°、洋紅色75°、黃色
90°、黑色45°。

黃 50%	洋紅 50%

黃 50%	青 50%

洋紅 50%	青 50%

黃 30%	洋紅 30%

黃 30%	青 30%

洋紅 30%	青 30%

黃 10%	洋紅 10%

黃 10%	青 10%

洋紅 10%	青 10%

紙上進行印刷，往往會配合非常細緻（175–200lpi）的網屏，以確保印製成品的清晰度。使用非塗布紙或比較鬆軟的紙張進行印刷，網點擴大的情形會比較嚴重，因為紙面上外露的纖維縫隙會形成虹吸現象，進而使印墨漫出原本網點的範圍。使用非塗布紙張，網點數越高則印出來的效果越差。高頻率網屏（高於130lpi）的網點排列較為密集，因而更容易發生網點互相侵漫的情形。如果使用非塗布紙進行印刷，將網屏值降到130lpi以下，就可改善成品的清晰度。

四色平網

印刷時將印墨的網點面積百分比設定在100%以下便會產生較淺的平網。用這種方式印製，其效果就如同在印墨中攙進白色。所有的四色印刷作業都可以利用平網技巧。當兩種或以上的平網互相疊印，可能會形成不均勻的色塊或陰影。如果需要印出一片大面積的均勻顏色，可以將四色平網先行混合。演色表（tintchart）是將各種實色以10%為進量單位，呈現其逐步增量變化；並顯示它與另一種或其他幾種顏色（亦以10%為進量單位）混合的結果。從電腦螢幕上很難察覺這些較淺的平網的細微演變。紙本演色表則可以呈現準確的平網混色效果。「彩通」發行各種平網演色色票，供設計者從中對照特別色與四色平網。如果設計者想配出某種暗色，必須提防一味增加印墨的網點面積，因為這樣只會得出混濁的顏色。大多數印刷業者都能調製出總量高達240%的網點面積範圍內的各種平網印墨；譬如：20%青色、60%洋紅、80%黃色加在一起，就有160%的網點面積。雙色印刷與全彩印刷併用的書籍，最能發揮平網相混的優勢。

上圖 以四色印刷呈現各種平網相混。

右圖 平網演色表羅列各種配色結果，供設計者從中選用；顯示使用不同百分比的CMYK疊印可產生的顏色。

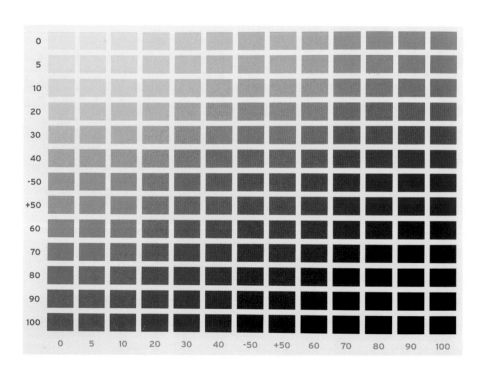

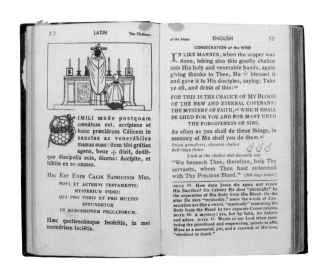

校正打樣

所謂校正打樣（proofing），是指進入正式作業之前，預先輸出幾份樣稿，供印刷者、編輯與設計者檢查待印文件的所有元素是否完全無誤，內容是否都安放在正確的位置。如果動用四色印刷機，只印出區區五十份或一百份樣稿，其成本將會十分高昂，於是印刷者通常會運用特殊的低印量印刷機或數位打樣等方式，供作者、出版社、編輯、設計者和印製人員進行審閱、校對工作。打樣有許多不同的形式；其中可概分為兩大類：使用四色印刷程序、以實際用紙印出的濕式打樣；以及可以在相紙或數位轉印紙上呈現確實效果的乾式打樣。

乾式打樣 dry proof

一般而言，乾式打樣比濕式打樣便宜，當出版商只需要三到五套樣稿時，通常採用乾式打樣。如果需要多套樣稿（好比說：五十套），使用濕式打樣或許比較經濟。出版業者往往把乾式打樣當做確認設計結果、同時預覽成書的手段。

可以利用「奧澤利（ozalid）印稿」分別檢查各塊色版；奧澤利是一種利用重氮感光原理染印而成的正像印稿，有時也稱做棕線印稿（brownline）或藍圖（blueprint）。這種樣稿可供設計者檢查行文對齊、色版套準、印墨成色、圖片階調等項目。

照相打樣是將個別的分色結果曬印在相紙上，呈顯全彩的正像。照相樣稿可供檢查行文對齊、套準、印色與半色調，但色彩的準確性仍遜於濕式打樣。

杜邦（DuPont）公司研發的Cromalin打樣機是使用顏料碳粉印製四色圖像；而怡敏信（Imation）公司的Matchprint打樣系統則是使用塗布特殊材料的紙張，感應並顯現出個別的顏色。

上圖 為了製作這本書，承印單位準備了許多用正片原稿以不同方式打出的樣稿當做說明圖片。左邊是濕式樣稿，右邊則是使用同一張正片製作的乾式樣稿。濕打樣的彩度十分逼近原稿。印刷廠手上也取得原稿可進行色彩校正，但不可能整本書的圖片都這樣做。有的攝影師會準備幾份印樣供印刷廠用來校色，如果原稿是數位相片，則印刷者必須配合攝影師的色彩設定調校印刷機具。

下圖　設計者與承印單位標示在樣稿上的校正註記，印刷廠進行正式印製之前可據此調整、修正。

頁邊標示	標示代表之指示意涵
✓	可送印
△2	重出樣稿
▢	減弱反差
◼	增強反差
▭◼	改善細節或修版
U	版壓過重，調降
∧	版壓過輕，增強
◑	修正不均勻的平網墨色
X	修補文字筆劃或墨色
▱	加強印版套準

墨色	增量	減量
青	C+	C-
洋紅	M+	M-
黃	Y+	Y-
黑	K+	K-

④原詞乃 book layout and design 的首字母縮略語。

濕式打樣 wet proof

濕式打樣是以CMYK四色印版，用打樣機印製，其實就是小印量的試印。濕式打樣可呈現最接近成品的效果。可以將四種顏色分別印在不同紙上，以便讓印刷者與設計者檢視每個單色印墨的覆蓋情形。由於實際印刷時是把所有的色序全部印在同一張大紙上，印刷單位有時會提供一套「套色打樣」（progressives）給設計者；套色打樣上頭會循序逐步印上黑色、黑色加青色、黑色加青色加洋紅、黑色加青色加洋紅加黃色等各種顏色組合；如果該印刷品還有額外的特別色或上光處理，則會增印更多套色打樣。

校正標示 proofing marks

校正標示是為了讓設計者能將校對訂正的結果傳達給印刷者進行必要的修改。此處示範一組校正標示並配合文字說明。校正標示可以直接畫在樣稿上，或標示於覆蓋樣稿的描圖紙上。

散樣與抽印 scatter proof and blad

散樣是指印刷業者不按頁面次序、挑出原本散置於各個不同版面上的內容元素，湊在一起印成一幅單頁或跨頁，便於檢查整本書中各種不同元素（涵蓋文字、插畫、半色調照片、平網混色等）的顏色是否有誤。散樣有時也被出版商的行銷部門拿來當做促銷的材料。假如行銷部門手上能準備若干單面印刷的跨頁散樣，利用書展場合對外散發，不但可以促銷某部書籍，對於開發銷售管道、洽談跨國版權交易也頗具功效。有的出版商會將雙面印刷的散樣集合起來，以螺旋線圈裝訂成冊，當做該社出版品的抽印樣本（blad）④。抽印樣本通常都會比照成書開本裁切成正確大小，以同樣的用紙印刷，並選錄該書各章節中的某幾幅跨頁內容；抽印樣本的篇幅規模通常不會多於十六頁。有意購買的顧客或批發商便可藉此預先領略該書的內容、文筆、設計編排與印製品質。

色彩導表 colour bar

色彩導表往往會印在整頁印張大紙的邊緣，供印刷者當做調整印刷品質的依據。有的印刷商或出版商會根據個別印刷品特別設計專用色彩導表，一般則援用現成的標準色彩導表。美國印刷技術基金會（The Graphic Arts Technical Foundation, GATF）制定了一套通用色彩導表的標準配置。完整的色彩導表通常會列出階調層次、星標（star target）、線數表（line resolution target）、漸層演色（vignette）、灰色平衡值（grey balance value）、像素線樣式（pixel linepattern）、蠕印導具（slur gauge）、半色調層次表（halftone scale），以及套準記號（registration mark）。

- 色彩導表上分別以四色印出四個星標。印刷品質越高，星標正中央顯露的白點就越小。
- 漸層演色個別交代四色印墨從最淺淡到最濃重的演變過程。四種顏色的演進過程皆應呈現平緩均勻漸進的效果。
- 灰色平衡值是50%青色、40%洋紅、40%黃色相互疊印所產生的中間灰色。
- 半色調層次表可以顯示四色印刷過程中，各色印版是否出現網點擴大。半色調層次表分別列出粗網目、中網目、細網目網屏的印成結果。網點上往往會安排反白數字。以高倍放大鏡加以檢視，印刷者便能從中比較每種網屏和四種顏色的網點大小。
- 大紙四個邊角與色彩導表上的套準記號可顯示四塊印版是否完全對準無誤。

組頁

一本書由依序排列的連續頁面的數位檔案所組成；這些頁面將會先印在數張全開紙上；每張全開紙的前、後兩面都同時印上好幾頁內容。全開紙印張經過摺疊、裁切，成為正確的開本大小。印刷在全開印張上的各幅單頁，其相對的背面位置必須印上正確的頁面。要確保頁面排列是否正確無誤，必須先弄清楚每張全開大紙印刷完成之後如何摺疊成摺帖，以及拼版（或「排列」）的方式。

印帖 / 摺帖 signatures⑤

「帖」一詞的由來是源自書籍裝訂之前，各個印製單元會冠以大寫字母或數字⑥。往昔的植字工通常會將大寫字母帖標放在每份摺帖第一頁的下方餘白處，以便進行裝訂時不必一一查對頁碼，只須按照字母順序排列各份摺帖即可。現代的做法是裁切書頁時順道裁掉帖標，但早期的書籍則會將帖標保留在裝訂完成的書中。比較老舊的印刷坊仍使用二十三個拉丁字母為帖標，「J」、「U」、「W」則捨棄不用⑦——此做法乃沿襲自寫本傳統。時至今日，「帖」這個字眼專指一份兩面印刷、可分成好幾頁的全開印張，這份印張經過摺疊，使頁面呈現連貫的順序。除非是活頁裝訂（頁面內容可個別、單獨印製）的書，否則，書頁必然都是由若干摺帖組合而成。

「帖」通常都是四的倍數，因為書頁皆由連續對摺一整張全開紙而來。所以，一帖的規模通常是四、八、十六、三十二或六十四頁。若使用面積極大的全開紙，而書籍開本又很小，一帖高達一百二十八頁也有可能。出版商與印刷業者的正常做法是合併數份相同規模的帖，集合成整本書的篇幅；譬如：一本九十六頁的書，可能是由六份十六頁摺帖組合而成。如果設計者或出版單位察覺內容篇幅無法符合原定的帖數，則可考慮添加一份規模較小的摺帖（通常裝訂在最後面）；例如：一本九十六頁的書為了容納後附材料（詞彙解釋、索引、

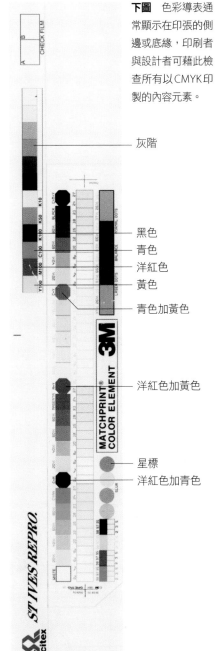

下圖 色彩導表通常顯示在印張的側邊或底緣，印刷者與設計者可藉此檢查所有以CMYK印製的內容元素。

灰階

黑色
青色
洋紅色
黃色
青色加黃色

洋紅色加黃色

星標
洋紅色加青色

⑤雖然此間慣常統稱為「台」，但因「台」在字面上乃直接指涉全開印張在拼版台上或印刷機上的狀態，若以「台」指稱其他階段（例如：裝訂時、成書後）的紙頁不免稍嫌牽強；於是凡涉及印刷，中譯為「印帖」，若涉及裝訂則譯為「摺帖」。
⑥即「帖標」或「帖序」。
⑦因為在拉丁文中，這三個字母是「I」、「V」、「W」。

⑧指內含八頁的印帖。
⑨以上兩組為正面。

右圖　出版於1998年的荷文書《OMTE Stelen》，依字母順序收錄關於藝術的詩；其書脊顯露出每份摺帖上的字母。

致謝等），可能會額外再加一份八頁摺帖，讓整本書成為一百零四頁。有的出版社會在同一本書中使用不同規模的摺帖，以配合書中不同的用紙。

拼版 imposition

所謂拼版，就是將若干頁面按照特定位置排放、拼合成一個平面大版，待全開紙印妥之後加以摺疊，書頁便會自動排列成正確順序。以八頁印帖⑧為例：落在大版上的相鄰頁面應該分別是：頁1與頁8，頁2與頁7⑨，頁3與頁6，頁4

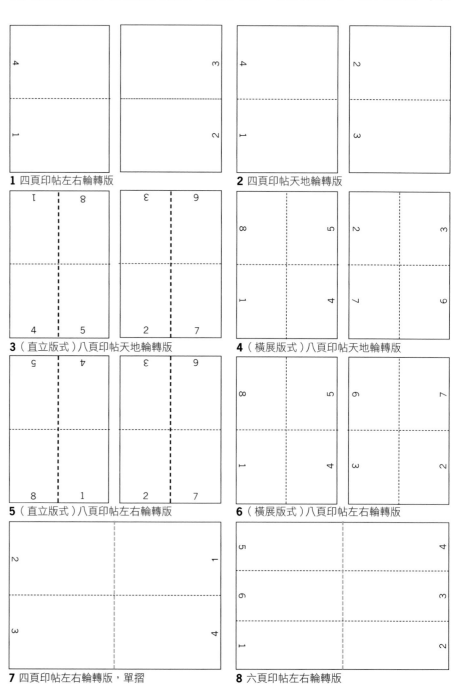

1 四頁印帖左右輪轉版　　**2** 四頁印帖天地輪轉版

3（直立版式）八頁印帖天地輪轉版　　**4**（橫展版式）八頁印帖天地輪轉版

5（直立版式）八頁印帖左右輪轉版　　**6**（橫展版式）八頁印帖左右輪轉版

7 四頁印帖左右輪轉版，單摺　　**8** 六頁印帖左右輪轉版

黑色虛線代表摺線。--------- 細黑虛線代表第一道摺線（先摺）。━ ━ ━ ━ 粗黑虛線代表第二道摺線（後摺）。

與頁5⑩。以下這些圖例示範各種不同的拼版方式。如果要檢查拼版是否正確無誤，最簡單的方式是取一張白紙，摺成預定的印帖頁數，然後依序寫上頁碼數字，再把紙攤回原狀；由於紙張摺疊時，某些書頁是左右相鄰，有些則是上下相接，親手試摺一遍，各頁面的正確位置與方向，哪些頁面相鄰或相對皆可一目了然。許多非虛構類書籍（例如本書）整本書從頭到尾全以四色印刷，意即：每份印帖、任何一頁都可以安插彩色圖片。設計者最好能夠掌握印帖的大小與數量。設計者不妨善加利用我先前討論編排時介紹過的落版單（參見第十章），順手在落版單上頭標出各摺帖的起迄範圍。夾在每份摺帖正中間那兩頁，印刷時原本就是左右相鄰、形成跨頁，所以設計者可以放心在這幅跨頁上安排橫跨訂口的大量圖文。亦可利用落版單規劃整本書的色彩配置。⑪

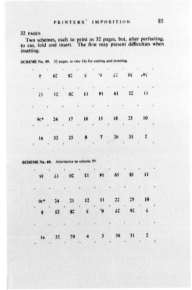

⑩以上兩組為背面。
⑪印刷全開紙時，必須先印完其中一面，然後翻面再印另外一面；翻轉紙面有兩種方式：一種是以短邊為軸，橫向水平翻轉，稱做「左右輪轉」（work-and-turn）；另一種翻面方式則是以長邊為軸，翻轉時首尾位置對調，稱為「天地輪轉」（work-and-tumble）。翻轉紙面的方式不同，會直接影響頁面的拼版。

對頁圖、下圖 **1**與**2**以四頁印帖組成的書，頁數為四的倍數。**3–6**以不同方式翻面的八頁印帖頁面配置。**7**四頁印帖左右輪轉版之印張的正、反面頁面配置⑫。**8**直立版式六頁印帖左右輪轉版之印張的正、反面頁面配置。**9**橫展版式四頁印帖天地輪轉版的頁面配置，單摺。**10**直立型版式八頁印帖天地輪轉版拼版方式。**11–15**各種不同拼版方式；除了圖**12**，皆為直立型版式。

下圖 F. C. Avis為活版印刷、排版植字學徒編製的《印刷拼版》（*Printers' Imposition*, 1957）其中一頁書影。此書收錄一千幅以上的拼版示範圖供學徒研習。

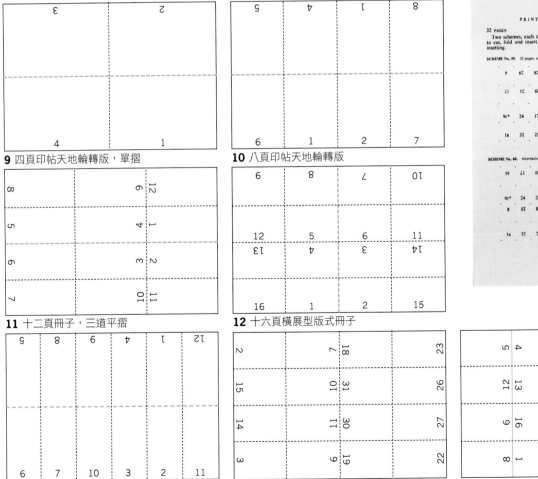

9 四頁印帖天地輪轉版，單摺

10 八頁印帖天地輪轉版

11 十二頁冊子，三道平摺

12 十六頁橫展型版式冊子

13 十二頁冊子，三道平摺

14 三十二頁摺帖（一版十六頁）

15 十六頁冊子

⑫前後兩面使用同一塊印版不必換版，印後沿青色虛線裁切，便成為兩份四頁半帖。

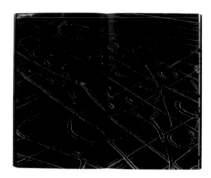

上圖 攝影集《1991年劫後科威特》（Aftermath: Kuwait 1991）的兩幅跨頁內容，巧妙以黑白影像和全彩照片交替呈現沙漠上的焦土景象。

下圖 某本書的內頁色彩配置狀況，顯示單色印刷的頁面（以空白表示）與四色印刷的頁面（以綠色表示）交替出現。

　　設計者處理四色與雙色印刷併用的書籍時，最要緊的就是要掌握印帖的規模、拼版方式與頁面色彩配置三者之間的連帶關係。舉例來說：一本一百九十二頁、以三十二頁印帖組成的書⑬，預定其內容的一半要採用四色印刷，一半採雙色印刷；如果採取：頁1至頁32為四色印刷，頁33至頁64為雙色印刷……這樣簡單明瞭的交替呈現方式，對於實際印製作業固然絲毫不成問題，卻極可能無法完全符合內容元素的需求；設計者與編輯往往都希望書中的色彩配置能夠呈現更豐富的風貌；只要仔細研究一下印帖組成和拼版方式，這個目標並不難達成。我現在所舉的例子，需要雙面印刷的全開紙六張，每張紙的兩面各印十六頁，也就是六份三十二頁印帖。當一張全開紙的正面印十六頁、背面印十六頁，即印刷業者口中所謂的「一版十六頁」（16 to view）。同一張全開印張上，可以一面印四色版、另一面印雙色版⑭——即印刷領域中所謂的「正四反二」（four back two）。只要控制三十二頁印帖的拼版方式，同一份印帖中就會交錯出現四色頁面與雙色頁面。掌握這個規則，編輯和設計者便能夠更靈活地在各印帖中安排色彩。小心規劃出整本書四色頁面與雙色頁面的分布狀況，設計者安排插圖、相片便能夠比較合理兼顧其色彩要求。這樣子，既能讓全書交替呈現各種色彩，也維持了原案：一半篇幅採四色印刷，另一半採雙色印刷。這六份印帖可以依序這樣子安排：正二反二、正四反四、正四反二、正四反四、正四反二、最後以正二反二印製後輔文。

⑬共六份印帖。　　⑭因為印刷機一次只印單面。

1	2	3	4	5	6	7	8	9	10	11	12	13	14	15	16
17	18	19	20	21	22	23	24	25	26	27	28	29	30	31	32
33	34	35	36	37	38	39	40	41	42	43	44	45	46	47	48
49	50	51	52	53	54	55	56	57	58	59	60	61	62	63	64
65	66	67	68	69	70	71	72	73	74	75	76	77	78	79	80
81	82	83	84	85	86	87	88	89	90	91	92	93	94	95	96

紙張

書會長成這副模樣，全拜紙張的絕佳優異性所賜。一本書的實體書芯、印刷表面與內頁，皆由紙張組成，因此，了解紙張的物理特性、熟悉各種可供書籍製作所需的不同紙張，對於書籍設計工作非常重要。本章將簡略檢視紙張的物理特性、紋理、重量、各種標準尺寸，並探討如何選用合適的書籍用紙。

紙張特性

紙張有七項基本特性：尺幅、重量、厚度、紋路、透光度、表面處理與色澤。為書籍挑選一款適合印製與裝幀的用紙，除了上述這些條件之外，還必須考量價格、供應是否穩定等因素。對於書籍設計者而言，可能還得顧及紙張的著墨性、酸鹼值、再生原料含量等問題。

紙度

手工造紙初期並未制定紙度標準：各造紙坊皆依照自家條件與需要，各自訂定紙框（deckle）（用來抄製紙張的篩盤）的大小、形狀。十九世紀由於機器印刷時代興起，有必要對紙張制定出規格標準，以配合機器印製作業流程。北美地區與英聯邦各國皆以英制做為紙度標準，歐陸地區則是使用公制標示合乎 DIN（德國標準協會 Deutsches Institut für Normung）與 ISO（國際標準組織 International Organization for Standarization）制定的標準紙張。ISO 標準紙現今主要通行於歐洲各地；英國境內由於實行混合式經濟，所以在紙張產製上採取傳統的英制與公制的 A 度制雙軌並行；至於美國，絕大多數的書籍與紙類文具都以英寸為度量單位——雖然也採用 A 度紙，但並不普遍。用於書籍裝訂的紙張和紙板，其規格比書頁用紙稍大，因為裝訂時需要預留些許餘裕，用以包覆精裝書封皮飄口邊緣的冒邊，貼附封皮硬板內面。

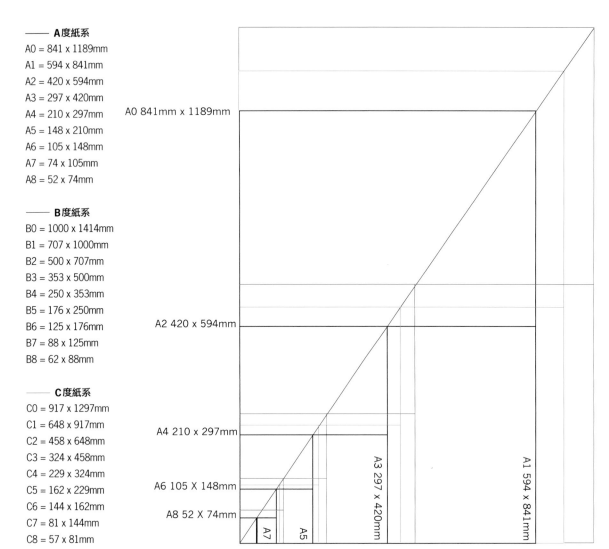

—— A度紙系
A0 = 841 x 1189mm
A1 = 594 x 841mm
A2 = 420 x 594mm
A3 = 297 x 420mm
A4 = 210 x 297mm
A5 = 148 x 210mm
A6 = 105 x 148mm
A7 = 74 x 105mm
A8 = 52 x 74mm

—— B度紙系
B0 = 1000 x 1414mm
B1 = 707 x 1000mm
B2 = 500 x 707mm
B3 = 353 x 500mm
B4 = 250 x 353mm
B5 = 176 x 250mm
B6 = 125 x 176mm
B7 = 88 x 125mm
B8 = 62 x 88mm

—— C度紙系
C0 = 917 x 1297mm
C1 = 648 x 917mm
C2 = 458 x 648mm
C3 = 324 x 458mm
C4 = 229 x 324mm
C5 = 162 x 229mm
C6 = 144 x 162mm
C7 = 81 x 144mm
C8 = 57 x 81mm

A0 841mm x 1189mm
A2 420 x 594mm
A4 210 x 297mm
A6 105 X 148mm
A8 52 X 74mm
A7
A5
A3 297 x 420mm
A1 594 x 841mm

上圖　A度、B度與C度紙系各規格尺寸一覽（範例縮圖比例為1：10）。黑色線框為A度紙，洋紅色線框為B度紙、青色線框為C度紙。

⒁ RA0的尺幅為860×1220mm；SRA0為900×1280mm。另有一種「大度紙」（large size paper），全紙規格為889×1194mm。

ISO 紙度

A度紙的基礎為A0全開大紙（面積為一平方米）。所有A度紙系的版式（長寬比例）完全一致，每一款A度紙都是經由對摺而來，例如：A1是A0的一半，A2則是A1的一半……其餘依此類推。有一種A度紙會冠上R或SR代號，這種規格比一般A度紙稍大，用來印製滿版出血的內容。RA度與SRA度全紙多出來的邊緣餘裕可當做印刷機咬口（machine grip），或印上套準標線（registration marks），印成品經過裁切之後恰可恢回復成正常A度大小⒁。為了填補各級A度紙之間的尺幅懸缺所設定的B度紙，其形狀比例一如A度紙，各級數亦是前一級的一半大小。C度紙則是針對文具用品的需要而設計，其版式亦與A度、B度紙相同。

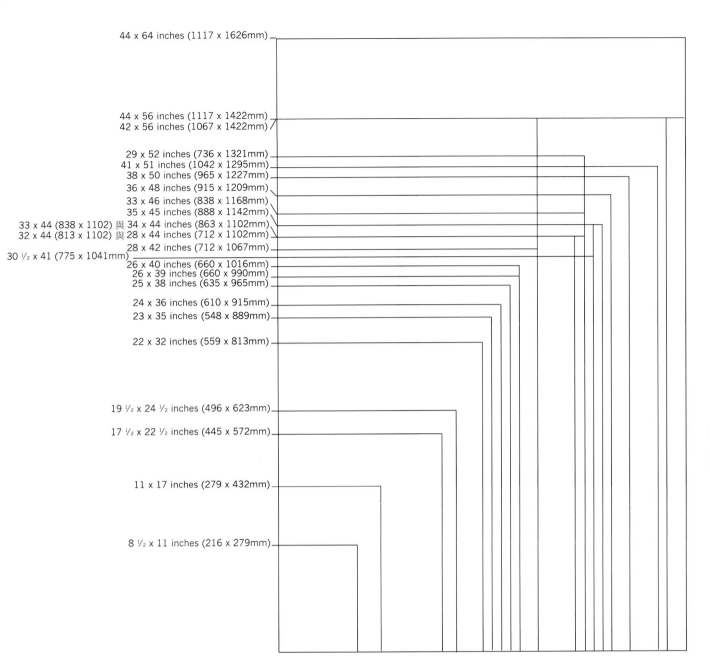

44 x 64 inches (1117 x 1626mm)

44 x 56 inches (1117 x 1422mm)
42 x 56 inches (1067 x 1422mm)

29 x 52 inches (736 x 1321mm)
41 x 51 inches (1042 x 1295mm)
38 x 50 inches (965 x 1227mm)
36 x 48 inches (915 x 1209mm)
33 x 46 inches (838 x 1168mm)
35 x 45 inches (888 x 1142mm)
33 x 44 (838 x 1102) 與 34 x 44 inches (863 x 1102mm)
32 x 44 (813 x 1102) 與 28 x 44 inches (712 x 1102mm)
28 x 42 inches (712 x 1067mm)
30 ½ x 41 (775 x 1041mm)
26 x 40 inches (660 x 1016mm)
26 x 39 inches (660 x 990mm)
25 x 38 inches (635 x 965mm)

24 x 36 inches (610 x 915mm)
23 x 35 inches (548 x 889mm)

22 x 32 inches (559 x 813mm)

19 ½ x 24 ½ inches (496 x 623mm)

17 ½ x 22 ½ inches (445 x 572mm)

11 x 17 inches (279 x 432mm)

8 ½ x 11 inches (216 x 279mm)

北美紙度

在北美地區以英制單位測量紙度：除了文具用紙以8½×11英寸為基礎尺幅逐
步倍增，其他則全為書用全紙。不像ISO紙度始終保持相同形狀，北美紙度各
式規格的版式皆不盡相同；其形狀乃沿襲昔時北美地區造紙坊各自的定紙框。
個別造紙坊的產品不一定會包含每一種紙張的所有規格，而是從全系列規格中
挑選若干款。這或許會造成比較不尋常的書籍版式將無法輕鬆自如地套用現成
的各級紙張規格，只能用大全張加以支應──儘管裁掉多餘的紙張邊緣所造成
的浪費是一筆頗為可觀的開支。

上圖 北美紙度（縮圖比例1：10）。此種
紙張的長寬比例沒有必然規則，不像各種
A度紙始終保持恆定的等比關係。

大頁紙度 Foolscap

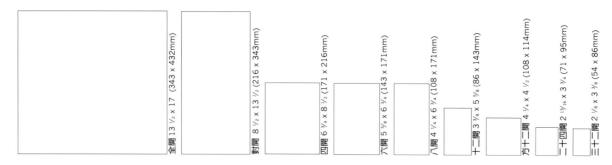

全開 13 ½ x 17 (343 x 432mm)
對開 8 ½ x 13 ½ (216 x 343mm)
四開 6 ¾ x 8 ½ (171 x 216mm)
六開 5 ⅝ x 6 ¾ (143 x 171mm)
八開 4 ¼ x 6 ¾ (108 x 171mm)
十二開 3 ⅜ x 5 ⅝ (86 x 143mm)
方十二開 4 ¼ x 4 ½ (108 x 114mm)
二十四開 2 ¹³⁄₁₆ x 3 ¾ (71 x 95mm)
三十二開 2 ⅛ x 3 ⅜ (54 x 86mm)

王冠紙度 Crown

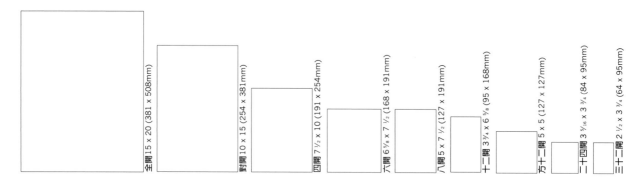

全開 15 x 20 (381 x 508mm)
對開 10 x 15 (254 x 381mm)
四開 7 ½ x 10 (191 x 254mm)
六開 6 ⅝ x 7 ½ (168 x 191mm)
八開 5 x 7 ½ (127 x 191mm)
十二開 3 ¾ x 6 ⅝ (95 x 168mm)
方十二開 5 x 5 (127 x 127mm)
二十四開 3 ⁵⁄₁₆ x 3 ¾ (84 x 95mm)
三十二開 2 ½ x 3 ¾ (64 x 95mm)

大海報紙度 Large post

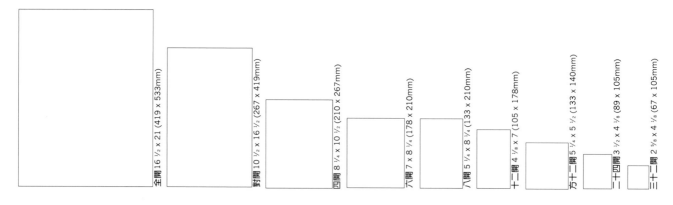

全開 16 ½ x 21 (419 x 533mm)
對開 10 ½ x 16 ½ (267 x 419mm)
四開 8 ¼ x 10 ½ (210 x 267mm)
六開 7 x 8 ¼ (178 x 210mm)
八開 5 ¼ x 8 ¼ (133 x 210mm)
十二開 4 ⅛ x 7 (105 x 178mm)
方十二開 5 ¼ x 5 ½ (133 x 140mm)
二十四開 3 ½ x 4 ⅛ (89 x 105mm)
三十二開 2 ⅝ x 4 ⅛ (67 x 105mm)

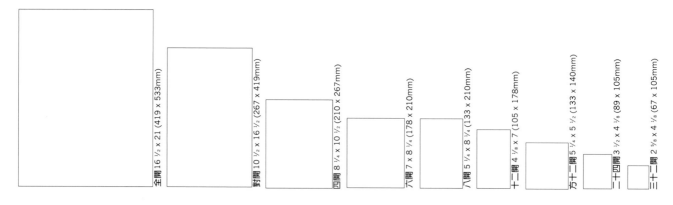

上圖與對頁圖　此處列出幾款不同規格的紙度母型雖互不相干，但每種紙系的分割方式完全相同（依循全開、對開……的原則依次而下）。這些名稱皆源自拉丁文，用以描述早期羅馬時代的書籍，例如：八開（octavo）意指八頁。此跨頁上展示的各式紙度一如前一幅跨頁上的紙度對比圖，顯示比例均為1：10。

英倫紙度

英國原本也是以英寸為紙度的度量單位，但英倫紙度的尺幅大小與形狀與北美紙度並不相同。英國標準協會（British Standard Institution）於1937年為大英聯邦轄下各地區擬定紙度標準。這些標準並不具備（如A度紙那種以平方米為基礎面積的）一貫長寬比例規律，但其中許多種都呈現黃金分割比例。許多規格的命名，諸如：帝制（imperial）、王冠（crown）、皇家（royal，即代表「全紙」）等，都隱約透露十九世紀以來的皇室意味。英國的設計者與印刷業界目

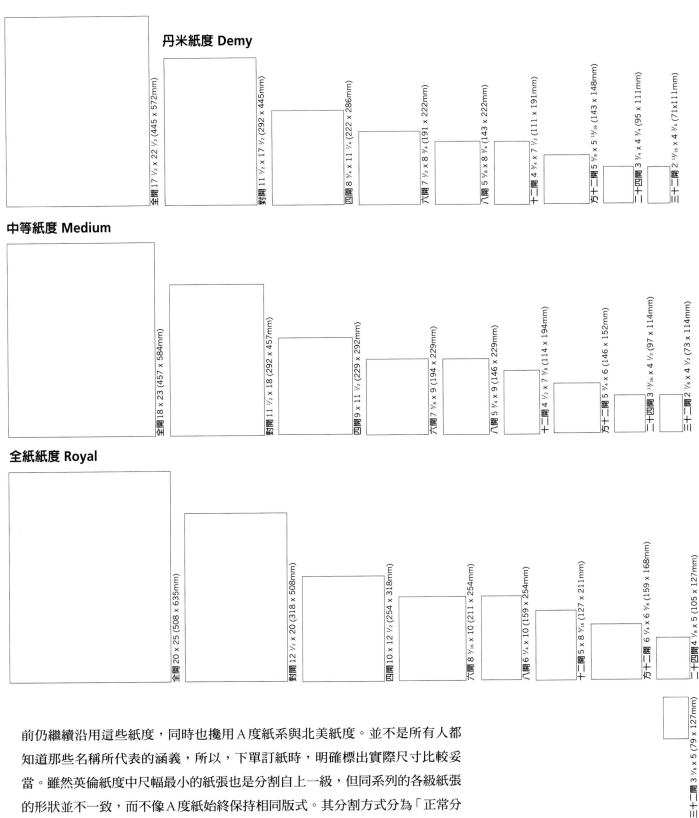

丹米紙度 Demy

全開 17 1/2 x 22 1/2 (445 x 572mm)
對開 11 1/2 x 17 1/2 (292 x 445mm)
四開 8 3/4 x 11 1/4 (222 x 286mm)
六開 7 1/2 x 8 3/4 (191 x 222mm)
八開 5 5/8 x 8 3/4 (143 x 222mm)
十二開 4 3/4 x 7 1/2 (111 x 191mm)
方十二開 5 5/8 x 5 13/16 (143 x 148mm)
二十四開 3 3/4 x 4 3/4 (95 x 111mm)
三十二開 2 13/16 x 4 3/4 (71x111mm)

中等紙度 Medium

全開 18 x 23 (457 x 584mm)
對開 11 1/2 x 18 (292 x 457mm)
四開 9 x 11 1/2 (229 x 292mm)
六開 7 7/8 x 9 (194 x 229mm)
八開 5 3/4 x 9 (146 x 229mm)
十二開 4 1/2 x 7 5/8 (114 x 194mm)
方十二開 5 3/4 x 6 (146 x 152mm)
二十四開 3 13/16 x 4 1/2 (97 x 114mm)
三十二開 2 7/8 x 4 1/2 (73 x 114mm)

全紙紙度 Royal

全開 20 x 25 (508 x 635mm)
對開 12 1/2 x 20 (318 x 508mm)
四開 10 x 12 1/2 (254 x 318mm)
六開 8 5/16 x 10 (211 x 254mm)
八開 6 1/4 x 10 (159 x 254mm)
十二開 5 x 8 5/16 (127 x 211mm)
方十二開 6 1/4 x 6 5/8 (159 x 168mm)
二十四開 4 1/8 x 5 (105 x 127mm)
三十二開 3 1/8 x 5 (79 x 127mm)

前仍繼續沿用這些紙度，同時也攙用 A 度紙系與北美紙度。並不是所有人都知道那些名稱所代表的涵義，所以，下單訂紙時，明確標出實際尺寸比較妥當。雖然英倫紙度中尺幅最小的紙張也是分割自上一級，但同系列的各級紙張的形狀並不一致，而不像 A 度紙始終保持相同版式。其分割方式分為「正常分割」（ordinary subdivisions）、「長分割」（long subdivisions）和「不規則分割」（irregular subdivisions）。

紙重

量測紙重有兩種方式。北美地區以一令（ream）（即五百張全紙）的磅數做為計重基準；這種紙重單位又稱做「基重」（basis weight）或「令重」（ream weight）。如果採用美式計重法區分不同紙重的紙，必須針對相同規格紙度的全紙；如果紙度不同，設計者就必須藉助造紙商的換算表。

其他地區則通常以面積每平方米的紙張的公克數（gsm）做為紙重單位。以公制測量紙重是以五百張面積一平方米（等於 A0 大小）的全紙合一令為基準。由於所有的紙都以相同面積為單位標準以公克表示，所以與紙張的大小規格完全無關，用來比較不同紙重的紙張較為簡單易懂；好比說：50gsm 的紙一定非常輕，240gsm 則必然重了許多。英國現在已援用 gsm 標示英制紙度與 A 度紙系的紙重。

厚度

紙張的厚度與紙重有連帶關係，但由於各種紙張結構有鬆有緊，紙重與厚度不必然成正比。吸墨紙的質地並不十分緊實，纖維分布也頗為稀鬆，卻相當厚；而某些經過輾壓處理的硬紙板，又密實又重，卻相當薄。紙張的厚度稱為「紙厚」（calliper），以千分之一英寸或微米為計量單位。英制紙張的紙厚單位是千分之一英寸，又稱做「一點」——但此處的「點」與字級單位的「點」（七十二分之一英寸）毫無關聯。測量紙厚的儀器稱為「測微計」或「千分尺」（micrometer）。測量紙厚的方式是：先測出四張全紙的總厚度，再除以四，得出的數字便是該款紙張的紙厚，譬如十二點或十五點。

由於紙厚不一，疊成紙垛的高度自然也各不相同。因為紙厚會直接影響書脊的寬度，所以，設計者必須加強對紙張厚度的認知。也因為如此，紙張的厚度並不只能用「點數」來測量，還可以採取每英寸內含幾頁（單位為 PPI [pages per inch]）的方式加以標示。PPI 值越高，代表紙張越薄，而低 PPI 值的紙張則相對較厚。在歐洲地區，可能會以 PPC（pages per centimetre，每公分所含頁數）做為單位。如果一本書的內頁使用兩種不同的紙，則設計者必須確認每種紙各佔幾份印帖，走了多少頁，再以該紙張的 PPI 值除以頁數，然後將兩種紙厚的結果加總起來，便可得知書脊的厚度。大多數的大出版社會要求裝訂廠先做出一本依照正確開本、以實際用紙裝訂成的假書。這對於設計者與出版社都很有幫助：藉由假書，可預先感受成書的模樣，並且檢查書脊的寬度；也可以根據這本實體假書進行若干小幅度的修正。

絲流方向

製紙過程中的纖維分布方向決定了紙張的絲流方向（grain）。只有機器造紙才會形成絲流方向，手造紙則不會。一般紙張都製成長方形，纖維方向順著長邊稱為「直絲」（long grain）；如果纖維走向與短邊平行則稱為「橫絲」（short grain）。順著絲流方向可以很平順地撕下紙張，反之則會撕得參差不平；沿著直絲摺疊紙張不但比沿橫絲更容易，摺線也會比較緊實整齊。絕大部分的書籍，紙頁的絲流方向都是從上而下、與訂口平行，這樣不僅能令書頁易於翻捲，印張摺疊成摺帖後也不至於變得太厚。

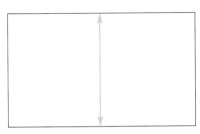

上圖 橫絲：絲流方向橫向穿越紙張。

透光率

光線穿透一張紙的程度稱為透光率（opacity）。透光率取決於紙張的厚薄、纖維的緊實度，和表面加工的種類。任何紙張或多或少都會透光，沒有一種紙張完全不透光（不過，厚紙板確實是100%不透光）。紙張的透光率對於設計者而言十分重要，因為透光率的高低會直接影響紙頁透印的程度。低透光率的紙張能降低透印（show-through）的程度，反觀較薄、高透光率的紙張，則會顯露出背頁文字、圖片的印墨。巧妙運用透印現象，將它納入編排元素，有時候可以為頁面營造多層次視覺效果，但是背頁透印產生的反字會干擾閱讀。此處附上的透光率檢測圖，可用來測定不同紙張的透光率。

上圖 直絲：絲流方向順著紙張長邊。

表面加工

紙張的表面加工決定了紙張的著墨能力以及在不同印製條件下的印刷適性（suitability）。由於不同紙張的製造方式互有差異，羅紋紙（woven paper）（以連續交錯網線構成的篩網抄製而成的紙張）的表面是平的；而直紋紙（laid paper）（以十分顯著的條狀構成的篩網抄製的紙張）的表面則會呈現統一以直向或橫向排列的紋路。運用研光（calendering）（碾壓）處理，可增加紙張的平滑度；紙張通過越多壓輥，表面就會越平滑。紙張的正反兩面可以施以不同的加工方式；例如：海報紙只塗布用於印刷的正面，背面則不做任何塗布處理，以便糊貼在海報板或牆面上。其他諸如「砂面」（pitting）、「加壓花紋」（pebbling）、「珍珠紋」（pearl）等特殊表面加工，則是趁紙張通過研光機時，以裝配各種質地的壓輥輾製而成。許多造紙商只生產單一種類的紙張，透過好幾種表面加工技術，做出不同紙重、紙厚與透光度的產品；設計者不妨善加利用各種加工技巧，營造出不同的效果，例如：有圖片的印帖採用光面，純文字頁面則以加色霧面處理。

上圖 透光率檢測圖：把紙張覆蓋在這組透光率檢測之上，便可用肉眼研判、比較出不同紙張的透光度差異。

表面處理

紙張表面加工也會影響印刷時透印程度的強弱，可惜的是，無法藉由透光率檢測，事先預知結果。紙張表面如果未經任何塗布，其吸墨性比經過塗布處理更強；由於印墨會滲入紙張表面，同樣的文字印在非塗布紙上，背面的透印現象也會比經過塗布處理的相同紙張更加明顯。原本透光率檢測的結果一定難免打折扣。印墨深層浸入紙張稱做「透墨」（strike-through）。許多造紙商會製作一整本紙張樣品，在各款紙樣上印上CMYK四色圖像與黑色文字；根據這種紙樣可以研判紙張的透印度與透光度，也可以從中預覽不同用紙在網屏印刷之下呈現何等品質，對於設計者、印務部門與承印者來說都極為管用。

色澤

紙張的色澤通常都是趁拌漿過程加入染劑。有的造紙廠可以保持產品一貫的色澤；有的造紙廠（尤其是使用大量再生原料）則不然，他們會事先聲明：每批產品會因原料不同而有成色上的差別。有些紙張是在拌漿過後、於成紙的階段才進行全張染整，有的則只是其中一面印上某種顏色。各種紙張的白度範圍非常大；即使白度差別極其微小，印在上頭的圖片顏色也會出現顯著差別。從偏黃的暖色紙系（creams），偏棕色的羊皮紙系（parchments），到偏藍的冷色紙系（arctic）等，分別呈現各種不同的白。一定要先細心審酌紙張白度的屬性，並且考量印上圖片之後的效果。園藝書籍中收錄色彩鮮豔、大量綠色照片，若採用呈現乾冷色調、新式的雪白絲絹紙，看起來會特別清晰；如果以霧面加工處理，或印在羊皮紙色上則稍顯古舊。

挑選合宜的書籍用紙

系列出版品為了保持一貫的產品感，同時也讓出版商有效控制成本，通常都會使用同一款紙張印製，所以，有時無法任由設計者針對其中某本特定書籍自行挑選用紙。然而，只要一有機會，設計者還是要詳加斟酌，讓紙張的七大特性能與該書的實體觸感、主題與閱讀群，以及印刷、裝幀方式盡可能互相配合。出版社和承印單位必然會斤斤計較用紙成本，或許能建議有名的造紙廠商提供可行的代用品，維持一貫的用紙品質。由於各造紙廠不斷推出更平整、更雪白、更薄的紙張與更新穎的加工技術，時時留意相關網站，去函索取紙樣，對於設計工作也頗有助益。如要培養自己對於紙張的知識與經驗，收集各種紙張、硬紙板樣本不失為一個好方法。一旦發現紙質不錯的書籍，不妨翻查書末的資訊，查看其用紙種類；如果一時查不到該書用紙的相關資訊，也可以拿去請教經驗豐富的印刷商或印務人員。

上圖　平時保存各種紙張與厚紙板的樣本，可讓設計者隨時從中挑選，對於設計工作非常有幫助。檢視紙張的特性：尺寸、重量、厚度、紋理、透光性、表面加工與成色，然後再考量該書的屬性、內容、閱讀對象與印刷、裝訂方式，設計者才有機會選出最切合書籍的用紙。

14 立體紙藝

立體書屬於圖書出版的專門領域，任何有心投入這個領域的設計者都必須先對立體紙藝的基本原理瞭若指掌。無論虛構文類抑或紀實文類，都可以善用立體書的形式讓內容更加生動活潑。如果要把一部虛構的故事設計成立體書，設計者必須和作者、插畫師攜手合作，從中理出故事內容中的立體架構。一名立體紙藝設計師，往往扮演該書視覺效果的創作者；他不僅要發想全書概念、設計書中的立體構成，還得負責將工作發包給插畫師與寫作者。設計立體紙藝本身是一項十分耗時的工作，需要不斷地嘗試、失敗，再加上反覆地動手切紙、摺紙，做出許許多多樣本之後，最後才能得到最理想的結果。唯有透過經驗的累積，立體紙藝設計師才能夠了解各種不同的摺式，看懂「展開圖」（net）（將三維立體造型攤成平面的結構拆解圖）。所謂「組造」（fabrication）乃指將三個平面互相結合起來的過程。立體書就是利用翻動紙張時產生的動能，在平面的跨頁版面上創造出各種三維造型。做為一名立體紙藝設計師，必須在繁複精巧的立體造型與現實製作條件限制之間取得良好的平衡；組造零件與黏合點越多，對擁有特殊技術的專門印刷加工業者而言，製作每一頁立體書所耗費的時間就會越長，成本也越高。本章首先將介紹立體紙藝的若干相關術語，然後再逐一解析本章節內幾組範例的基本組造原理。

立體紙藝術語略解

摺角 angle：自一個點放射出的兩道直線之間所形成的空間夾角。角度小於 90°為銳角；大於 90°則屬於鈍角。

拱弧 arc：圓形外圍輪廓曲線的節段。

底頁 base page：用以黏貼、固定立體物件的基礎頁面。

圓周 circumference：圓形的外緣。

模切／軋型 die-cut：在紙上切割出特定形狀；在展開圖上通常以實線表示。

樣本 dummy：正式印製之前，先以手工試作的摹擬樣品。

摺線 fold：紙張摺疊、彎摺處的邊線。

施膠留白區 glue knock-out：要讓兩張紙確實貼合，一定不能黏在有印紋的區域；故須在預定施膠處留下空白、不印任何圖紋。

黏合點 glue point：紙張上要黏合的部位。

掀起 lift-up：某張紙只黏合其中一端，另一面保持開放；沿著中間壓出摺線，讓它可被掀開，顯露出掩蓋在底下的其他物件或者圖像。

出頁 out of page：經過切割、可自底頁摺起的立體造型的局部。

頁面位置 page position：立體物件與底頁相接合的位置。

拉柄 pull-tab：供讀者拉出立體物件的活動紙柄。

壓線 score：用鈍刀模在紙上壓出利於摺疊的凹痕。

溝縫 slot：在紙上切割出供另一片紙零件恰好鑲入的局部缺口。

紙舌 tab：展開圖上各個造型結構邊緣的一小片外延地帶，用以黏貼或嵌入溝縫內。凸舌（wing tab）通常不予拗摺，一旦插進溝縫，即可固定，形成某件立體造型。

嵌入 tip-in：插入溝縫內的紙。

貼合 tip-on：紙張之間互相黏接。

移幅 travel：某件紙零件從扁平狀態到豎成立體之間的移動量。

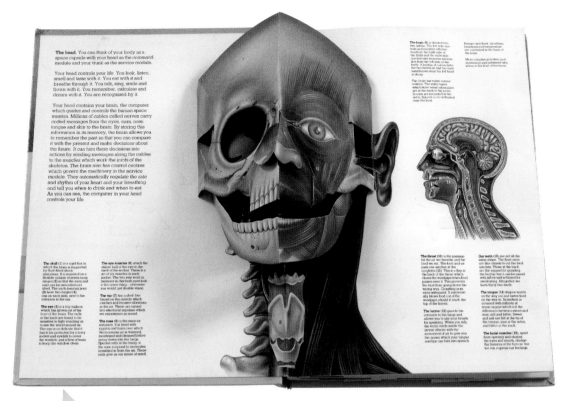

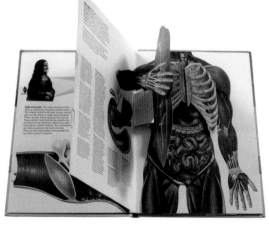

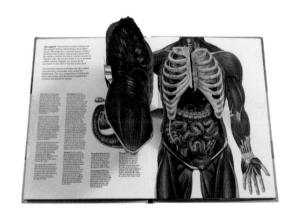

自頁 202 起所示範的各種立體書基本摺式，均附上平面展開圖，另附摺成之後的照片，顯示其立體造型。展開圖上的實線表示必須沿線切割，虛線則表示該處應劃出線痕、摺線；黏合點以圓點標示。照片中的紙模型皆依展開圖上的相同尺寸製作，但同樣的結構原理並不局限任何尺寸。各切邊或摺邊長度的相對比例比實際尺寸更重要，因此，我在展開圖上加以編號；若各摺邊或切邊長度相同，編號與編號之間加註等號（＝），如果其中某一邊比另一邊更長，則註明「大於」符號（＞），反之則註明「小於」符號（＜）。立體書運用的基本紙藝可分成四大類：豎起 90°的立體造型；翻動 180°的立體造型；操控拉柄，在紙頁表面營造移動效果；在紙頁表面製造轉動效果。

最上圖　David Pelham 與 Jonathan Miller 兩位醫師合作的《人體》（*The Human Body*）運用立體書與立體紙藝的技巧，製造出許多三維器官模型。切割成實物大小的頭部模型，左邊呈現骨骼，右側則表現臉部肌肉。這具立體頭部和旁邊較小的切片圖各有編號標示，可與圖註相互參照。

上圖　同書另一幅跨頁內容：翻動頁面的同時，立體人形彷彿掀開自己的身體，露出內臟。詳盡的醫學插圖事前已精心設計成好幾層，並在正、反兩面印上圖像，模切成各器官的形狀，再以手工一一組裝。

從底頁摺出 90°直角造型

這可能是最簡單的立體紙藝造型，因為所有的摺線與切割都直接在底頁上進行，而且完全不必任何黏貼。經由幾道割線，平面紙張就能夠形成90°直角豎起的立體造型。

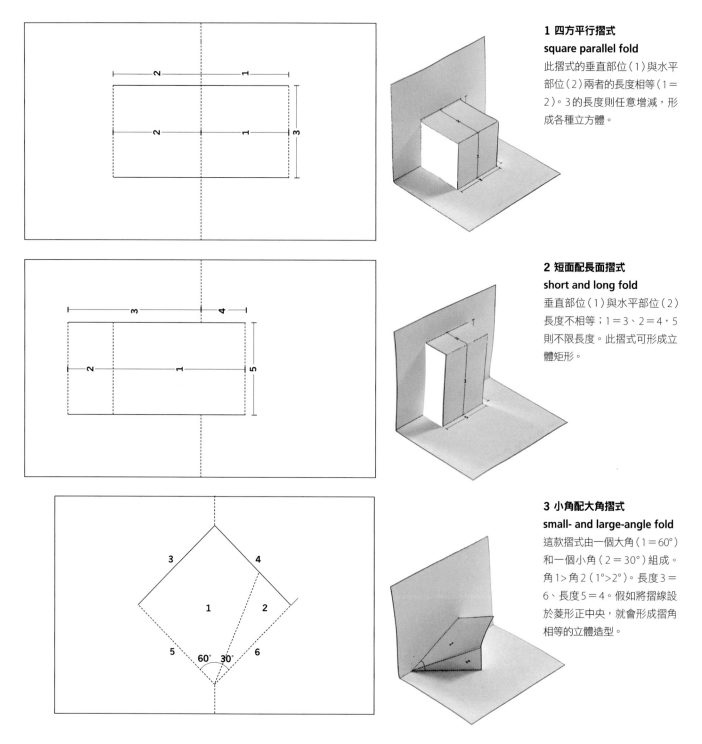

1 四方平行摺式
square parallel fold

此摺式的垂直部位（1）與水平部位（2）兩者的長度相等（1＝2）。3的長度則任意增減，形成各種立方體。

2 短面配長面摺式
short and long fold

垂直部位（1）與水平部位（2）長度不相等；1＝3、2＝4，5則不限長度。此摺式可形成立體矩形。

3 小角配大角摺式
small- and large-angle fold

這款摺式由一個大角（1＝60°）和一個小角（2＝30°）組成。角1>角2（1°>2°）。長度3＝6、長度5＝4。假如將摺線設於菱形正中央，就會形成摺角相等的立體造型。

外接其他零件的摺式

這種摺式是藉由底頁上的黏合點與外接零件結合，攤平頁面時便會翻成180°的立體造型。這種摺式全都倚靠每個頁面上跨過書籍訂口的貼合零件。

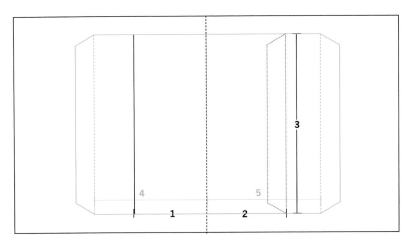

4 三角稜拱或等邊山脊 triangular prism or symmetrical ridge

三角稜拱（展開圖上的青色線條）整個橫跨訂口。長度1＝2、4＝5；4>1、5>2。減少1、2或增加4、5的長度，就會隆成更尖、瘦、高的三角形。此立體造型可以貼在底頁表面，或利用紙舌插入溝縫，再黏貼在底頁的背面；兩邊紙舌至少要有一邊穿過溝縫，才能夠鞏固立體造型的強度。

5 立柱摺與扶壁摺 pillar fold and buttress fold

居中立柱（本範例是利用兩片雙摺紙卡）位於訂口，兩片扶壁則各自貼附於訂口兩側的頁面上。1、2、3、4的長度相同；5與6的長度相同。扶壁加上1的總長度不應大於頁寬，否則，闔上書本時，壓平的立體造型會突出於前切口。立柱與扶壁能在水平平台上形成非常穩定的基座。展開圖上的紙舌A、B、C、D表示黏合點，灰色字母代表該紙舌穿過溝縫、貼在背面。

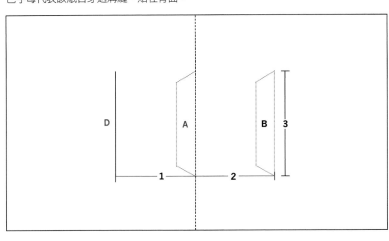

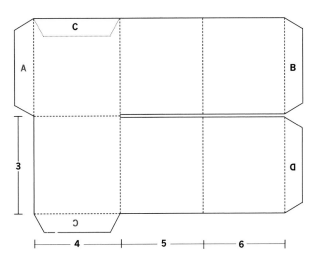

右圖 筆者於 1987 年設計的立體日晷，利用立柱與扶壁原理撐住日晷的盤面。藉由附在書上的小指北針，把整本書朝向北方，晷規（即日晷表面豎立的拱片）就會投影在數字盤面上。

6 立方體 cube

跨在訂口摺疊處的立方體是頗常用的立體造型，可用來充當許多物體。頂部與側邊的摺線長度全部相同。1、2 的長度相同；3 的長度可決定該立方體的形狀，A、B、C、D、E 的長度則必須一致。

運用 180° 摺式組造立方體或圓柱體

運用 180° 摺式可在頁面上形成立體幾何造型。這些立體結構全都需要組造若干個別模切紙型，有的可直接貼在底頁表面，有的則需穿過溝縫、貼在背面；亦可在側邊模切小窗口，觀賞立體造型的內部，不過，這樣的話，構成該立體造型的紙張正、反兩面都得印刷。

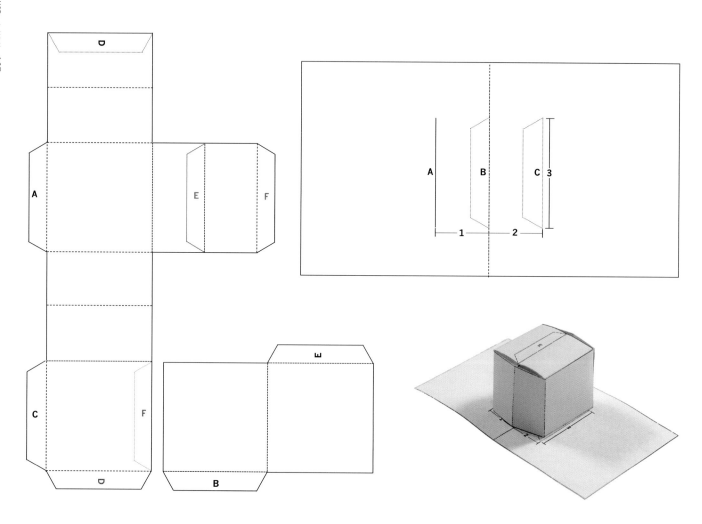

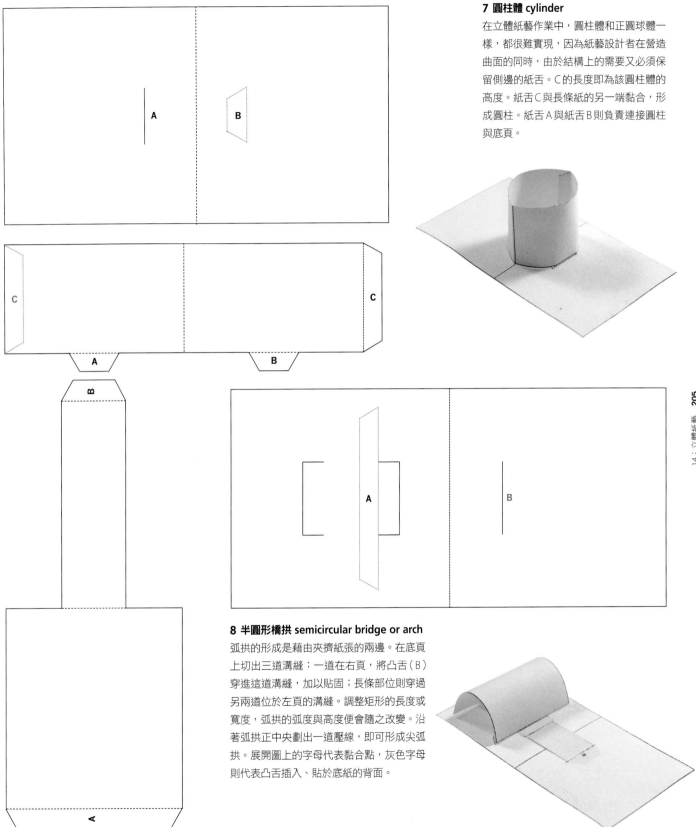

7 圓柱體 cylinder

在立體紙藝作業中，圓柱體和正圓球體一樣，都很難實現，因為紙藝設計者在營造曲面的同時，由於結構上的需要又必須保留側邊的紙舌。C的長度即為該圓柱體的高度。紙舌C與長條紙的另一端黏合，形成圓柱。紙舌A與紙舌B則負責連接圓柱與底頁。

8 半圓形橋拱 semicircular bridge or arch

弧拱的形成是藉由夾擠紙張的兩邊。在底頁上切出三道溝縫：一道在右頁，將凸舌（B）穿進這道溝縫，加以貼固；長條部位則穿過另兩道位於左頁的溝縫。調整矩形的長度或寬度，弧拱的弧度與高度便會隨之改變。沿著弧拱正中央劃出一道壓線，即可形成尖弧拱。展開圖上的字母代表黏合點，灰色字母則代表凸舌插入、貼於底紙的背面。

頁面上的轉輪與滾動效果

頁面上的轉動物件可以讓隱藏的內容透過頁面上的模切洞眼顯露出來。營造轉動的途徑是把轉輪裝在底頁表面或背面。進行完稿時，必須小心規劃頁面上的印刷圖紋、插圖、文字與轉動時才會出現的內容，才能讓兩種元素在轉動的過程中完美配合。如果在轉輪上加裝凸輪（cam），則可製造更多額外動作，或導引活塞上下移動。凸輪的長度與距離轉動裝置中心點的遠近，決定了槓桿的起、落幅度，而露出活塞的溝縫寬度則決定了動作的大小。

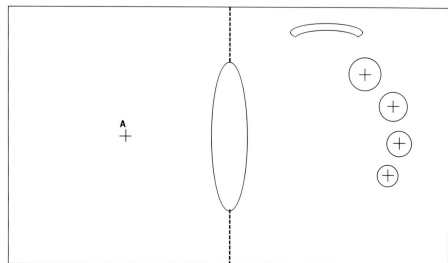

9 裝在書頁背面的轉輪 wheel mounted on reverse of page

大多數紙藝設計師會把圓形凸舌的反面貼在紙頁背面，當成轉輪的轉軸。A的兩片小凸舌穿過轉輪正中央的小洞，再黏貼於底頁背面，由那兩片凸舌把轉輪扣在定位。如此一來，輪、軸裝置便可隱藏在立體書的摺葉內部。在摺葉書口上挖出一道小縫，露出轉輪圓周；如果在轉輪圓周上做出齒痕，撥動起來就更容易了。

10 裝上搖臂或凸輪的轉輪 wheel with rotating arm or cam

在轉輪上加裝凸輪和軸心，就成了可操控頁面動作的操縱桿。搖臂的動作取決於凸輪與轉輪的轉動中心的距離。操縱桿端點的B點和凸輪上的B點互相扣榫。

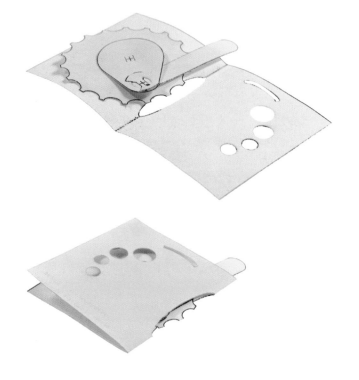

拉柄

拉柄通常只能做在單頁內，因為拉柄一旦穿越訂口便無法運作順暢。拉柄最常設置於摺葉頁面（concertina page）的前切口處，由拉柄控制頁面上的物件移動。拉柄的功用包括：掀起某平面物件、開啟原本隱藏的圖像、轉動某物件。

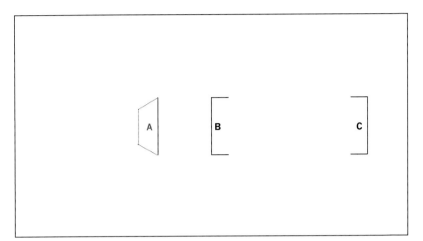

拉柄

掀葉

11 用拉柄營造掀動效果 pull-tab flipping wing

將紙片對摺做成掀動的葉片，上頭黏上一道長條狀的紙當做拉柄。長條紙從溝縫B穿到紙頁背面，再從溝縫C穿出頁面。掀葉上的紙舌A貼在底頁上。當讀者抽引長條紙的末端（C），就使掀葉翻起180°；把長條紙推回去，掀葉則會翻向另一邊。掀葉與長條紙的紙舌D互相黏合於掀葉內部的黏合點（灰色D）上。

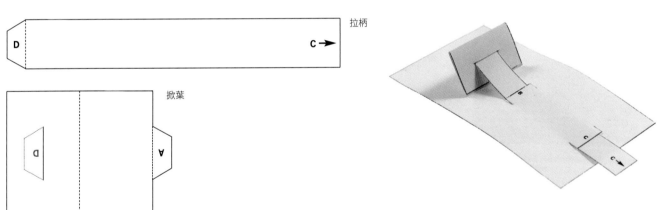

活用各種立體構成原理

不妨互相搭配、合併運用前面介紹的各種立體構成原理，創造出源源不絕的三維立體造型。絕大多數立體書都把其中的機械構造與貼合紙舌隱藏在摺葉裡頭，只要自行用美工刀小心翼翼拆解一本，便能從中發現構成訣竅。許多立體紙藝設計者當工作碰到新的困難時，便會拆解現成的立體書探尋解決方案。我經常覺得，一本立體書最美的狀態，是所有的立體模型保持空白、沒有印上任何印墨的假書，彷彿一座座完成的雕像。許多既存的立體書往往都印上過度鮮豔的色彩，反而損及立體造型本身的美感。最高境界是內文、圖像、立體造型互相取得巧妙的平衡，讓寫作者、插畫師、紙藝設計者與美術總監的心血都能充分展現，在頁面上呈現和諧共存且相得益彰的效果。

立體書賞析

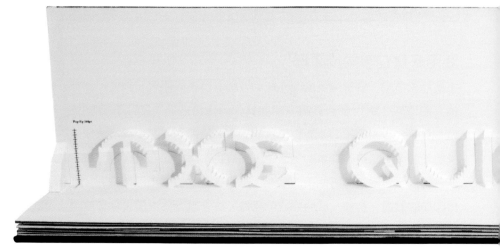

1

2

3

1 收錄無義詩的立體書《*Blago*》，由Gordon Davey設計、絹印。

2 Robert Sabuda將路易士‧卡洛（Lewis Carroll）的童話改編成立體書版本的《愛麗絲夢遊超級立體奇境》（*Alice in Super Pop-up Dimensional Wonderland*），仍採用John Tenniel的插畫。此範例展示了立體書複雜度的極致；一翻開書頁彷彿跳出一整座微型舞台。

3 Liza Law利用摺葉裝訂、以90°摺式營造出紙頁表面的立體字母。此書採用前後夾板、開放書脊（broken spine）裝幀形式，使各摺葉可以攤開。

4

印刷

印刷可分為：凸版（印墨塗布在印版或字模的凸起表面）、平版（印墨塗布在平面印版上）、凹版（印墨滲入印版的凹陷處），以及孔版（印墨穿透網屏遮罩）四種不同的方式。本章將粗略依照歷史發展的先後順序，逐一講解這四種運用於印製書籍的主要印刷方式。

凸版印刷：活字印刷的源頭

凸版印刷（Relief printing）包括木刻版、麻膠雕版與活字印刷。印刷時將印墨塗布在圖形或文字的反轉表面，再經由印刷機施壓、轉印到紙面上。

如第一章所述，歐洲的金屬活字乃由古騰堡發明，約於1455年首次運用於印製四十二行聖經（因其頁面上每欄排列四十二行文字而得名）。活字印刷徹底改變了書籍的生產方式，並導致全歐洲境內紛紛成立印刷坊與印書館。運用活字印刷的作業方式，可讓一名印刷工人（於完成組字拼版之後）獨力複製多份文本，因而文字的產製正式步入工業化。一次印製多份文本比起過去以徒手抄寫快了許多，於是，文字的傳衍變得十分廉宜，而且也大量增進了書籍的流通量。時至十六世紀，克里斯多佛・普蘭丁（Christopher Plantin, ca 1514–1589）在比利時安特衛普開設的印書館，以兩人一組操作一部印刷機的方式，每天可印出一千兩百五十份雙面印張。活字取代了徒手逐字謄抄，從此改以標準化、整齊劃一的機器鑄造字體印製書籍[15]。

手工植字與活字印刷

1455年至1885年的四百餘年之間，西方世界皆以手工植字、活字印刷的方式產製印本書。如今這種局面已被間接平版（offset lithography）取代。但是在微量出版的領域，有心復興這項傳統技藝的年輕設計者，承襲了昔時印刷工匠與熱中活字印刷方式之人的經驗，讓這項技術成為工藝而存活下來。若干小型個人出版社有時會以活字印刷方式印製限量版書籍。

平版印刷：間接平版的源頭

任何以印墨平鋪於印版表面的印刷方式都可稱為平版印刷。間接平版是目前最普遍的印書方式。「平版」（lithography）語源來自希臘文lithos（義為「石頭」）與graphien（義為「書寫」），合起來便是：石頭上之文字[16]。石版印刷術由巴伐利亞劇作家塞尼費爾德（Aloys Senefelder, 1771–1834）發明。塞尼費爾德於著作《Vollständiges Lehrbuch de Steindruckerei》（1818年出版，後來以英文印行為《石版印刷術詳義》[A Complete Course of Lithography] 一書）中翔實記載這項發

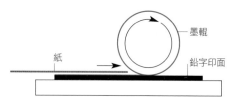

凸版印刷 先以墨輥（ink roller）將印墨（以紅色表示）塗布到印版的突起表面，再將紙張壓覆於著墨的字模或圖案上，轉印到紙面。

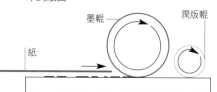

平版印刷 潤版輥（damp roller）滾過印版，印墨只附著於印版上之乾燥區域而不會沾上潮濕區域。再將紙張壓覆於印版上，轉印到紙面。

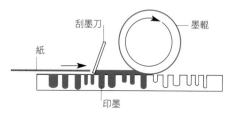

凹版印刷 印墨滾過印版，以刮墨刀（doctor blade）刮過表面，留下積蓄在細小凹槽內的印墨，當紙張壓覆於印版上，便將凹槽內的印墨吸起，轉印在紙面上。

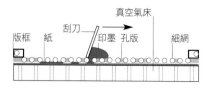

孔版印刷 將印墨刮過結合纖維細網的孔版，印墨擠穿印版上的鏤空孔隙，移印到紙上。

[15] 普蘭丁於1573年完成八卷本《多文聖經》（The Polyglot Bible）。
[16] lithography 此字本義為「石版印刷」；由於石印乃平版印刷的最初形式，故此字後來亦泛稱各種平版印刷術。

明。平版印刷乃應用油水分離的原理，從石版或印版的表面直接將油墨轉印到紙張上。準備薄平、細緻的鋁板或鋅板，在板上的圖紋區域施以油性物質，然後將整個印版鋪上一層薄薄的清水；油、水相抗的結果，清水便停留在所有沒有印紋的表面。把印墨滾到印版上，（油性）印墨會沾附在覆油的圖紋部位，卻無法附著於潮濕的無印紋區域；當印墨轉印到紙上，印版上乾淨無墨的潮濕部位就會在紙面上留下空白。

平版印刷：印製相片

1830年代晚期攝影術發明；到了1851年，感光石版技術獲得突破，可運用於複製攝影圖像。隨著攝影術的發展，全彩影像可以解析成三原色（青、洋紅、黃），再外加第四種色調（黑）加以套印。運用此四原色（即「CMYK」），便能夠以全彩複製任何半色調圖像。利用分色技術、套版、多輥印刷機的平版印刷，如今在商業印刷領域早已是一項十分純熟的技術。

　　二十世紀初研發出間接膠印法，將印墨從印版上先反轉（即「間接」）印到橡皮輥上、再印到紙面；比起印版直接壓印在紙上，這種印刷方式能夠以更短時間印出更多色彩，用於複製圖像實在再理想不過，但若是用來印製文字，此法則有缺陷。「活字凸版壓印」（letterpress），正如字面所示，其發明的目的原本就是為了（使用活字）複印文字，後來這項技術才被援用於印製線

最上圖　1910年活字揀字房一景，顯示揀字工正忙著從面前的活字盤上挑揀鉛字塊。

上圖　一本很特別的活字樣本目錄。由A. Soffici恣意生動地組合各體活字，1919年於佛羅倫斯印行。

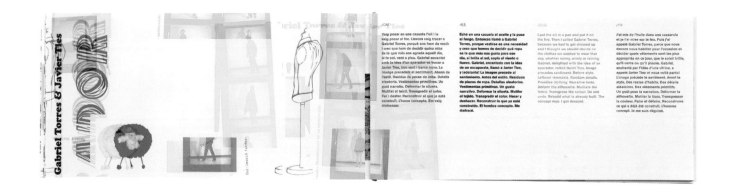

上圖 西班牙胡安・阿貝羅紀念美術館（Museu Municipal Joan Abelló）以平版方式印製的導覽目錄《百寶箱》（*L'aparador*），充分展現了平版印刷的特色：以CMYK四色疊印半色調相片。圖錄內的文字說明分屬四種不同語文；分別以洋紅色印製加泰隆尼亞文（Catalan）與法文，以黑色印製西班牙文，藍色則為英文。

條稿與半色調相片。揀字工與排版工往往就是接著執行印刷與壓版作業的人。而平版主要則是用來印製繪畫作品與攝影圖像。到了十九世紀，石版印刷術已全面運用於印製手寫體文字與版刻圖，但是，以文字為內容主體的書籍則遲至1960年代才開始採行間接平版印刷，因為在此之前，以照相植字（phototypesetting）、再用負片曬製成平版的技術還未臻成熟。

平版印刷：圖、文分別印製

從1900至1960年代，出版業在排版與照相平版兩項技術上有長足進展。然而，由於文字與圖片的印刷方式不一樣，設計者往往不得已必須將文、圖視為兩種截然不同的元素。凸版印刷是印製文字最主要的技術，印製圖片則幾乎一律採用平版與照相凹版（gravure）。文字與圖像各自不同的印刷方式，導致整個書籍印製必須分成幾個階段作業。設計者安排書中的文字與圖像時，只能受限於當時的印刷條件，這當然會從各方面影響一本書的編排。

平版印刷：照相植字與圖文整合

普羅茲索特（E. Prozsolt）與佛利斯格林（William Freise–Greene）運用電流脈衝把圖像曬映到轉動的感光紙筒，於1894年取得照相植字的專利權。直到1946年，美國政府印務局（US Government Printing Office）率先啟用Intertype Fotosetter照相植字機，這項原本針對商業用途研發的技術始逐漸普及。活字凸版是把文字壓印出來，照相植字則是把文字當做圖形來處理。既然以平版印製攝影圖像已大行其道，把文字當做圖形一般的元素來處理的構想自然也水到渠成，並鄭重宣告了以活字凸版印製的書籍就此式微。對設計者而言，這是極為劇烈的改變：文字與圖像使用相同的印製技術，設計時便可以不分彼此、同時兼顧。以平版、四色印刷的頁面上，可以充分併用、整合圖像與文字。時至今日，運用電腦進行排版，設計者在整合圖文、調控色彩時都更加輕鬆自如。平版印刷儼然已成為印製書籍的主流形式。

平版印刷：製版

所謂製版，便是將整本書設計完成的頁面從實體完稿或電子檔案轉換成印版表面上的印紋。印版的材料是一片塗上一層重氮化合物（diazo compound）或感光乳膠（photopolymer）的鋁、鋅或紙質薄片。印版可彎曲包覆在印刷機的轉輥上。平版印版表面摸起來有點粗糙，這是為了讓清水能夠附著在印版表面。寫作這本書的同時，製版技術仍不斷變化。部分印刷業者仍繼續利用感光底片（若非正片即為負片）原理製作平版[17]；有些印刷商則投入新科技，運用電腦讓頁面上的圖形直接轉換成印版，此即所謂的CTP（computer to plate）[18]。以CTP製版，是利用直接製版機（platesetter）上的雷射裝置，把完稿電子檔直接在印版上成像；這種製版方式，非常類似使用雷射印表機列印電腦中的檔案，在製版機上作出印版的過程，就和印表機列印在紙上差不多。

上機

所有的平版印刷機都是由許多轉輥（cylinder），亦即滾筒（roller）組成。數個墨輥形成一組所謂的「墨路」（包含墨槽和墨輥），把油墨從給墨槽，經由墨輥的勻墨功能，再將油墨轉移到印版上，讓油墨附著於整個版輥，再轉印到另一個包覆橡皮的「橡皮輥」上。此時，橡皮輥上的圖紋為反向的，紙張穿越橡皮輥和壓輥中間；壓輥並不沾附油墨，而是以相當的壓力輾壓，讓橡皮輥上的油墨轉印到紙張上。

進紙

張頁式（sheet-feed）印刷機是利用真空吸嘴將紙張送入印刷機，然後使用轉輪、傳送履帶或氣床連續運送。操作者可以使用調節閥控制進紙速度，紙張對準印刷機的咬爪（gripper）的邊緣相距十五毫米以利夾取。進紙速度必須配合滾筒的上墨速度。於是，可供印刷機運轉、施印的印版尺幅與紙張尺幅，端視該印刷機轉輥的圓周大小，紙張的寬度則視轉輥的長度而定：轉輥越粗、圓周越大，可裝設的印版就越長；轉輥越長，則印版越寬。

潤版

進行平版印刷，上墨之前必須先蘸濕印版，讓印墨無法沾附印版上的無印紋部位。這道工序稱做「潤版」，潤版的做法是在轉動的印輥表面敷上薄薄一層清水。清水藉由數個相互串聯、連接水槽液槽（儲放水與酒精的裝置）的橡皮滾筒輾轉塗布到印版上。必須謹慎拿捏給水分量，既充分蘸濕印版、有效阻止印墨沾上無印紋部位，又不讓印版表面過分濕潤、導致紙張因受潮而膨脹變形。在水槽液槽內加入酒精，就是為了降低清水的表面張力，可避免紙張吸收太多水分，亦能縮短乾燥時程。

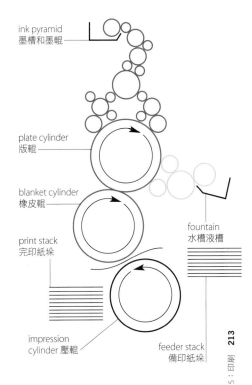

ink pyramid 墨槽和墨輥

plate cylinder 版輥

blanket cylinder 橡皮輥

print stack 完印紙垛

impression cylinder 壓輥

fountain 水槽液槽

feeder stack 備印紙垛

上圖 張頁式印刷機的運作圖解：最上方的墨輥（以紅色表示）以一組滾筒將印墨傳導到版輥上。盛裝清水的水槽液槽則藉由另一組滾筒（以藍色表示），輾轉把清水鋪到版輥上，趁上墨之前潤濕印版。印墨只沾黏在印版上的圖紋部位，而不會附著於保持濕潤的其餘空白區域。然後，上了墨的圖像先印在橡皮輥，再轉印到從備印紙垛抽取出來的紙上。壓輥負責施加壓力，讓紙張與橡皮輥緊密接觸，確保圖像完整轉印。CMYK四色都運用與此相同的程序，紙張連續傳送、穿過四組橡皮輥與壓輥，依套準位置印上半色調圖片與實色文字。

下圖　CMYK 四色印刷的演色步驟分解

青色

黃色

青色＋
黃色

洋紅色

青色＋
黃色＋
洋紅色
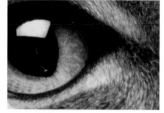

黑色
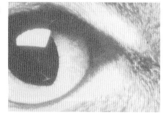

青色＋
黃色＋
洋紅色＋
黑色

上墨

印墨儲放於墨槽內，通常位於版輥上方。以六色印刷機印製四色印刷品會動用五塊印版——除了四色印墨各用一版，再加上一道上光（sealing varnish）手續，上光劑料置於另一個獨立的儲存槽。這種印刷機，每印一版都得經過許多滾筒。雖然注墨速度可於印刷過程中隨時進行調控，但保持固定的墨膜厚度較能確保印製品質一致。執行印製作業的人員可利用濃度計（可藉由比對含墨區域與無印紋區域，在紙張表面測出印墨濃度的掌上電子設備）測量已完印的印張表面的印墨量，仔細檢查色彩導表與套準線，以此做為調節注墨的依據。墨槽內的印墨藉著刮刀抹到墨輥的橡皮表面，輾轉用幾個滾筒陸續傳送；每經過一個滾筒，滾筒表面上的印墨就會被碾得更平、更均勻，最後再與轉動的版輥表面接觸。

把圖像間接轉印到紙面上

薄薄一層印墨附著在版輥的正像圖紋上，再滾印在橡皮輥表面。著墨的圖像從版輥轉移到橡皮輥，這道工序就稱做「間接轉印」（offsetting）。附在橡皮輥橡皮表面上的著墨圖像是反的，等到滾印在紙上就會呈現正像。壓輥對紙張施加均勻的壓力，確保印紋可以完整、平均地從橡皮輥轉印到紙面。如果是單色印刷作業，完印的紙張便會由咬爪直接送入完印紙垛；如果進行多色印刷，每印完一色，紙張立即被傳送到第二組橡皮輥，精確套印上另一種顏色。當所有的顏色依序陸續完成，紙張才會集合成紙垛。

印張乾燥

紙張完印之後必須小心保護，提防印面遭到髒污，形成「背印」（setting off）現象（印張上未乾的印墨在相疊的另一張紙的背面產生漫漶的墨跡）。要避免這種情形，某些印刷機將紙疊合成紙垛之前，會先執行一道熱風吹乾的程序。有的則是透過噴粉，讓印墨固著，防止它黏著於上方疊放的另一張紙。構造較簡易的平版機可能並不具備這一類精巧的裝置，這時，印刷者會在印張與印張之間逐一夾放廉價的白紙，藉這枚白紙吸收尚未全乾的印墨，讓每份印張背面保持乾淨。為了夾入白紙，也可以順道將參差不齊的紙垛排放整齊；這道手續幾乎等同進行「徒手整垛」（hand knocking up）。雜誌、採騎縫裝訂的書冊往往都使用輪轉式（web-feed）印刷機，完印的紙並不堆成紙垛，而是直接進行裁切、摺本程序。

平版印刷機的種類

間接平版印刷機可區分為兩大類：張頁式（每次傳送單張平板紙）與輪轉式

（以卷筒連續進紙）。兩種印刷機的速度現在都已提升到極限。大型張頁式印刷機的運轉速率可達每小時印出一萬兩千張全開平版紙——亦即印製一張紙僅需0.3秒，但是和輪轉式一比就差遠了，輪轉機一小時能印出五萬張全開紙（每張僅費時0.072秒）。平版印刷機的轉速會影響印成品的品質。印製書籍如要確保高品質，運轉速度就不能比動輒每小時趕印十萬份的報紙、廉價小冊或包裝材料更高。

標準的平版印刷機有單色印刷機、雙色印刷機、四色印刷機與六色印刷機，現在另有單次作業可印製更多色彩的專業機型。單色與雙色印刷機亦可用來進行四色印刷，不過紙張必須分成好幾回上機。

凹版印刷：照相凹版的源頭

凹版印刷（Intaglio print）的技術包括：蝕刻（etching）、雕刻（engraving）與照相凹版（gravure），都是利用凹陷於印版表面的窄細溝紋內的蓄墨進行壓印。照相凹版亦稱做「輪轉凹版」（rotogravure），其印版也像間接平版一樣，包覆在版輥上。

製作凹版

凹版印刷的原稿與平版印刷一樣，現在都常來自數位稿，其製稿方式亦與其中任一種印刷完全相同。CMYK四色需各備一塊印版。各分色印版以電腦操控附鑽石刻頭的雕刀，轉刻在銅板上。現在更發展出雷射雕版技術，可利用數位分色的數據直接進行雕刻。製作凹版的費用比平版昂貴許多，除非印量高達數百萬之譜，或者需要表現十分和緩的階調變化或極細的線條，否則非常不划算。因為工本太高，導致許多專門從事凹版印刷的業者難以為繼、漸漸凋零。為了填補兩種印版造價上的鴻溝，目前已研發出一種替代媒材：使用不鏽鋼製作的感光樹脂凹版（photopolymer gravure plate），製版費用與平版差不多一樣便宜。

印製

凹版印刷的原理是將蓄積在印版表面之下的印墨吸到紙上印成圖像。半色調圖片必須拆解成許多點狀小凹洞。印版上越大或越深的凹洞，該區域就會蓄積越多印墨。大而深的點形成的印墨覆蓋效果頗佳，肉眼幾乎看不出其中的網點，而微細的小點則可以營造柔緩細緻的階調變化——此特點深獲設計者珍視。

凹版印刷能於整個印製作業中始終保持穩定的印墨色調與濃度，因此，它不但適合運用於極高品質的印刷作業，譬如：藝術攝影集、紙鈔、郵票、各種票券，以及其他有防偽功能需求的印刷物，也可以用在型錄、流行雜誌、包裝

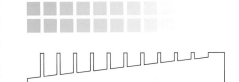

凹版上微小孔隙的橫切圖，各個孔隙所佔面積相同但深度不一。孔隙越深，蓄墨量越多，印出的顏色就會顯得較重。

大小與深度都不一致的圓形孔隙。

複合式凹槽形狀，配合各種不同大小、深淺，可營造非常細緻的階調層次感。

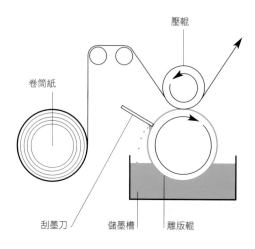

上圖　凹版印刷通常都使用輪轉式印刷機。從卷筒拉出來的紙穿經雕版輥。轉動的雕版輥划過儲墨槽，再以刮墨刀刮除留在印版表面的印墨。壓輥將紙碾壓在雕版輥上，完成印製。

對頁圖　大約於1900年出版的《費氏輿圖》（*Philips Atlas*）內一幀以凹版印製、標題為「天體」的跨頁插圖。早年地圖集的內頁皆由只印單面的個別地圖所組成，而今日一般地圖集則多以摺帖裝訂。因為這個緣故，這整本地圖集內的色彩頗不一致而且每幅地圖背面一概空白。圖面色澤非常清淡卻很均勻，看起來很漂亮。

紙材、壁紙……等價格低廉而需要大量印製的產品。時至今日，除了印行美術畫冊或攝影集，一般出版商已很少使用凹版印製書籍了。然而，由於凹版印刷可以在紙上呈現非常柔和細緻、有別於平版印刷的墨色效果，許多設計者已漸漸重新發掘凹版印刷的趣味。

孔版印刷：網版印刷

凡是讓印墨穿過某種鏤空的型版（mask）印出圖像的技術都可歸為孔版印刷。網版印刷使用纖維網屏（早期多使用絹網），上頭遮住若干區域，不讓印墨通過；進行印刷時，印墨穿透其他未加遮蔽的網屏，印在紙面上。網版上的圖像為正像，和印成圖像方向一致。

網版印刷的起源

孔版印刷是一項非常古老的技術。早在一千五百年前，羅馬人、中國人與日本人就懂得利用孔版原理製作壁磚、天花板、衣物上的紋樣；日本人甚至利用人髮，縱橫交錯黏貼在鏤版的框形內；絲線後來逐漸取代人髮，因為絲線不僅具備相同功能，也遠比頭髮更細緻、更強韌。當時的孔版印製方式是拿著這片鋪設網線（通常是絹絲）的鏤空型版，以色墨輕輕撲打、拓出紋樣。孔版印刷一路延續這種形式，直到十九世紀初，有人發現型板可與纖維網版合併成一體，使它更加耐用。絹網加鏤版（silk-screen stencilling）從此取代了舊式的鋪網型版（silk stencil matrix）。

遲至1907年，利用一片橡皮礤（squeegee）拖曳印墨，使印墨刮過絹網、穿透網目的印刷技術才首度取得專利授權。網版印刷可以讓實地、不透明或透明的色墨相互疊印。以網版印刷，在紙上鋪印的印墨量遠比其他任何印刷方式更多，所以能印出更鮮豔、更醒目的效果。孔版印刷亦可進行分色，製出半色調照相網屏。

製作網屏

現今的網屏都使用人工合成的絲線。人工絲線網屏可以自由做成各種不同的寬度、網線等級、每英寸距離內要編製多少條線（稱為「網數」[mesh count]）。假如網線很細、網數極高（每英寸內包含許多條絲線），就能確保印成品重現半色調圖樣的細節和柔和效果。網線通常分成四個等級：從S（最細）、M、T，一直到最粗的HD級。型版可以在紙上徒手切割，或使用割圖機在紅膠片（rubylith）（一種製造攝影正片的原料）上進行。相片型版像底片一樣，可以藉由翻拍相機或PMT（photomechanical transfer，照相移印）等技術加以放大。要把圖像移印到網屏上，若不是藉助可感光底片，就得在網屏上塗布感光乳

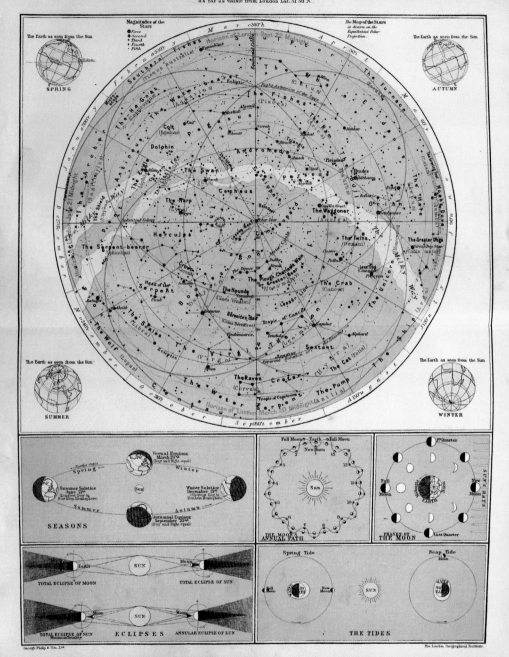

Materials have a language that
is loaded with associations to
make people think. We know
where to get the materials, what
they mean and most importantly,
what to do with them.

'Subway Surfer' POS Campaign
350 x 260 x 4mm
clear corrugated polypropylene

Design: Boxworth Paint
Client: Levi Strauss & Co.

Depeche Mode Presentation Box
160 x 360 x 55mm
uncoated paper, grey board, matt art
paper, white centred display board, high
density foam dots

Design: Intro
Client: Mute Records

Energy Forum '99 – The Agenda
105 x 210 x 5mm
graphite pasted board, art paper, brass
interscrews

Design: WWAV Rapp Collins
Client: British Energy

上圖　這本由 Artomatic 承印的《Make Art Work》，旨在推廣創意運用素材。這幅灰紙板頁面以網版印上三種顏色：藍色、黑色、白色。全彩圖像與配合的圖註事先以平版印刷在膠背（背面塗布自黏膠）紙上。再將個別的圖票植貼在紙板上。

劑。前者是把攝影機負片覆蓋在可感光底片上，用真空吸引裝置使兩者緊密貼合在一起，以紫外光加以曝曬；底片經過顯影、變硬，再鋪設於網屏底部。接著再用熱風吹乾，剝除局部塑料表面，網屏上只留下感光後顯現的圖形。感光乳劑的曝光程序與此相似，但紫外光是直接曝曬網屏；顯影之後，即可沖洗掉未曝光的部位。俟網屏清理完畢、靜置乾燥後，即可進行印製作業。

網版印刷作業流程

網版印台的基本構造是：一張表面塗裝三聚氰胺的木製平台，上頭鑿穿數個小孔，讓吸氣幫浦能吸住紙張；木台上方以絞鏈連結一副用來裝置網版的版框。版框必須均衡、穩固，印刷操作者安置紙張時，版框始終維持在正上方。有的印刷台的大版框外頭會配備一片橡皮碌（連在一截木柄上的橡皮刮刀）。

　　將網版固定於版框內，往下罩在印台上；標出落紙點（因紙張在印台上的位置須配合網版）之後，再將版框往上移開。依照先前劃定的位置將紙張置入定位，啟動吸氣幫浦吸住紙張；然後放下版框。印刷者將印墨注入網版底端附遮罩的備墨池；接著把橡皮碌置於墨池後面，以略為上下抖動的方式拖曳橡皮碌，使其帶著印墨劃過整個網版上的圖紋區域，同時施力擠壓印墨，讓它穿透網版上的孔隙；移出印好的紙張，靜置於乾燥架上。

裝訂

本章將介紹徒手裝訂的基本步驟。儘管這幾道工序如今都已改由機器處理，但是大體上仍維持相同的製作流程。以下將逐一介紹各種印後加工、封皮材料與裝訂技術。

傳統手工裝訂

書籍裝訂技術發軔於西元一世紀。自西元400年以來，這套作業程序至今大體上並沒有重大變革。從前西歐各國的書籍裝訂工作皆由僧侶執行，他們負責製作羊皮紙（後來進展成紙張），將經文謄錄或抄寫成書本。書寫、繪飾的過程非常曠日廢時，因此，昔時書籍不僅十分稀罕，也極端昂貴。當時的書籍裝幀都十分堅固，上頭還會滿布各種裝飾。那時候，書本（其內容訊息亦然）被視為一項工藝品，受到教會與貴族階級的高度重視。

隨著西方印刷技術勃興，裝幀工藝逐漸普及到民間，成為俗世的作業，同時也成為附屬於印刷作坊的商業行當之一。活版印刷加快了書籍的生產速度，也對裝訂質量造成深刻的影響。更輕巧而較為簡樸的裝訂形式應運而生，降低了生產成本，取代了過去由修道院極盡裝飾之能事的皮面裝幀。雖然書籍裝訂仍維持手工操作，大約1750年，英、法、荷蘭、日耳曼與義大利等地的裝訂工匠已逐步改進書籍的結構方式。從此時期開始，許多書籍漸漸捨棄以稜芯（raised cords）縫製書帖的傳統工法，而是改將固背線芯塞入書帖脊部缺口內，縫製成平緩的書脊。整個十八世紀，隨著鑄字與印刷技術持續發展，連帶擴展了書籍的獲利空間，也提升了民眾知識的水準，後者又直接促進書籍的產製效率。儘管書籍裝訂是一門歷史悠久的行業，卻始終屬於勞力密集的手工藝。

邁入機械裝訂

直到十九世紀，裝訂業才開始引進機械執行部分裝訂作業。當時使用機器將印刷完成的大紙摺疊成書帖，大型壓書機能夠在一片大面積上施加極大壓力，讓傳統的木造壓書具陸續功成身退。由於一次可疊壓數以百計的書籍，不必再像過去那樣必須一冊一冊逐一壓平，大大改善了裝訂工匠的作業效率。然而，直到二十世紀初葉，書籍裝訂的基本形態仍維持手工縫綴。使用黏膠、機器縫綴的二十世紀機造硬殼裝訂，終於使書籍從工藝製品搖身一變，成為工業產物。但是做為一項工藝傳統，手工裝訂至今仍存留於某些限定版、少量刊行、精緻美裝本等出版領域之中。如今單一裝訂機能夠一次連續處理摺疊印張、配帖、上膠、貼封皮、裁邊等工作。近來若干設計者與特別講究的出版商對於傳統手工裝訂又重新產生興趣，甚至刻意讓某些機械作業模擬徒手作業的效果。

裝訂步驟

1

2

3

1 摺疊印張 folding the sheets

印刷作坊印好的一張一張大紙，必須依照正確頁序加以摺疊，形成一份一份書帖。徒手摺疊印張時，多使用簡易獸骨摺刀；同樣的動作，以機具摺帖的速度更快。摺疊作業必須確實，因為摺疊位置一旦出現偏差，將無法在稍後的步驟中進行補救。這道工序通常稱做「跟著印紋摺疊」(folding to print)，因為摺疊時摺線落處端視印紋的位置，而不是紙張的邊緣。整份書帖的頁面餘白必須保持一致。萬一摺線位置錯誤，會造成內頁餘白或大或小、參差不齊，裝訂後的成書就會出現各頁面的印紋位置不統一。

個別插葉 adding single leaves

絕大多數的書籍都是由數份相同開本的書帖組合而成；有時會額外添加內頁，可能是一份篇幅較短的書帖，譬如：一份四頁書帖，或是幾枚單葉紙張。添加單葉最簡單的方式是「貼入」(paste in)——沿著單葉的邊緣施膠，貼合在正確的書帖位置。這種做法會稍微破壞裝訂，如果紙張紋路為橫向，再加上黏膠含水量太高，有時還會造成內頁起皺（插葉處會鼓起）。另一種較為昂貴的做法稱做護貼(guarding)：沿著單葉的邊界貼上一片12mm或15mm寬的瘦長紙條，垂直摺疊，再繞覆在正確的書帖上。單葉紙張現在亦可與書帖直接縫接。

2 配帖 gathering and collating

摺疊好的書帖必須按照正確次序置放，這道手續稱做「配帖」；將書帖依序疊放在作業台上，再將各疊書帖組裝成書體。這項作業現在也由機器執行。書帖集合之後必須仔細檢查帖序，或稱做：核頁；萬一過程中遺漏了某份書帖，或各書帖的前後次序排列錯誤或上下顛倒，那本書就毀了。現今會利用帖標(collation marks)預防脫帖、錯帖，帖標是印在每份書帖摺疊脊線上一截小小的墨塊。帖標按照各書帖的排列順序拾級而下。設置帖標可以簡化核頁工作，只要觀察書帖脊部上的帖標是否呈現規則的梯狀，即可判斷書帖的排列是否正確無誤，或有無缺帖。

3 縫綴 sewing

縫綴是將個別書帖透過縫線拼合在一起，組成整本書內頁。每份書帖的紙葉靠垂直縫線加以繫結、固定。各書帖再用針線與一組橫跨書脊的帶狀物垂直相縫，結合成一體。書帖藉由垂直與水平縫綴，讓所有紙葉只能朝一個固定方向開闔。

切出脊部缺口 cutting back slots

進行縫綴前，必須在書脊上切出數個缺口，讓結合書帖的背帶或背芯能置入其中。經過壓實的書，前後墊上厚紙板，固定於附旋絞鉗的木製夾壓具之中；用三角板標定缺口位置。再用榫鋸(tenon saw)在標定的位置上鑿切出極淺的小缺口（深度小於一毫米）。

壓實 pressing

手工裝訂書籍於縫綴書帖之前必須先壓實；機器裝訂則是先縫綴再壓實。壓實是為了讓書體結構緊密、結實。一本書經過確實的壓實手續，各個書帖之間便能保持恆定的連結，紙葉也可以始終保持在一致的位置。由於書帖經過壓實便不能再調動位置，所以壓實之前必須先「靠攏」（逐一正確地疊放）各個書帖。

4

5

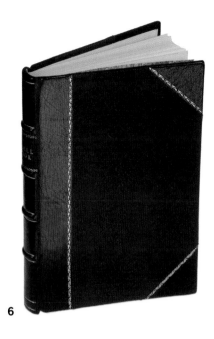

6

4 裁邊 trimming

裁邊是將整本書裁切成某種統一的開本大小：讓裁刀垂降、裁切固定在壓印台（平坦的金屬平台）上的紙邊。先裁前書口，然後再裁切出下書口、上書口。昔時有些平裝書販售時並不加以裁邊，而是保持摺帖的形態；購買者必須自行用裁紙刀逐一劃開各書帖才能夠展頁閱讀。現在有些設計者會故意援用這種舊式做法，重現讀者參與的閱讀概念和書葉邊緣參差不齊的視覺美感。

扒圓、捶背 rounding and backing

要讓精裝書能夠打開、攤平，需要進行一道扒圓、捶背的手續。傳統上，像地圖集、供宣講台陳放的聖經、樂譜這類大版式的籍冊都需要攤平閱讀。除此之外，較為小巧的書也應該具備這種功能，但是現今許多機器製造的書都裝訂成平背，只能拿在手上閱讀。所謂扒圓，是在書背上把書帖敲實、敲緊（因為縫綴書帖會造成訂口厚度增加）。如果採行手工裝訂，會用圓頭槌在書脊上扒出隆起的弧面；隨著書脊逐漸往外凸出，前切口也逐漸呈現朝內彎曲的弧面。進行捶背則必須將書夾在兩塊壓書板中間，自前後兩側書帖逐步往外捶敲，捶出凸唇（return）和凹槽（recess），預留封皮硬板的空間。現在可使用單一機具上的機械輥處理扒圓與捶背，往往會先用蒸氣將書背蒸軟，提高它的可塑性。

5 上膠 gluing

以手工裝訂的書籍會在裁邊前先進行上膠，機器裝訂則是先裁邊再上膠。要使整本書更加堅固結實，黏膠必須確實附著於書背並滲入各書帖之間；亦不可讓多餘的黏膠裸露在外。

切割硬板 cutting board

各種不同的紙重與紙厚的厚紙板都可用來充當封皮硬板。一般而言，過去的裝幀多使用黃紙板（yellow strawboard），現在則被灰紙卡（greyboard）取代。如果需要使用較密實、堅硬的材料，就會選用更緊實、更黑的壓榨紙板（millboard）。封皮硬板必須表面平滑，但具備孔隙，能與封皮材料確實牢貼在一起；最重要的是要在紙板上平均施膠，而且膠水的含水量不可過高，以免紙板潮濕變形。若以機器處理，厚重的書用紙板會動用特殊的垂降式裁刀或平移式紙卡滑切刀等機具加以切割。

切口刷色 treating the edges

裝入硬板之前，可先在切口上進行刷色或箔金處理（詳見頁222）。

襯背 lining the backs

內襯以徒手或利用機器貼附在封皮的反面；貼堵頭布（head band）、堵尾布（tail band）的步驟亦可使用機器處理。

貼環襯 fixing the endpaper

環襯夾貼於封皮硬板的內面，形成書本的內部開闔摺縫。環襯紙頁可維持空白素面，亦可單面印刷圖案、插圖、相片，或以流沙紋染成各種紋樣。環襯紙頁通常會選用較厚實的紙張。

6 貼合 pasting down

封皮材料的面積要大於書體開本，貼在硬板上才有餘裕繞過邊緣摺入封皮內側。皮面裝幀需要額外的手工作業。皮料必須使用鞋匠專用削刀將邊緣削薄，包覆於硬板時才能乾淨俐落地平緩收尾。把皮料黏貼在硬板上，先將上下兩邊多出來的面料摺入；暫時以繩線綑紮，把冒邊固定。假如該書有稜帶（raised bands），可用特殊的鑷子或夾溝器標定位置、在書脊上壓出稜帶形狀。接著把書本再次放入壓台，靜候其乾燥，再解開、移除固定包邊的繩線。這道步驟若由機器執行，則稱做「上封（皮）」（casing in）；有的裝訂機具一小時就能夠完成兩千本書的上封作業。

前切口裝飾

過去以傳統工法裝幀的書籍，往往會在書頁的邊緣施以顏料、紋染，某些宗教性質的書籍，還會在切口上刷金。目前大多數以機器裝訂的書，切口上都沒有另加裝飾。儘管會增加開支，許多書籍設計者現在對於這道加工技法再度產生興趣。切口經過打磨、刷金，顯得十分光滑，除了具備裝飾效果之外，還可以阻隔灰塵、光線與手上的油脂，進一步防止內頁褪色。

切口上色可先在上頭塗一層明礬水，再刷上苯胺水性染劑。至於該選用什麼顏色，則以能夠搭配封皮者優先考慮。

紋染則是一種將顏料轉印到切口的多重顏色裝飾法。如果使用這種方式，每一本書的切口圖紋都會呈現不一樣的結果。

如果整本書皆由出血圖片組成，也會影響其頁緣的色澤。如果所有出血圖的底色很一致，而且書頁用紙較為鬆軟的話，切口便會呈現與出血圖相同的顏色。假如紙質的吸墨性較低，切口就會呈現出血圖的顏色彷彿蒙上一層白色或平網的效果。如果出血圖片包含甚多各自不同的顏色，切口就會呈現不規則的隨機色澤。摸清楚滿版出血圖在切口會出現何種效果，設計者便可以藉著控制出血裁切，營造各種切口裝飾。

上圖　這本《M計劃》（*Project M*）每一頁左上角都摺成45°角；將整本書均勻散開就會顯現文字。

下右圖　Stefan Sagmeister的《要你看》（*Made You Look*）在每頁的右側邊緣設計小面積出血。只要略微彎摺整本書，前切口就會浮現「要你看」三個字。如果從封底那邊看過來，頁面左側的小出血則會排成三根骨頭的圖案。

下圖 幾款精心設計的前切口裝飾範例：

1 整本書白色內頁的切口塗上平均的黃色。

2 刷紅金的切口。

3 傳統的手工流沙紋染，讓每本書都有與眾不同的前切口裝飾。

4 在切口上滾印一層霧面（無光澤）黑墨，再加上滿版出血的黑色頁緣，形成極黝暗的黑色切口。

5 印在頁面上的細長（僅4mm）色帶造成切口的七彩紋路。同一種顏色由好幾份印帖共用。用這種方式，顏色就不會像直接將色墨滾印在切口上那麼強烈。

6 Stefan Sagmeister的《要你看》（參見對頁圖）的前切口結合了切口刷銀與頁面邊緣間續印刷黑墨兩種技法，當書本緊闔時，文字只依稀可見。

7 與前一本書的做法雷同，緊鄰頁面邊緣印上全彩圖紋，闔上書本便會顯現一幅美國風光。

1   2   3   4   5   6   7

徒手加工

加工意指書籍基礎組裝工作完成後的各種額外處理，包括：壓凹（debossing）、壓字（lettering）、綴飾（decorating）、上光（polishing）等。這幾道工法過去皆屬徒手作業，在圖書館裝訂的領域，也仍維持全部以手工處理。至於一般市售版本，這幾道作業則交由機器處理。

盲壓（blind embossing）是運用壓力在封皮上造成不含印墨或箔金的凹陷痕跡。這道壓紋手續通常得借助若干手工器具。使用加熱過的銅製滾刀，可在封皮表面壓出各種粗細的無色線紋，稱為素線（fillet line）。亦可使用各式烙具烙出顏色較暗的紋路，進一步在封皮上營造兩種色調效果。如果在凹紋內填入箔金材料則稱為燙金。

徒手壓字必須具備高度技巧，因為一旦哪個字母壓錯位置或稍微出現壓紋高低不平均，完全無法進行事後補救，整本書就報銷了。雖然在封皮上並無限定非用哪種行文方式不可，但傳統做法多以齊中方式行文。壓字工具都有一截木柄可供手握，另一端則是一枚凸起的銅鑄反向字母。大多數裝幀師傅備用各種壓字工具的字型，級數可能會限定於書籍活字的字體；其級數以點數或迪多標示；有些壓字工具只具備大寫字母與數字，許多字型則不包含齊全的標點符號。假如設計者想讓封面字型搭配書中的內文，也可以特別製作一枚刻有完整書名的章子來用。

機器加工

時至今日，具備工藝色彩的裝幀職人嫻熟手工技巧已被機械作業取代，也在新技術之下相形見絀，好比說：雷射鑿刻可針對大量印行的書籍進行各式各樣神乎其技的加工效果。機械作業可以處理的加工作業包括：拱凸、燙金、模切、模印、打齒孔、書口拇指索引、雷射鑿刻、上光、加裹收縮膜、植貼等。

拱凸 embossing

拱凸是在紙張表面做出突起的圖紋。可在硬板上以照相腐蝕或模印方式形成反向的凹陷圖紋，然後再施加重力將硬板壓在紙面上，凹陷圖紋便會在紙上留下凸紋。如果要在紙上拱出特別明顯、突出的圖紋，壓製過程還必須加熱。採用蝕刻技術比手工雕刻省錢，但蝕刻只能做出一種或某幾種深度，而熟練的雕版師傅卻能夠處理頗細緻的文字或圖像，而且，假如採用品質絕佳的紙張，可以做出極為精巧、美觀的圖形。所謂盲拱（blind embossing）即不用印墨，只藉重壓，在紙面上拱出突起的圖紋。亦可在表面營造單色或多色的印刷凸紋。大多數的厚紙板與紙張都可以拱凸，唯一的例外是聖經紙，因為聖經紙太單薄，禁不住這種重壓變形。

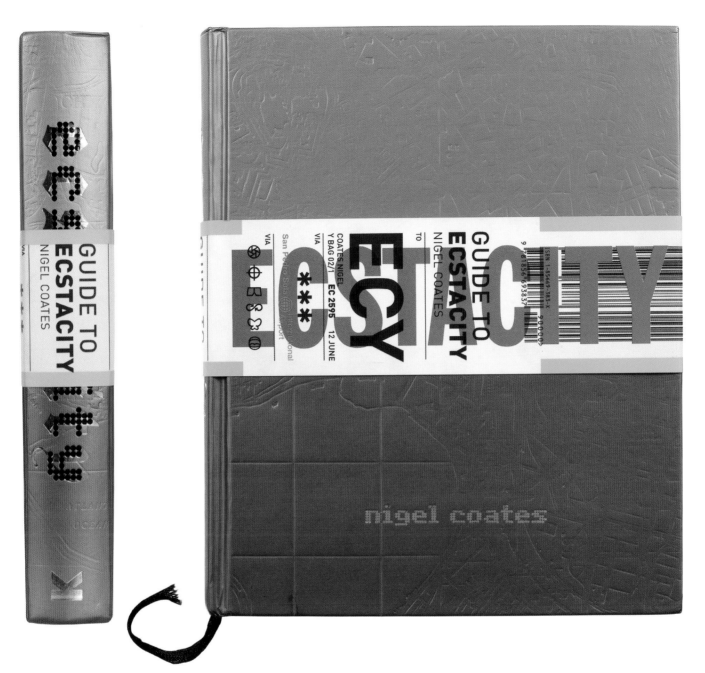

上圖　精美豪華的建築師 Nigel Coates 作
品圖錄《狂喜城市》（*Guide to Ecstacity*），
由 Why Not 事務所設計，運用多種機器加
工技巧。封皮硬板上的金屬藍與金屬褐表
面經過壓紋處理，文字部分分別箔上銀色
與霧黑兩種色料。書上環套著一道以粗面
厚紙疊印、兩端貼在環襯上、仿造成登機
行李條的書腰帶；最後加上一條深色書籤
帶，構成一部高品質出版品。

右圖 透過熟練的雕工、手工雕刻讓這幅盲拱的蜜蜂圖形纖毫畢現。雕版上的刻紋越深，紙上的凸紋越清晰細緻。此圖具備非常精密的細節，以適當的壓拱力道，施加在密實而平坦的紙面上，便可以保留原圖案的品質。手工雕版比較昂貴，但可製作出較精美的圖形，或許可考慮用於書名頁或開章頁上。

最右圖 這枚拱凸的皇冠圖案經過箔金與兩道拱壓手續，營造出金光閃閃的效果，與前頁附圖《狂喜城市》封面上的霧面箔色形成對比。

燙金 foil blocking

當拱凸加上金、銀、白金、青銅、黃銅、紅銅等金屬箔料，突起的圖形表面會呈現閃亮的光澤。這道手續必須透過加熱、施壓，將箔料的背面沾黏到紙上。

模印 stamping

經過壓印、使文字或圖像略比表面凹陷稱為模印。模印和壓紋一樣，也需要預先製作金屬模，如果運用於少量壓印作業（低於一千次），可用鎂或鋅鑄造印模；如果印量較大或用紙較厚實，則使用紅銅或黃銅。模印盲紋不用任何印墨。在模印的盲紋中填入箔料，配合加壓與高溫，做法則與燙金差不多。

模切 die-cutting

運用模切可以把紙張切割成各種形狀或在紙上打出孔洞。這項技術大量運用於切割各種包裝外盒與販售點立體造型的展開圖（摺疊之後可讓原本的平面形成立體的平面結構圖）。在圖書出版領域中，組合立體書的各個紙零件也都是運用模切來處理。模切器具非常類似糕餅業使用的切形刀模，將強化鋼刀片裝在聚合板塊上。如果同時動用多組刀片進行模切，任兩個下刀處的最近距離不可小於三毫米。可把刀模裝設在印輥或凸版平床上，再施壓在準備切割形狀的紙張或硬卡紙上。模切硬卡紙，一次以單張為限；模切紙張則能夠一次處理一小疊。

雷射鑿刻 laser-cutting

雷射鑿刻的費用比模切昂貴，處理速度也比較緩慢，但是能夠製作出十分精密的切割效果；運用雷射鑿刻可鑿出直徑與紙張厚度相當的極小孔洞。其細緻程度可以做出粗粒子半色調網屏圖像。雷射鑿刻可以用於切割紙張或紙板，若干有創意的設計者已在書籍內頁與封皮上加以運用。雷射鑿刻能夠切割整本厚達十毫米的書。隨著這項加工技術的價格降低，未來可能有越來越多平價書籍會利用雷射鑿刻。

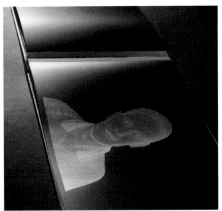

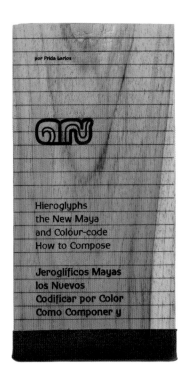

打齒孔 perforating

所謂打齒孔是在紙張上打出成排的細小圓形（或其他形狀）孔洞，可以（像郵票那樣）沿著一排孔眼撕下來。製作方式是將齒狀的細長鐵尺裝設在壓輥（platen press）或凸版壓印機（letterpress machine）上；當細尺上的齒痕碾過紙張，紙上就會出現一排整齊劃一的齒孔。亦可利用雷射鑿刻技術，在一大疊紙張上同時打出齒孔。

打洞 paper drilling

打洞是同時在許多張紙上鑿穿洞眼。活頁資料夾上的文件就是運用這種技術。線圈裝訂的洞眼便是使用多孔打洞器來完成。現有各式木製打孔器，分別以毫米或英寸為標示單位，可用來鑿穿不同大小的洞眼。

書口拇指索引 thumb index

字典、辭典、百科全書等工具書和聖經上頭經常可見書口拇指索引。書口拇指索引是在書頁的前切口上鑿出略大於拇指尖端的內凹半圓孔；這些孔洞順著整本書排列，方便使用者迅速翻查特定的內容位置。以聖經為例，翻到〈舊約〉的最末頁，此頁之前的各個凹陷孔洞代表〈舊約〉的各篇章，之後的孔洞則代表〈新約〉篇章。書口拇指索引的每個凹洞必須停在正確的頁面，所以必須組合完全部的摺帖之後才能夠製作書口拇指索引。在書口拇指索引上加貼一枚小小的厚紙（或皮面）標示，可讓索引頁面更形明顯。現在還有另一種書口拇指索引的做法：運用模切技術在紙上切割出一小塊突出於前切口的頁緣標示。

上左圖　Oskar Bostrom設計、運用雷射鑿刻製作的一系列哲學家肖像。雷射光依照粗粒子半色調網屏進行鑿刻，在紙上鑿出小圓孔。網屏的角色就像曬印相片時的底片（負片），但是和相片不一樣，雷射鑿刻出來的圖像上的圓圈越大，看起來越亮。

上中圖　Hannah Dumphy的《雪菲爾德》（*Sheffield*, 2003）儘管以非常薄的不鏽鋼做為內頁材質，仍然能運用雷射鑿刻製作書中的圖像與部分文字。位於英格蘭境內的雪菲爾德是英國的製鋼重鎮，書中的肖像皆為歷代刀具工匠，即所謂「刃物師」（blade）。用絹網在金屬板表面印上一層抗酸材料，浸泡在酸液中腐蝕出凹孔，亦可做出類似的效果。這道技法稱做照相蝕刻，只能運用在金屬頁面上。

上圖　Frida Larious的《*Jeroglificos Mayas los Nuevos Codificar por Color Como Componer y*》顯示雷射技術亦可在薄木片上灼刻（heat-engrave）出文字與標誌。

封皮加工

封皮不管是素面或是具備圖像，都可以運用各種加工技術。設計者應該審慎考量封皮的材質效果，就像選擇圖片與文字元素一樣鄭重其事。

上光 laminating

上光是在封皮上施加保護層。一般的上光是運用加熱、加壓，將一片透明的塑膠薄膜緊緊附著在封皮的表面。上光通常都是加在有印刷的紙面上，如果在未經印刷的厚卡紙上，事後很可能會冒出空氣泡。應避免對孔版印刷的圖像或使用金屬印墨進行上光，因為上光過程中的熱封（heat-sealing）手續會損及表面材質。

書腰帶與角旗 tummy bands and corner flags

「書帶」（或「腰帶」）是環繞在書上的紙片。書腰帶可以整個包住書本，打開書本時必須先將它截斷，也可以沿著前、後封摺入（甚至貼在）環襯裡。書腰帶的功能往往是用來說明內容或宣示新版本，不過，近來的設計趨勢也常利用這道技法標舉該出版物的品質。

　　「角旗」是包摺住書本右上角但不固定貼死的三角形小紙片，用以標示新版本、重要的日期……等功用。角旗可供出版商於書籍裝訂完成之後，還有機會在封面上追加補充訊息。角旗可於販售時當場移除、丟棄。

書衣

書衣是一張包摺在書上的紙，原本的功能是用來保護書籍的本體，避免它在售出之前受到損傷，但是現在已成為硬皮精裝書必備的一部分。書衣也提供設計者一個在硬皮的布面精裝書外頭呈現彩色圖像的機會。基本的書衣形式是一張與書同樣高度的紙，從書背環裹住整本書，有或寬或窄的摺耳往內摺入環襯與活動襯頁之間。由於一般書衣的上、下都會露出裁切邊，極易造成破損；可使用面積較大的紙張製作比較堅固耐用的書衣。整張紙用兩道水平線區分為三大區塊，中央區塊的高度與該書吻合，上、下兩塊的高度則略及於中間區塊之半，以這種方式做成的書衣因為書頭、書腳都經過摺疊，因而成為原紙的兩倍厚；包在書上之後的書衣將更為堅固。

附件

所謂「附件」（dropping in）是用來指稱書籍送往零售之前夾帶的任何零星物件；可能是出版商的促銷文宣品，徵集購買讀者姓名與通訊資訊的回函明信片，或者是一紙針對該書內容訛誤的致歉啟事或勘誤表。

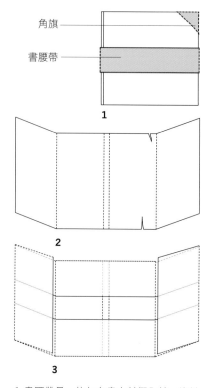

角旗

書腰帶

1

2

3

1 書腰帶是一枚包在書上並摺入前、後封的紙片，角標則是包住封面右上角的三角形紙片。

2 基本的書衣形式是由單張紙構成，包住整本書、兩端的摺耳分別摺入前封與後封。書衣的裁切邊緣外露，容易出現破損。

3 加厚且強化書衣，先摺疊一張較大的紙，讓它吻合書本的高度，如此一來書頭與書腳就會露出摺邊而不是裁切邊。

植貼

「植貼」(tipping in)是指徒手將插圖補貼到書上的手續。在過去以凸版印製文字、以平版印製圖片的年代，這項作業是家常便飯；插圖頁往往只以凸版印上圖註，另以平版印製在其他紙上的該幅插圖先裁成正確尺寸，再植入那幅頁面上。以平版四色印製的書籍照理說已不再需要動用植貼圖片這項技術，但有的設計者會因為某些美感因素，蓄意在頁面或封皮上另行添加其他物件，所以現在仍然偶爾可見植貼這種做法。立體書幾乎不可避免得運用植貼術，在硬紙書頁上以手工植貼各式各樣的可動零件。

光柵透視圖片

當視線在頁面上左右晃動，光柵透視圖片(lenticulated images)就會呈現動態影像。在庸俗的明信片上經常可見光柵透視圖片，但這種圖片亦可植貼於書籍中或裱貼在封面上。光柵透視圖片是從好幾個不同位置繪製或拍攝出影像，再交錯排列這些切分為長條狀的連續影像，組成單一圖片。圖片上緊緊貼覆著一層由許多細長三角形起伏平均分布的透明塑膠光柵，當視線在圖片上左右晃動，間續看到不同角度的影像，便會產生錯覺，彷彿圖像動了起來。

左圖　這本巴黎的寫真集封面上植貼了一幀光柵透視圖片。

上圖 David Standish 的《鈔票之美》(*The Art of Money*)封面上有一道宛如版刻細部的紋路以立體全像技術印製,藉以摹擬紙幣上的防偽設計。

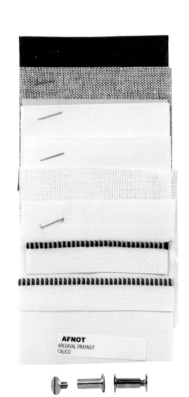

上圖 面對各式各樣裝訂與封皮材料的不同功能和質感,可根據該書用紙、頁幅、字體風格、顏色、內容屬性加以斟酌。

立體全像

立體全像(holographic images)可顯示三維空間。當讀者從不同角度觀看頁面上的圖像,圖像會跟著轉動,觀看者彷彿繞著立體的物件進行欣賞。製作立體全像難度頗高,也很昂貴。通常都用於印製有防偽需求的產品,如果用於書籍、雜誌的封面上,效果也會很突出。立體全像無法處理移動的物體或(或動物),因為一旦出現動作,用雷射捕捉影像反而凸顯不出立體。將超過三百幅雷射影像刻錄在極細密、高高低低的溝槽平面;每幀立體圖像中的物體大小必須完全相同:目前製作立體全像的最大極限大約是一百五十平方毫米大小。雖然立體全像中無法呈現物體本身的顏色,但是觀看者的視線移動時仍會察覺畫面上隱約流洩若干霓虹光暈。

裝幀用料

現今可用於裝幀的材料種類十分繁多,設計者可以利用不同的材料適應不同的加工效果。最好能夠準備一套裝訂用料的樣本,收集各種材質的封皮布、書籤帶、內襯紙板、堵頭布等,做為設計時的參考。

高檔次的書籍往往會採用皮革做為封皮用料,皮革可處理成各式各樣的顏色、厚度和表面加工。裝訂作業中往往用「摩洛哥」(Morocco)指稱山羊皮,這種材質的特點是觸感好、韌性佳、不易弄髒。因為豬皮可塑性較差,較常運用於厚重裝幀;綿羊皮雖然比較便宜但較易產生皸裂。現在有許多工廠產製各種人工合成皮,可為大量生產的書籍提供價格更低廉的代用品。

布面裝幀使用經過紡織的布料當做材料,通常稱做「胚布」(greige)。先去除布料中的雜質,再混入粉漿(starch)或焦木素(pyroxylin)。布料經過上漿(starching)程序,傳統說法是「過漿」(sizing),即可增加硬度與強度,較不易產生皺褶,但是置於潮濕環境中比較會吸收濕氣。上漿布料比泡焦木素的布料便宜。焦木素是一種液態塑膠,強度比粉漿更高,同時還具備抗水性。焦木素布料運用範圍很廣泛,亦可施加許多不同的加工方式。

封皮材料

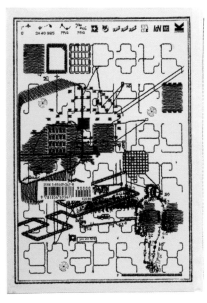

1

2

3

4

1《*Pathfinder a/way/through/swiss/graphix*》(2002)的膠質封皮用機器繡上黑線,營造出紛亂幾不可辨的文字和圖紋。

2 插畫家 Laura Carlin 在她的《*Le Berét rouge*》(2004)絨布封面上做出一截突出表面的硬桿。

3 Dung Ngo 與 Eric Pfeiffer 合著的《夾板曲木傢俱》(*Bent Ply, 2002*)將原本運用於室內裝潢與傢俱的夾板發揚光大,此書的封面便使用夾板黏貼在硬布上。

4 收錄當代產品設計的《匙》(*Spoon, 2003*),其金屬封皮彎摺成湯匙的弧度,書名則拱凸於表面。

上圖 《瞬：明日品牌》(*Soon: Brands of Tomorrow, 2002*)運用概念展示的手法處理封面加工。感熱油墨會感應觸摸者手上的溫度，讓原本看起來全黑的封面浮現白色書名，光是封皮就具備十足的未來感。

紙封皮

比起皮革或布料，用紙做為封皮材料比較便宜；紙封皮可區分為三大類：一般紙張、強化紙（reinforced paper），以及合成紙（synthetic fibres）。

若完全不經加工，紙張是最脆弱的封皮材料，但是可以在紙張表面塗布丙烯酸（acrylic）、聚氯乙烯（vinyl）或焦木素等材料增加其強韌度。裝訂用紙依其重量（以公克數或磅數標示）或厚度（以點數標示）區分等級。測定紙張厚度的點數與文字級數等級使用的點數毫無關係；紙厚一千點等於一英寸。最常見的平裝本小說的封皮用紙厚度大多介於8點到12點之間。

強化紙是趁造紙過程在紙漿中拌入足以增添強度的材料，可能是某種聚合物或合成纖維，表面再塗上焦木素。這種紙張用於開本較大的紙面書籍，厚度多為14點、17點、20點、22點或25點。較薄（厚度大約介於8點到10點之間）的強化紙則多用於包覆硬皮精裝書的硬板。

合成紙是用絞成線狀的丙烯酸纖維、經高溫加壓合成的平板或卷筒無紋大紙，因此很不容易撕破。這種大紙還可以再塗上其他材料，能呈現非常自然的白色，因此極適合用來進行四色印刷。⑲

⑲工業製紙基本上分成「平板紙」（sheet paper）與「卷筒紙」（roll paper）；卷筒紙多半用於印製報紙或其他工業用途，一般書刊印刷則多使用平版紙，本書討論的內容以平版紙為主。

裝訂的類型

為了販賣的目的，書籍往往分成精裝與平裝。這些泛稱並非基於裝訂形式上的不同，純粹只點出兩者在封皮材料上的差異。若以裝訂的用途來區分，則可細分為：圖書館裝訂、硬皮裝或稱做「出廠裝訂」、無線膠裝，以及散葉裝。

圖書館裝訂 library binding

由於圖書館的功能在於保存各式各樣的書籍，顧名思義，這種裝訂乃著眼於持久性與耐用度。圖書館裝訂幾乎全以手工製作。通常都使用厚紙板（millboard）當做封皮材料，而不用較輕薄的灰卡紙或黃紙板。先從頭到腳以垂直走向縫滿每份書帖，在每個鋸口處牢固繫結。隨著時代演進，個別裝幀師傅各自發展出許多風格互異的縫帖樣式，但絕大多數都採用線繩纏繞串帶（tape）或串芯（cord）的基本形態。隆起的串帶或串芯可能會在書脊形成稜帶（bands）。延展到書頁範圍的多餘串芯，串過硬板上的小洞，再黏合在封皮上。封皮材料可能是皮革或布料。進行扎圓與捶背。圖書館裝訂本上頭的厚重硬板並不是直接與訂口相連，而是形成一道法國摺溝（French groove）（封皮包料包覆封皮硬板後，形成自上而下垂直劃過書籍封面的凹陷溝槽，成為該書的封面開闔關節）。書頁切口或許會加上刷金處理，再以手工在封皮上模印出書名。

1 Lucy Choules 撰寫、設計的《KEN》，這本分冊的小書採用摺疊地圖加上封皮，有別於傳統形式的裝訂。

2 這本由北方機構設計的無線膠裝紙樣，紙面封皮車上延繞到封底的齒孔。

3 這本1990年皇家學院結業展圖錄以一對結實的鼻環（可開啟、串起整疊紙上的洞眼的扣環）加以裝訂。

4 這本講述園藝家 McQueens 的書採用簡單的平裝形式，在封面上車出一排縫線。

硬皮裝訂 case-binding

雖然以硬皮裝訂的書籍現在仍偶爾手工製作，但硬皮裝訂目前是機器生產精裝本的主要形式，所以，這種裝訂也常被稱為「出廠裝訂」（edition binding）。硬皮裝是由三塊各自獨立的硬板組合而成：前封硬板、後封硬板、書脊硬板。不論運用手工或機器處理，硬皮裝的封皮各部位都是以縫接的方式結合在一起，差別只在：機器裝訂的縫接段落較為寬鬆，而不像手工裝訂那樣細密地縫合整個書帖高度。硬皮裝訂的書或許還要加一道扒圓或扒方與捶背的手續；封面硬板則往往包覆布面或經過印刷的紙面，再以一片粗紗布或平紋細布與書體黏合。接著將環襯貼附在封裡的灰紙板上。硬封皮可略大於書頁，形成飄口，亦可三邊齊口不留飄口。書名可使用印刷、機器拱凸（machine-embossing）或燙箔（hot-stamping）等方式施加在封皮上。硬皮裝訂的許多徒手加工手續，舉凡：扒圓扒方、燙金拱凸、繪飾切口、裝堵頭布與書籤帶……等，現今都可交由機械處理；以一件大量製造的產品來說，硬皮裝訂可以呈現非常好的質感與價值感。

無線膠裝 perfect binding

無線膠裝是裝訂領域中對於紙面平裝書的專業稱呼。這是所有裝訂技術之中最快捷也最便宜的一種方法；其內頁與封皮皆不使用縫線，完全倚賴黏膠加以固定。內頁先貼在一片平紋細布上，再與封皮黏合。無線膠裝的封皮材料通常會比內頁用紙更厚重，而且無須再加環襯。絕大多數的紙面平裝書都是三面切齊（即：封皮不會突出於書體），但容易令人混淆的是：無線膠裝也能夠用來裝訂成精裝本。

摺葉本 / 無背裝 concertina books or broken-spine binding

摺葉本（通常也稱做中式裝訂或法式裝訂）可套入環繞書套內，把書抽出、打開時，頁面就像一具手風琴，所有的頁面看起來就像一整張完整的紙；或者，以單摺卡紙或布面包覆後、背、前硬板夾裝。這種摺葉本，亦可歸為無背裝訂的一種。

1

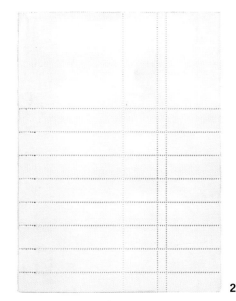

2

3

4

創新實驗的精裝書

1 由Matilda Saxo設計、裝幀的史蒂文生經典
著作《化身博士》(*The Strange Case of Dr Jekyll
and Mr Hyde*),整本書頁面正中央呈現一道曲
折。再以加裝在前、後封的額外厚板鞏固這道
短摺線。頁面中央短摺大約就是傳統的欄間距
寬度,印上綠色印墨後呈現垂直彎折。此書以
外在形態呼應書中人物的分裂人格。

1

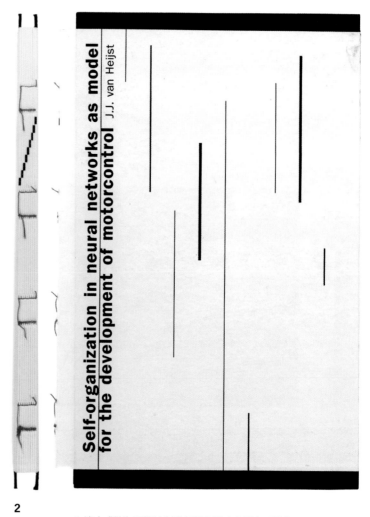

2

2 這本《做為電機控制發展模型的自主神經系統》
(*Self-organization in Neural Networks as Model for
the Development of Motorcontrol*)使用硬質封皮、
機器縫綴與膠貼方式,露出書脊上的紅色縫線,
藉以呼應該書題旨:神經系統。

3

3 設計師Francesca Prieto把詩人尼卡諾爾・帕拉（Nicanor Parra）的詩作做成一本小開本、附書衣的精裝書。每面內頁都出現歪歪斜斜的詩句片段的局部；如果把內頁一一撕下，加以摺疊、互相組裝，便會構成一個呈現整首詩的多面體。這種別出心裁的裝訂形式呼應了詩作的精神——隱喻身處右翼政權之下追求左翼思想，無法完整發表作品，必須加上層層掩飾、偽裝。

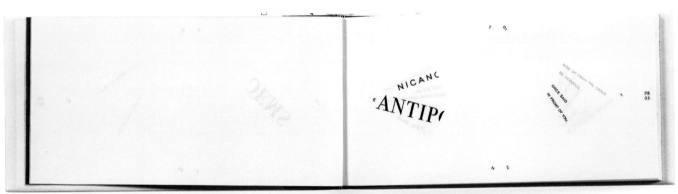

4 收錄立體造型藝術家Gordon Matta-Clark作品的《*Gordon Matta-Clark*作品集》，書背部分挖空，露出書帖縫線。Matta-Clark的作品往往以挖除、穿透樓板的方式，從各種不同角度拍攝廢棄屋宇。挖去書背的精裝封皮正以同樣「挖空心思」的技法，具體而微地呼應該書內涵。

4

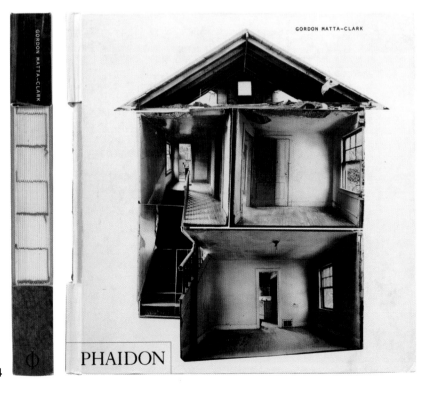

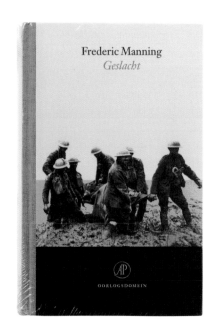

上圖　為了保護布質封皮並避免以平光印製的封面圖片受到刮傷，這本德文版《性別》（Geslacht, by Frederic Manning）用收縮膜封裹。

騎縫綴裝 saddle-wire stitching

此即印刷業界俗稱的「騎馬訂」。這種裝訂法主要運用於雜誌、小冊子、型錄……等。較薄的出版品才能夠使用騎縫裝（如果書芯本身太厚，就必須使用側面平訂的方式裝訂），這種書並非由數個印帖所組成，而是整本書自成一帖。用騎縫裝訂的冊子，經過核頁、摺疊，便可沿著跨頁中心線串線或打釘，完成裝訂。打穿書背訂口的鐵絲會自動彎折、固定整本書的紙頁；然後再裁齊上、下、前三邊切口。

極厚的書籍必須從側面以平訂方式裝訂。平訂的書無法完全攤平靜置，只能捧在手上翻讀；頁數越多，就越難攤開，所以必須預留更大的訂口餘白。為了遮蓋裝訂痕，平訂的書籍往往會讓封皮與書背直接黏合。

線圈裝 spiral binding

可以讓書本完全展開、攤平的線圈裝訂，通常運用於各種操作手冊，因為讀者閱讀時往往得騰出雙手忙著實地操作。這種書的書葉並非書帖，而是各自獨立，只在裝訂邊鑿出一排配合螺旋線圈斜度與圓周寬度的洞眼。穿過全書洞眼的螺旋線圈於頭尾兩端往內彎折收尾，即可防止書葉脫散。

散葉裝 / 活頁裝 loose-leaf binding

散葉裝通常運用在筆記本、活頁簿、萬用手冊（Filofaxes），但也可以用於商業出版。散葉形態可讓使用者自行挪動所需資訊刊載的位置，不必時時都帶著一整本書。在機能性百科（part-work）出版（一種以月或週為單位刊行、分售的書系，全部集合起來即構成完整的內容體系）的領域之中，可將分期的雜誌陸續收集在一個資料夾中；視裝訂器材的種類，散葉上的孔眼可圓可方。法律條文類的書籍使用散葉形式，是為了隨時更新的需求：一旦法條有所變更，即可隨時添加新的頁面或代換原有的舊內容。

收縮膜

收縮膜是以一層透明塑料包覆書本、抽掉其中的空氣，再加溫達到密實封裹的效果。這種做法可以保護書中的珍貴內容不受損傷。許多立體書都利用這種技術，避免陳列在架上的書籍被顧客玩壞；多數書店會拆開其中一本當做樣書。

Additional material
附錄

修整文稿格式

許多出版社會訂立一套處理文稿的慣例，供編輯與設計人員比照遵循。這種編稿準則通常稱做「社內規範」（house style），對於視覺呈現與行文方式都有顯著影響。有些出版商甚至還會針對特定書種或某個書系，研發一套合宜的文稿規範；有的出版社則容許編輯依據書籍和該書目標讀者之特性與市場的實際需求，另行制定詳盡的編輯策略。某些寫作者對於文稿該如何呈現有獨特見解，所以設計者進行編排之前，一定要和編輯先就細部修整文稿的方式取得共識。菲爾·班恩斯和我在《植字與排版術》中，曾合併考量設計的美感和語文的合理用法，設定了一套文稿編排規範。非常感謝菲爾同意讓我將這套規範再度收進此書。需要聲明的是：雖然這套規範的基礎來自我們長期參與實際工作的經驗（其中包括英、美多家大出版商的案子），但不論就文稿編輯抑或版面編排而言，沒有任何一套規則能夠放諸四海皆準。不過，英國的《哈特氏植字、閱稿通則》（*Hart's Rules for Compositors and Readers*）①、茱蒂斯·巴特勒（Judith Butcher）的《寫給編輯、寫手、出版者的文稿編校指南》（*Copy-editing for Editors, Authors, Publishers*）②，和美國的《芝大版·文稿格式手冊》（*The Chicago Manual of Style*）③等幾部參考書，倒是頗受業界廣泛使用。我希望以下這些規則對大家能有所幫助。儘管每套規範都須視不同狀況酌情調整應變，但編輯與設計者於呈現資訊的同時，仍應盡可能保持其前後一致。

①此書由牛津大學主持編製，問世於1893年，現行第九十三版。

②此書劍橋大學於1975年出版，2006年推出第四版。

③此書對於學術文類的撰述格式有較嚴格規範；其紙本、CD-ROM版本目前皆已推出第十五版，另提供隨時更新的線上付費訂閱版。

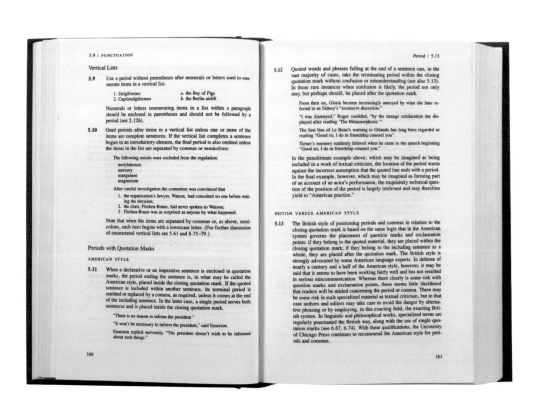

右圖　《芝大版·文稿格式手冊》書影，此跨頁內容詳述語文運用的繁複性；右半頁則是解説英、美兩地文體格式的差異用法。

Abbreviations ｜縮寫

The Rev Malcolme Love

（範例譯文：馬爾孔・拉夫神父）

依照美式編輯原則，頭銜縮寫必須附加句號（縮寫點）。本書作者為英籍人士，內容一貫主張英式文法，與美式作風頗有出入，同書之美國版本因而針對某些內容進行若干修正；以下將參照美國修訂版，酌情以譯按方式補充說明。

計量單位的縮寫沒有必要加上句點，亦無須複數形：

51cm 不可植為 51cms

「頁次」、「約略年代」（circa）的縮寫，一般英式做法會加上句號但不另插空格（c.為斜體）：

p.245　　c.1997

美式做法除了加句號，亦插入空格，如：p. 245、c.1997。

「亦即」（that is/ie）與「例如」（for example/eg）的縮寫如果再加縮寫點會顯得太重；在英國會省略句號，只改為斜體，但是在美國通常並不這樣處理：

ie 勿植為 i.e.　　*eg* 勿植為 e.g.

美式做法皆須加句號，如：i.e.，e.g.。

Acronyms ｜首字母縮略詞

首字母縮略詞意指抽出一整組字詞中每個單詞的首字母，形成一個專有名詞，其發音方式亦比照一般字詞即可。一旦該詞成為定語，便可將它視為一般專有名詞來使用，只需在首字母冠上大寫即可。

Where are the Nato headquarters?

（範例譯文：「北約」的總部位於何地？）

Nato 發音「奈托」；美國視「總部」（headquarters）為單數名詞，這句疑問句的美式英文為：Where is the Nato headquarters?。

Ampersand (&) ｜與

此字乃「和」（and）字的簡寫，源自拉丁文 'et'，在某幾款字型中還可依晰看得出這兩個字母的筆劃。

& （Bembo 字型）

由於此字比較不佔空間，目前一般都只用於列表；此外，也常見於公司行號的名稱，因為它比一般的「和」更能顯示特定的結盟關係。

Smith & Jones
勿植為 Smith and Jones

Annotation and labelling ｜說明與標籤

標籤通常應做為輔助插圖、圖表或照片的次要資訊。說明文字體和指示線的級數與粗細應考量圖中線條的粗細（或顏色）：大致說來，指示線應該要比插圖本身的圖紋看起來更細、更輕，以免與圖片形成混淆。通常沒有必要再為標籤加框或加底線。

Apostrophe ｜省略撇號

省略撇號是用來顯示該字詞的所有格，或省略其中某個字母：

It's Peter's book.

務必使用正確的字符（即俗稱的「smart quote」），切勿誤用上標短撇（prime）。

應植為 Peter's 勿植為 Peter's

上標短撇原屬提示記號，如列表時在條目 a 之下臨時增列一個條目，可標示為 a'；蓋人們書寫時常因陋就簡，經常誤當做引號使用，俗稱「直引號」（straight quote）或「笨引號」（dumb quote）。

Bibliographies ｜書目資料

書籍、論文、網址的條列方式建議如下。在學術類型的著作中，編輯會堅持將作者的姓氏列在首位——或許可以採行折衷做法：維持先名後姓，但姓氏部分用小形大寫加以強調。有些出版社會略去出版單位（因為對讀者似乎幫助不大）。如果詳列引用出處的頁碼，單頁可用「p.xxx」（p.後不必加空格），不止一頁則以「pp.xxx–xxx」表示。

Phil Baines & Andrew Haslam, *Type & Typography*: Second edition, London, Laurence King Publishing 2005

排列次序為：作者，書名（斜體），版次，出版地，出版單位，出版年份。

Brackets and parentheses ｜方括號與圓括號

行文進行中需要插入一段補充、附帶說明或用以參照的資訊，都可以放進括弧（即「圓括號」）內：

book parts (2, 3, & 4) relate to …

（範例譯文：書中第二、第三與第四部涉及……）

方括號則用以指出原句中省略的含意：

'He [Martin] owned a flat.'

（範例譯文：他〔馬丁〕擁有一戶公寓。）

Capitals ~ appearance of｜大寫字母的呈現方式

全部以大寫字母行文時,必須運用整段字間微調(tracking)的功能作若干空間調整,以免字母顯得過於擁擠;制式字體調整間距通常都是大、小寫字母連動。某幾個特定字詞因其組成字母的排列方式,可能會較諸其他字詞更須花心力仔細調校。

CAPITAL LETTERS

未拉大字母間距:筆劃密密麻麻

CAPITAL LETTERS

拉開間距:筆劃舒朗有致

假如同時排列許多行大寫字,應特別留意行間,行與行之間的距離看起來必須大於字詞間距。

CAPITAL LETTERS
NEED SPECIAL TREATMENT

(範例譯文:大寫字母需要特別處理)

Capitals ~ use of｜大寫字母的運用

如何運用大寫字母是個頗為複雜的問題。依照英文的原則,所有專有名詞都必須冠上大寫首字母,而書名、文章的標題,除了當中的the、and、of等字之外,每個字詞的首字母也都應以大寫表示。不過,後一項做法可能會使標題顯得不好看,而且往往看起來很古舊。

Q Do Initial Capital Letters Really Make Headings Clearer?

(範例譯文:問 每個字詞的首字母大寫真的能讓標題更明顯易懂嗎?)

A No, initial capital letters do not make headings clearer.

(範例譯文:答 不,每個字詞的首字母大寫不能讓標題更明顯易懂。)

如今還有另一個棘手問題:有的公司行號會以全部小寫(或全部大寫)當做正式名稱,不管何時何地都要依照該形式呈現。這是不合理的:這些名稱與簽名式不同,還是應該依循標準格式。

Column, page, and paragraph endings｜欄位、頁面與文段的收尾

切勿讓欄首或頁首出現單獨一行文字(起碼要有兩、三行),也盡量不要在段落結束時留下一個字(詞)佔一行。落單在段尾的單一字詞稱為「孤」(orphan),而填不滿欄寬的一個或少數幾個字詞掛在頁首則稱作「寡」(widow)。萬一碰到這種情況,有幾種解決方式:

1 如果是齊左排列行文,可利用軟換行功能從各段行文「勻出」給字量。

2 如果是一篇新寫的稿件,作者或編輯通常可以稍事修改(或刪掉幾個字)。

3 如果欄位內會植入圖片,稍微調整圖片尺寸、比例,便可省去修該文稿的麻煩。

4 如果上述幾個辦法都無法奏效,最後的補救方式:不妨讓欄位或頁面短少一行。頁面上各元素的空間關係遠比頁腳或欄尾能否對齊來得更重要。

Contractions｜簡寫

(參見「abbreviations｜縮寫」條)

Dashes｜破折號

需要在行文中插入子句時,應使用破折號而不是連字號(hyphen)。破折號有兩種:

半形破折號(en dash)/短破折號

—

全形破折號(em dash)/長破折號

—

顧名思義,可知兩種破折號的差別即在於長度不同。

現今英語書籍慣常使用前後兩端加入空格的半形破折號,如果行文是無襯線(sans-serif)字體,採用前後加空格的半形破折號的效果通常會比使用全形破折號更好:

The reason – which Phil doesn't agree with – is that it looks out of place.

全形破折號看起來通常比較呆板,也比較合適用於老式襯線字體。使用全形破折號不必在兩端插入空格。以下範例為標準美式做法:

The reason—which Phil doesn't agree with—is that it looks out of place.

如果在同一部文稿中使用數種不同字體,視情況使用不同樣式的破折號亦無妨。重點是:保持前後一致即可。切勿用連字號取代破折號。連字號只能用於換行斷字和複合字詞的場合。半形破折號亦運用來標示日期與頁數範圍,但這種情形不必在兩端加空格:

1938–2005   pp.27–37

半形破折號也可用來連綴兩個對等字詞;此時破折號的意義等同於「和」(and),例如:「阿拉伯—以色列衝突」;或「至」(to),例如:「倫敦—布萊登長跑賽」。當前綴字詞屬於不完整字詞時,才可以使用連字號,例如:「亞裔英國人」(Anglo-Asian)〔此字的美式英文字義恰好相反,為:英裔亞洲人〕。

Dates｜日期

一如本章其他許多細目,英式與美式日期標記法並不一樣。英國使用基數(cardinal numbers,即1、2、3……等)排列:

14 February 1938

美國的基數排列方式則是:

February 14, 1938

不過,如果在連續行文之中提及日期,美式做法則會改採序數(ordinal number),例如:on the 14th of February,而英國多半還是維持以基數方式表示。

Decimal points｜小數點

雖然大家普遍使用句號代替小數點，但每款字型都附帶置中小數點，看起來也更為清楚。

78·5cm 勿植為 78.5cm

（參見「figures｜數目字」、「mid-point｜置中點」條）

Drop caps｜佔行大寫首字母

Drop caps Derived from the manuscript tradition, this device is often used at the beginning of a chapter, article, or paragraph. Careful attention to space is required to integrate these decorative details with the rest of the paragraph. The cap letter can be any number of lines deep but will integrate well with text if it is positioned on a baseline rather than hanging in space above a white 'pool'. In this example, the drop cap is three lines deep and its top has been aligned visually with the x-height of the main text.

佔行大寫首字母，乃衍生自寫本傳統，這種起文做法經常用在章、篇或文段的開頭。安插這類裝飾字母必須留意空間配置，才能巧妙搭配整段行文。大寫字母該佔幾行並無硬性規定，全以嵌合得好不好為準；大寫字母最好能夠吻合行文基線，不要懸在基線上下，以免出現「空澤」（pool）。此範例的首字母佔了三行，其字頂則是看起來對齊行文的x高。

Ellipsis｜刪節號

. . .

前後插空格的刪節號是用來代表原文中有所省略，或文意未完。應使用特別的刪節號字符，不要連用三個句號取代。

Endnotes｜尾註

（參見「reference｜參註」條）

Figures ~ kinds of｜數目字的種類

數目字有兩種字體，一種為「齊線」（lining）：

1234567890

另一種則為「不齊線」（non-lining）：1234567890

絕大多數的數目字皆設計成與該字型的字母相同字寬，以便排成表格時也能夠正確對齊，所以設定日期時，數字1需要稍微拉近字距。行文之中最好盡量使用不齊線數目字：

The book was published in 1974.
而不是 The book was published in 1974.

（範例譯文：此書出版於1974年。）

但如果是大寫行文，用齊線數目字較好：

PELHAM 123 而不是 PELHAM 123

（範例譯文：佩姆勒么兩三）

紐約市地下鐵的內部行車通報簡語，意指：於（下午）一點二十三分從佩姆勒灣公園站（Pelham Bay Park Station）開出的班次，唸法是：Pelham, one–two–three。

並非所有的字型都具備這兩種數目字字體。

以較老舊的PostScript字型來說，某些「古典字型」往往要在正常字型之外搭配一套外字集，其中收錄不齊線數目字（通常還會有小形大寫字母和各式連字、分數符號等）。較新的字型（例如：Meta或Swift）則都另備有掛名caps或SC的類似字型版本。

以OpenType格式生產的字型，其延伸字符現在都已將這兩種數目字字體收在單一字型檔案夾內。

Figure ~ quantities and monetary units｜數量與金額表示法

表示數量時（除了表示天數以外），通常會在千位數的地方插入一個逗號：

1,000 而不是 1000

表示金額數目時，特別是在財經文章中，數字則應該以靠右或對齊小數點的方式排列：

£34,710·00
1,341·90

須注意不同國家對於小數點與千位數有各自不同的表達方式。

英國的用法是：3,128·50 但法國則是 3.128,50

（參見「mid-point｜置中點」條）

Folios｜頁碼

這是「頁次數字」（page numbers）的正式用語。凡是有援引需要的文件都要附上頁碼。頁碼必須安放在可以被清楚看到的位置，同時要以適合該文件格式的方式呈現。頁碼的字體通常沒有必要比正文更大。頁碼最常出現在隨頁標眉／隨頁地腳標眉之後。

過往的書籍會使用兩套數字來標示頁碼：前附部分使用小寫羅馬數字（i、ii、iii……等），主文部分則用阿拉伯數字（1、2、3……等）。現今的書籍通常只用一組阿拉伯數字頁碼來貫串全書，但空白頁或標題頁面則不顯示。

Footnotes｜腳註

（參見「reference｜參註」條）

修整文稿格式

Fractions｜分數

ISO 標準字符集只收錄區區幾種基本的分數〔僅 ⅓、¼、¾ 三種〕，而且用麥金塔電腦鍵盤打不出這些分數記號。不過，藉由人工調整數字的位置（上移、下移），再稍微減小若干字級，亦可造出分數。此外，Quark 排版軟體也內建有「造分數」（Make Fraction）功能選項。

Quark-made fractions 19⅓ x 4¾ in

（範例譯文：用 Quark 造出的分數：19⅓×4¾ 英寸）

Full points (stops)｜句號／縮寫點

（參見「abbreviations｜縮寫」、「sentence endings｜句尾」條）

Hanging punctuation｜標點突排

某些排版軟體具備可設定標點符號突出於文字欄位界線之外的功能，這樣能使文字塊看起來較為均衡、完整。標題有時也會運用這種行文方式。

Hyphenation & justification (H&Js)｜斷字齊行

（參閱頁 81）

Hyphens｜連字號

‒

連字號並非破折號（參見「dashes｜破折號」條）。連字號只能用於換行斷字、複合字詞的場合：

What a lovey-dovey couple

（範例譯文：好一對情投意合的佳偶）

Initials｜首字母

名字的首字母應平均地填入空格，而不能擠成一堆、自外於姓氏。除非委託人提出要求，否則不必加上句號（縮寫點）：

F P Haslam 不是 F.P.Haslam

美式做法雖兩者皆可，但通常會加句號。

學位頭銜也不須加句號：

Peter Haslam MEd

美式做法對於學位縮寫有時會加入句號；如：M.Ed（教育學碩士）。
（參見「small caps｜小形大寫字母」條）

Intercaps｜字詞間大寫字母

籠統地說，這是一種既可縮短複合名詞的長度，又能省略連字號的新作風。鑑於該字母具有重要作用，所以非得保持大寫不可：

OpenType

（有時這也成了某些沒道理的錯誤拼寫的藉口，譬如：QuarkXPress。）

Italics｜斜體

斜體原本屬於一種獨立的字體，如今都被用來搭配正體字（roman）。行文中出現斜體字有三種主要用意：

1 顯示某件文藝作品（譬如：書籍、報刊、繪畫或戲劇）的標題。
2 點出某個或一段外文字詞（但如果該字詞已被本地廣泛接納，成為本國語文中的固定用語則不必再以斜體表示；關於這一點，只須翻查一部跟得上時代的好辭典即可得知）。
3 強調該字詞的特定語氣或讀音（但如果運用得太頻繁，則可能會令人感覺不耐）。

Ligatures｜連字

在印刷的領域中，所謂連字即指兩個（或兩個以上）字符過分緊貼以至於黏在一起。就語文學的角度而言，則通常是指雙元音（雙母音）字母，例如：

Æ æ Œ œ

這幾個字母合併在一起是基於發音上的理由，但由於現在可以用鍵盤打出各種變音符、輔音標等記號，已無須再運用這些連字。英文中運用這幾個連字，通常都是為了帶出某種時代風味，或吻合以古體書寫的內容。

這種互相交疊的組合字母很多，最常見的是 fi 與 fl：

fi   fl

是 fit 而不是 fit

最好先對整篇文稿進行拼字檢查，再逐一植入連字，因為有些軟體內建的字典並不認得這幾個字符。在某幾款字體和外字集中，還會有 ffi、ffl 等連字。

Marginal notes｜欄邊註

（參見「reference｜參註」條）

Omissions｜刪節號

（參見「ellipses｜刪節號」條）

Ordinal numbers｜序數

即 1st（first，第一）、2nd（second，第二）、3rd（third，第三）等。不管是英式英文或美式英文，通常都會避免行文中使用簡式序數，而會完整拼寫出來：

twentieth-century boy

（範例譯文：二十世紀少年）

Page numbers｜頁次數字

（參見「folios｜頁碼」條）

Paragraphs｜文段

文段是完整意念的單位；因此，各文段必須有清楚的區隔。呈現文段有各種方法。以打字機打出來的初稿幾乎清一色全用插入空行的方式來分段。但排印成書籍則通常運用段首縮排。最起碼的縮排幅度是與行間，即頁面上最明顯的垂直空間，大小相同。

不要用tab鍵設定段首縮排，由於任何一個tab都會成為文稿中的一個字符。盡量運用段落格式設定縮排，萬一需要調整或取消都會比較簡單。

Parentheses｜括弧

（參見「brackets｜括號」條）

Primes｜上標短撇

' "

在書籍編排中，常可見到這類來自打字機鍵盤的「遺毒」──用上標短撇取代所有的省略短撇、引號（卻又無法顯示上引號與下引號的差別）。既然有設計較佳的「聰明短撇」、「聰明引號」〔smart apostrophes, smart quotation marks，相對於「笨引號」；參見「apostrophes｜省略短撇」、「quotation marks｜引號」條〕，就不該使用上標短撇。

上標短撇目前多用於標示英尺、英寸〔6'6"即六英尺六英寸〕。如果同時提及公制與英制單位，最好還是明確註明單位縮寫：

a 2 m (6ft. 6 in.) plywood sheet

（範例譯文：一片兩公尺〔六英尺六英寸〕長的合板）

Proof correction marks｜校訂記號

昔日的出版流程，編寫、設計、植字……等一連串作業之間的分際比較明確，制定一套大家都可理解的校對、訂正符號，能讓各工作環節的人員相互之間的溝通更確實、簡明。儘管現今設計環境中的界線已相當程度地泯除，不同領域的從業者之間仍有溝通上的需要。不同國家都有各自的標準記號；其共通點是：都運用速記的形式，同時標記在行文和頁邊餘白。下頁所示的校訂記號乃出自英國國家標準（5261：1975）。

【基本校訂記號】

插入	⋏	刪除	／	此處有誤	✗
增加空距	Y	刪去空距	↑	此處待查	⑦
頂標	Y	下標	⋏	不予改動	✓

字體格式

	頁邊標註符號	行文處標註符號	訂正結果
（改成斜體）	⊔⊔	italicize	*italicize*
（改成正體）	ϥ	romanize	romanize
（改成粗體）	∼∼∼	embolden	**embolden**
（改成大寫）	≡	caps	CAPS
（改成小寫）	≠	NOT CAPS	not caps
（改成小形大寫）	＝	small caps	SMALL CAPS
（將小形大寫改成一般小寫）	≠	NO SC	no sc

行文形式

（加入空距）	Y	add space	add space
（刪去空距）	↑	c. 2000	c.2000
（拉近）	⌒	clo se up	close up
（移位）		reposition	
（字符對調）	⊔	trnaspose	transpose
（字型錯誤）	w.f.	Wrong font Swift	
（另起新段）		then. Make new para	
（[行]對調）		lines / transpose	transpose / lines
（接上；不換行）		run on	run on
（移往上一行）		take back now	take back now
（移往下一行）		take over now	take over now

「頂標」（superior）又稱做「冒頭」（cock-up），與當做參註符號的上標（superscript）不同，頂標除了縮小字級，其位置必須向上移至大寫字母的頂線以上，通常用於數理文體的行文之中，譬如 M^2。下標（inferior）則指某個特定字符必須縮小、下移甚至超出底線以下，譬如 H_2O。

Punctuation marks｜標點符號

標點符號之前無須插入字母間距。但如果下括號或下引號之前的字符有升幕部或垂懸筆劃，或許需要稍微拉開間距。

連續行文之中，標點符號對於傳達延伸文意扮演重要角色：

2–6 Catton Street, London

但若是標題句式，譬如：書名頁，就可以採取換行、空白，或一般的排法取代標點符號：

2–6 Catton Street
London

Quotation marks and quotations｜引號與引文

' ' " "

不論是用於引文或標示某字詞的特定字義，英式做法通常都使用單引號。因為雙引號在行文中太明顯，只能當做引文內的引號。

'I liked it when the car went "beep, beep" suddenly.'

（範例譯文：「我以前最愛聽汽車突然發出『嘟、嘟』聲。」）
美式做法則是優先使用雙引號，引文內才用單引號：

"I liked it when the car went 'beep, beep' suddenly."

不論英式或美式，務必使用正規引號（有時又稱做「彎曲」〔curly〕引號或「聰明」引號），切忌使用打字機引號鍵上的上標撇號。還要留意，英式句法是：該段引文必須是完整的句子，引號之內才能有其他標點符號，美式做法則不管如何都可以在引號內放置標點符號。超過四行的引文，完全不用引號反而比較好，最好改採其他方式設定該段行文，例如：略微縮小字級、整段左右兩側縮排。〔中文書籍則往往改用另一款字型。〕

The book is the greatest interactive medium of all time. You can underline it, write in the margins, fold down a page, skip ahead. And you can take it anywhere.
Michael Lynton in the *Daily Telegraph* 19 August 1996

（範例譯文：書籍是古往今來最棒的互動媒體。我們可以在書上畫底線、寫眉批、摺出頁角、隨時跳讀。而且，隨時隨地都能取閱。麥可・林頓，1966年8月19日《每日電訊報》）

References｜參註

非虛構類與學術著作往往必須頻頻交代行文內容中涉及的其他作品。運用「插入括號註記」（parenthetical citation）交代出處是最不造成干擾的做法，因為這樣不僅能簡短提及重點，也不必另外再列出註解（腳註、旁註、尾註等）。

插入括號註記只須在括號內列出與該段所涉文本關聯著作之作者姓氏、印行年份（如果另有其他多部參註出版品皆出自同一作者而又分屬不同出版年份的話），和該段引文、摘錄或概念來源所在之頁碼即可。括號註記可直接插在該段發生參照關係的行文之後，如下例：

from doing so'. (Tracy p.11) The function of …

（範例譯文：……未如是做。」（崔西，頁11）其功能……）
倘若確有必要在主文以外進一步詳加說明，就可能需要腳註（參閱頁108）。如此便得在主文中標示參註記號，然後另闢篇幅，以其他格式編排註釋內容。註釋可以和主文比肩排列（旁註）、置於頁底（腳註），或集中列在各章或全書之後（尾註）。假如每頁的註釋不少，可依序使用下列幾種參註符：

★ † ‡

但如果註釋數量頗多，或是註釋內容排列在該章之後，在行文中各個參註點後面編號附上角標（superior numbers, superscript）會比較清楚。角標序號並非標準字型，但可以利用排版軟體加以設定，或許還要施以若干調整，讓它與行文主體看起來更協調。

cast iron; enamelled steel;[14] and

Running heads / running feet｜隨頁天頭標眉／隨頁地腳標眉

隨頁天頭標眉或地腳標眉和頁碼一樣，都是長篇文稿不可或缺的元素。傳統書籍的普遍做法是將書名列在左頁，章名列在右頁；頁碼往往會與標眉放在一起。為了適應各種不同的情況，標眉與頁碼的內容與位置亦可有各種變化，但是，這些元素仍應與目錄頁所列保持一致。（參見「folios｜頁碼」條）

Sentence endings｜句尾

打字時習慣在每個句子結束時鍵入兩個空格，這樣子會讓整個文字塊呈現許多白色的缺空。在句號之後留一個空格其實已綽綽有餘，標點符號也足以發揮作用。

sentence creates white holes in the texture of a text. A single space following the full point is all that is needed.

Small caps │小形大寫

所謂小形大寫是指大寫字母的字高比照同款字型小寫字母的 x 高。如果字型中具備小形大寫，對於凸顯書目當中某些資訊（以符合學術品質）、用以標示郵遞區號，或營造不同層級的大小標題都頗派得上用場。切勿使用電腦的變形字體，因為那樣只會讓筆劃變細。

Wendy Baker MA (RCA)
不是 Wendy Baker MA (RCA)

絕大多數「古典字型」的供應者都會同時生產一套包括小形大寫字母、不齊線數字、各式各樣的連字、分數記號……等足以搭配使用的外字集。許多款現代字體（例如 Meta、Swift 等）則都另備有掛名 caps 或 SC 的類似字型版本。

Soft returns │軟換行

當行文以齊左方式排列時，會視情況運用軟換行將過長的句尾掐斷，挪至下一行，但不另起新段；如果文稿採左右對齊的方式排列，則可利用此功能來強制換行。

Temperature │溫度

標示溫度時應使用度數記號。如果同時採用兩種不同單位，或擔心只列出度數可能會讓人誤解，可加上該溫度單位的首字母縮寫加以釐清。如果是不齊線數字，單位首字母縮寫使用小形大寫字母較佳；又，溫度單位的首字母縮寫不必加句號。

the April average is 61°F (15°C),
but not this year.

（範例譯文：4月的平均氣溫為華氏61°〔攝氏15°〕，但今年並非如此。）

Word space │字詞間距

字詞間距雖由字體設計者或製造者決定，但亦可以使用頁面編排軟體加以調整。如果需要比正常字詞間距更顯眼，可使用半形空格（通常等於同字體數字0的寬度）。

ISO認證拉丁字符集甲集對應英式與美式麥金塔電腦鍵盤快速鍵便覽

請注意：雖然這套字符集總共應有256個字符，但不是所有的字符都能用麥金塔電腦鍵盤打出來。此外，以下只列出沒有出現在鍵盤上的字符。由於某些字符具備不只一種功能，部分內容可能會出現重複。

〔ISO拉丁字符集甲集（ISO Latin set 1）隸屬ISO 8859字符集之一。ISO 8859標準分成十六套字符集；拉丁甲集為第一種，用以規範西歐字符；餘如乙集為中歐字符、丙集為南歐字符……等。〕

Accented characters｜變音字符

- Å — [Shift] [Alt] [A]
- å — [Alt] [A]
- Á — [Alt] [E] [Shift] [A]
- á — [Alt] [E] [A]
- À — [Alt] [`] [Shift] [A]
- à — [Alt] [`] [A]
- Â — [Alt] [I] [Shift] [A]
- â — [Alt] [I] [A]
- Ä — [Alt] [U] [Shift] [A]
- ä — [Alt] [U] [A]
- Ã — [Alt] [N] [Shift] [A]
- ã — [Alt] [N] [A]
- Ç — [Shift] [Alt] [C]
- ç — [Alt] [C]
- É — [Alt] [E] [Shift] [E]
- é — [Alt] [E] [E]
- È — [Alt] [`] [Shift] [E]
- è — [Alt] [`] [E]
- Ê — [Alt] [I] [Shift] [E]
- ê — [Alt] [I] [E]
- Ë — [Alt] [U] [Shift] [E]
- ë — [Alt] [U] [E]
- Í — [Alt] [E] [Shift] [I]
- í — [Alt] [E] [I]
- Ì — [Alt] [`] [Shift] [I]
- ì — [Alt] [`] [I]
- Î — [Alt] [I] [Shift] [I]
- î — [Alt] [I] [I]
- Ï — [Alt] [U] [Shift]
- ï — [Alt] [U] [I]
- Ñ — [Alt] [N] [Shift] [N]
- ñ — [Alt] [N] [N]
- Ó — [Alt] [E] [Shift] [O]
- ó — [Alt] [E] [O]
- Ò — [Alt] [`] [Shift] [O]
- ò — [Alt] [`] [O]
- Ô — [Alt] [I] [Shift] [O]
- ô — [Alt] [I] [O]
- Ö — [Alt] [U] [Shift] [O]
- ö — [Alt] [U] [O]

- Ø — [Shift] [Alt] [O]
- ø — [Alt] [O]
- Õ — [Alt] [N] [Shift] [O]
- õ — [Alt] [N] [O]
- Ú — [Alt] [E] [U]
- ú — [Alt] [E] [U]
- Ù — [Alt] [`] [Shift] [U]
- ù — [Alt] [`] [U]
- Û — [Alt] [I] [Shift] [U]
- û — [Alt] [I] [U]
- Ü — [Alt] [U] [Shift] [U]
- ü — [Alt] [U] [U]
- Ÿ — [Alt] [U] [Shift] [Y]
- ÿ — [Alt] [U] [Y]

Accents｜變音符號

- acute｜銳音符／尖音符　´ — [Alt] [E] (GB)　[Shift] [Alt] [E] (US)
- breve｜倍音符／倒折音符　˘ — [Shift] [Alt] [>]
- circumflex｜折音符／捲音符／抑揚音符　^ — [Shift] [Alt] [N] (GB)　[Shift] [Alt] [I] (US)
- dotless i｜無上點的i字母　ı — [Shift] [Alt] [B]
- dieresis (umlaut)｜分音符／曲音符　¨ — [Alt] [U] (GB)　[Shift] [Alt] [U] (US)
- grave｜鈍音符／重音符／抑音符　` — [Alt] [`] (GB)　[Shift] [Alt] [`] (US)
- macron｜長音符　¯ — [Shift] [Alt] [,]
- overdot｜上點符　˙ — [Alt] [H]
- ring｜圈形符　° — [Alt] [K]
- tilde｜鼻音符／顎化符　~ — [Shift] [Alt] [M] (GB)　[Shift] [Alt] [N] (US)

Apostrophe｜省略撇號

' — [Shift] [Alt] [ ]]

Apple｜蘋果符號

（使用系統字型） — [Shift] [Alt] [K]

Bullet｜大形實心點

• — [Alt] [8]

Copyright｜版權符號

© — [Alt] [G]

Dashes｜破折號

- em dash｜全形破折號　— — [Shift] [Alt] [-]
- en dash｜半形破折號　– — [Alt] [-]

Decimal or mid-point｜小數點或居中實心點

· — [Shift] [Alt] [9]

Diphtongs｜複合母音字母

- Æ — [Shift] [Alt] ["]
- æ — [Alt] ["]
- Œ — [Shift] [Alt] [Q]
- œ — [Alt] [Q]

Ellipsis｜省略號

… — [Alt] [;]

En space｜半形空格

即500等分寬

[Alt] [Space]

Fraction bar ｜分數斜槓

麥金塔電腦無法打出「完整分數」（whole fraction）。
可以利用右斜分隔線「/」（切勿使用左斜線「\」）自
行造出分數記號。

/ [Shift] [Alt] [! 1]

Ligatures ｜連字

fi [Shift] [Alt] [% 5]

fl [Shift] [Alt] [^ 6]

某幾款字體的外字集中的連字符還會收錄 ffi 和 ffl；
其配置方式依個別製造商而有所不同。

ß [Alt] [S]

Eszett（即德文「雙 s」，其實這是一個單獨的字母，
也可能會改變字義）。

Mathematical & other symbols ｜
數學符號與其他符號

美式數目符號（英式鍵盤）

[Alt] [# 3]

ascii circumflex ｜ascii 輔音標

^ [Alt] [I]

approx / equal ｜約等於

≈ [Alt] [X]

degree ｜度

° [Shift] [Alt] [* 8]

delta ｜三角

△ [Alt] [J]

division ｜除

÷ [Alt] [? /]

epsilon ｜加總／和（希臘字母第五位〔大寫〕）

∑ [Alt] [W]

greater than or equal to ｜大於或等於／不小於

≥ [Alt] [> .]

infinity ｜無限大

∞ [Alt] [% 5]

integral ｜積分

∫ [Alt] [B]

less than or equal to ｜小於或等於／不大於

≤ [Alt] [< ,]

logical not ｜邏輯非／不成立

¬ [Alt] [L]

lozenge ｜菱形記號

◊ [Shift] [Alt] [V]

mu ｜微／百萬分之一（希臘字母第十二位〔小寫〕）

µ [Alt] [M]

not equal to ｜不等於

≠ [Alt] [+ =]

omega ｜最後、終了（希臘字母第二十四位〔大寫〕）

Ω [Alt] [Z]

ordinal a ｜陰性序數指示符

a [Alt] [(9]

oridinal o ｜陽性序數指示符

o [Alt] [) 0]

partial difference ｜偏差分

∂ [Alt] [D]

per thousand ｜千分比

‰ [Shift] [Alt] [E] (GB) [Shift] [Alt] [R] (US)

Pi ｜連乘積（希臘字母第十六位〔大寫〕）

∏ [Shift] [Alt] [P]

pi ｜圓周率（希臘字母第十六位〔小寫〕）

π [Alt] [P]

plus or minus ｜加減（正負）

± [Shift] [Alt] [+ =]

solidus (fraction bar) ｜右斜分隔線（分數斜槓）

/ [Shift] [Alt] [! 1]

square root ｜平方根

√ [Alt] [V]

Mid- or decimal poin ｜居中實心點或小數點

· [Shift] [Alt] [(9]

Monetary symbols ｜貨幣符號

Cent ｜分

¢ [Alt] [$ 4]

Euro ｜歐元

€ [Alt] [@ 2]

Florin ｜弗羅林（英國舊幣制）

ƒ [Alt] [F]

Pound sterling ｜英鎊（美式鍵盤）

£ [Alt] [# 3]

Yen ｜日圓

¥ [Alt] [Y]

Punctuation marks ｜特殊標點符號

open Spanish exclamation mark ｜西班牙文句前驚嘆號

¡ [Alt] [! 1]

open Spanish question mark ｜西班牙文句前問號

¿ [Shift] [Alt] [? /]

Quotation marks ｜引號

' [Alt] [}]]   ' [Shift] [Alt] [}]]

" [Alt] [{ []   " [Shift] [Alt] [{ []

法國與義大利使用單尖與雙尖引號（guillemets）
尖角朝外，德國則是尖角朝內

‹ [Shift] [Alt] [# 3]   › [Shift] [Alt] [$ 4]

« [Alt] [\]   » [Shift] [Alt] [\]

open Spanish quotation mark ｜西班牙文句前引號

‚ [Shift] [Alt] [) 0]   „ [Shift] [Alt] [W]

Reference marks ｜參註符

dagger ｜劍號

† [Alt] [T]

double dagger ｜雙劍號

‡ [Shift] [Alt] [& 7]

paragraph (pilcrow) ｜分段號

¶ [Alt] [& 7]

section ｜分節號

§ [Alt] [^ 6]

Registered trade marks ｜註冊符號

® [Alt] [R]

Soft return ｜軟換行

行文中換行但不另起新段

[Shift] [Return]

Temperature ｜溫度符號

degree ｜度

° [Shift] [Alt] [* 8]

Trademark ｜註冊商標符號

TM [Shift] [Alt] [@ 2]

延伸閱讀

I：何謂「一本書」

Alan **Bartram**, *Five Hundred Years of Book Design*, London: The British Library, 2001.

Robert **Bringhurst** and Warren **Chappell**, *A Short History of the Printed Word*, Vancouver: Hartley & Marks, 1999.

Harry **Carter**, *A View of Early Typography up to about 1600*, London: Hyphen Press (reprint), 2002.

Lois Mai **Chan**, John P. **Comaromi**, Joan S. **Mitchell**, and Mohinder P. **Satija**, *Dewey Decimal Classification*, New York: Forest Press, OCLC Online Computer Library Centre, 1996.

Martin **Davies**, *The Gutenberg Bible*, London: The British Library, 1996.

Geoffrey Ashall **Glaister**, *Glaister's Encyclopedia of the Book*, London: British Library, and New Castle, Delaware: Oak Knoll Press, 1996.

Christopher de **Hamel**, *The Book: A History of the Bible*, London: Phaidon, 2001.

Norma **Levarie**, *The Art and History of Books*, London: British Library, and New Castle, Delaware: Oak Knoll Press, 1995.

Margaret B. **Stillwell**, *The Beginning of the World of Books, 1450 to 1470*, New York: Bibliographical Society of America, 1972.

II：書籍設計師的課題

Phil **Baines** & Andrew **Haslam**, *Type & Typography*, London: Laurence King (revised edition), 2005.

Andrew **Boag**, "Typographic measurements: a chronology," *Typographic Papers 1*, University of Reading, 1996, pp.105–21.

Hans Rudolf **Bossard**, *Der typografische Raster (The Typographic Grid)*, Zürich: Niggli, 2000.

Robert **Bringhurst**, *The Elements of Typographic Style*, Version 2.4, Vancouver: Hartley & Marks, 2001.

Bruce **Brown**, *Brown's Index to Photo Composition Typography*, Minehead: Greenwood, 1983.

Christophe **Burke**, *Paul Renner: the Art of Typography*, London: Hyphen Press, 1998.

David **Crystal**, *The Cambridge Encyclopedia of the English Language*, Cambridge: Cambridge University Press, 1995.

Kibberly **Elam**, *Grid Systems*, New York: Princeton Architectural Press, 2004.

Michael **Evamy** / Lucienne **Robert**, *In sight: a guide to design with low vision in mind, examining the notion of inclusive design, exploring the subject within a commercial and social context*, Hove: Rotovision, 2004.

Steven Roger **Fisher**, *A History of Reading*, London: Reaktion Books, 2003.

Bob **Gordon**, *Making Digital Type Look Good*, London: Thames and Hudson, 2001.

Denis **Guedj**, *Numbers: the Universal Language*, London: Thames and Hudson, 1998.

David **Jury**, *Letterpress, New Applications for Traditional Skills*, Hove: Rotovision, 2006.

Robin **Kinross**, *Modern Typography: a Critical History*, London: Hyphen Press, 1991.

Willi **Kuntz**, *Typography: Macro- + Micro-Aesthetics*, Zürich: Niggli, 1998.

Le Corbusier, *The Modulor and Modulor 2*, Basel: Birkhauser Verlag AG, 2000.

Ruari **McLean**, *How Typography Happened*, London: British Library, and New Castle, Delaware: Oak Knoll Press, 2000.

Josef **Müller–Brockmann**, *Grid Systems in Graphic Design (Raster Systeme für die visuelle Gestaltung)*, Zürich: Arthur Niggli (revised edition), 1996.

Gordon **Rookledge**, *Rookledge's International Type Finder*, selection by Christopher Perfect and Gordon Rookledge, revised by Phil Baines, Carshalton, Surrey: Sarema Press, 1990.

Luciene **Roberts** and Julia **Thrift**, *The Designer and the Grid*, Hove: Rotovision, 2004.

Emil **Ruder**, *Typographie: Ein Gestaltungslehrbuch / Typography: A Manual of Design / Typographie: un manuel de création*, Zürich: Niggli (7th edition), 2001.

Fred **Smeijers**, *Counter Punch: Making Type in the Sixteenth Century, Designing Typefaces Now*, London: Hyphen Press, 1996.

Jan **Tschichold**, *Die neue Typographie: Ein Handbuch für Zeitgemäss Schaffende*, Berlin: Brinkmann & Bose, 1987; English edition *The New Typography: a Handbook for Modern Designers*, translated by Ruari McLean, with an introduction by Robin Kinross, Berkeley and Los Angeles: University of California Press, 1995.

— *The Form of the Book; Essays on the Morality of Good Design*, edited by Robert Bringhurst, translated by Hajo Hadeler, London: Lund Humphries, 1991.

Wolfgang **Weingart**, *My Way to Typography: Retrospectives in Ten Sections, Wege zur Typographie Ein Rückblick in zehn Teilen*, Baden: Lars Müller, 2000.

III：文字與圖像

Jaroslav **Andel**, *Avant-Garde Page Design 1900–1950*, New York: Delano Greenidge Editions LLC, 2002.

Phil **Baines**, *Penguin by Design: A Cover Story*, London: Allen Lane, 2005.

Alan **Bartram**, *Making Books: Design in Publishing since 1945*, London: British Library, and New Castle, Delaware: Oak Knoll Press, 1999.

Jacques **Bertin**, *Semiology of Graphics Diagrams, Networks, Maps*, Madison, Wisconsin: University of Wisconsin Press, 1983.

Derek **Birdsall**, *Notes on Book Design*, New Haven: Yale University Press, 2004.

Jeremy **Black**, *Maps and Politics*, London: Reaktion Books, 2000.

Kees **Broos** and Paul **Hefting**, *Dutch Graphic Design, a Century*,

Cambridge, Massachusetts: The MIT Press, 1993.

Henry **Dreyfuss**, *Symbol Sourcebook: An Authoritive Guide to International Graphic Symbols*, New York: John Wiley (paperback), 1984.

Michael **Evamy**, *World Without Words*, London: Laurence King Publishing, 2003.

Roger **Fawcett–Tang**, *The New Book Design*, London: Laurence King Publishing, 2004.

— with Daniel **Mason**, *Experimental Formats: Books, Brochures, Catalogues*, Hove: Rotovision, 2004.

— *The New Book Design*, London: Laurence King Publishing, 2004.

— *Experimental Formats: Books, Brochures, Catalogues*, Hove: Rotovision, 2001.

Mirjam **Fischer**, Roland **Früh**, Michael **Guggenheimer**, Robin **Kinross**, François **Rappo** et al., *Beauty and the Books / 60 Jahre Die schönsten Schweizer Bücher / Les plus beaux livres suisses fêtent leur 60 ans / 60 Years of the Most Beautiful Swiss Books*, Berne: The Swiss Federal Office of Culture, 2004.

Steven **Heller**, *Merz to Emigre and Beyond: Avant-garde Magazine Design of the Twentieth Century*, London: Phaidon, 2003.

Richard **Hendell**, *On Book Design*, New Haven: Yale University Press, 1998.

Jost **Hochuli** and Robin **Kinross**, *Designing Books: Theory and Practice*, London: Hyphen Press, 1996.

Allen **Hurlburt**, *Layout: The Design of the Printed Page*, New York: Watson–Guptill, 1977.

John **Ingledew**, *Photography*, London: Laurence King Publishing, 2005.

Michael **Kidron** & Ronald **Segal**, *The State of the World Atlas*, London: Pan Books, 1981.

Robin **Kinross** (ed.), *Antony Froshaug, Documents of a Life, Typography and Texts*, London: Hyphen Press, 2000.

Carel **Kuitenbrouwer** (guest editor), *De best Boeken 2001 / The Best Dutch Book Designs of 2001*, Amsterdam: CPNB, 2002.

Ellen **Lupton** and Abbot **Miller**, *Design Writing: Research Writing on Graphic Design*, London: Phaidon Press, 1999.

Ben van **Melick**, *Wertitel / Working title, Piet Gerards, grafisch ontwerper, graphic designer*, Rotterdam: Uitgeverij 010 Publishers, 2003.

Paul **Mijksenaar** and Piet **Westendrop**, *Open Here: The Art of Instructional Design*, London: Thames and Hudson, 1999.

Ian **Noble** & Russel **Bestley**, *Experimental Layout*, Hove: Rotovision, 2001.

Jane **Rolo** and Ian **Hunt**, *Book Works: A Partial History and Sourcebook*, London: Bookworks and the ICA, 1996.

Rebecca **Stefoff**, *The British Library Companion to Maps and Mapmaking*, London: The British Library, 1995.

Edward R **Tufte**, *The Visual Display of Quantative Information*, Cheshire, Connecticut: Graphic Press, 1983.

— *Envisioning Information: Narratives of Space and Time*, Cheshire, Connecticut: Graphic Press, 1990.

— *Visual Explanations: Images and Quantities, Evidence and Narrative*, Cheshire, Connecticut: Graphic Press, 1997.

Daniel Berkeley **Updike**, *The Well-Made Book, Essays and Lectures*, edited by William S. Peterson, New York: Mark Batty, 2002.

Howard **Wainer**, *Graphic Discovery: A Trout in the Milk and other Visual Adventures*, Princeton: Princeton University Press, 2005.

John Noble **Wilford**, *The Mapmakers*, London: Pimlico (reprint), 2002.

Richard Saul **Wurman**, *Information Anxiety 2*, Indianapolis: Que, 2001.

IV：製作

Michael **Barnard** (ed.), *The Print and Production Manual*, Leatherhead, Surrey: Pira International, 1986.

Alastair **Campbell**, *The New Designers' Handbook*, London: Little Brown, 1993.

David **Carey**, *How it Works, Printing Processes*, Ladybird Book series, Loughborough: Wills and Hepworth, 1971.

Poppy **Evans**, *Forms, Folds, Sizes: All the Details Graphic Designers Need to Know but can Never Find*, Hove: Rotovision, 2004.

Kōjirō **Ikegami**, *Japanese Book Binding: Instructions From a Master Craftsman*, translated and adapted by Barbara B. Stephan, New York: Weatherhill, 1986.

Arthur W **Johnson**, *The Manual of Bookbinding*, London: Thames and Hudson, 1978.

Tim **Mara**, *The Manual of Screen Printing*, London: Thames and Hudson, 1979.

Alan **Pipes**, *Production for Graphic Designers*, London: Laurence King Publishing (4th edition), 2005.

Wayne **Robinson**, *Printing Effects*, London: Quarto, 1991.

Keith A **Smith**, *Volume 1: Non-adhesive Binding: Books Without Paste or Glue*, New York: Keith A Smith, 2001.

Rick **Sutherland** and Barbara **Karg**, *Graphic Designers' Colour Handbook: Choosing and Using Colour from Concept to Final Output*, Gloucester, Mass.: Rockport, 2003.

Harry **Whetton**, *Practical Printing and Binding: A Complete Guide to the Latest Developments in all Branches of the Printer's Craft*, London: Odhams Press, 1946.

— (ed.), *Southward's Modern Printing*, Leicester: De Montfort Press (7th edition), 1941.

附録

The Chicago Manual of Style, Chicago: The Chicago University Press, 15th edition, 2003.

Geoffrey **Dowding**, *Finer Points in Spacing and Arrangement of Type*, Vancouver: Hartley & Marks (second edition), 1995.

Hart's Rules for Compositors and Readers at the University Press, Oxford: Oxford University Press (39th edition), 1993.

R L **Trask**, *The Penguin Guide to Punctuation*, London: Penguin, 1997.

詞彙釋義 （關於書籍各部位的名稱，請參閱頁 20–21 的圖解。）

Alignment｜行文（對齊）方式
內文置入文字欄內抵靠欄邊的排列方式（參見
「justification｜左右齊行」條）。

Ascender｜升冪部
小寫字母筆劃突出於 x 高之上的部位。

Axonometric drawing｜軸測投影圖
可用單張圖繪出物體上、左、右三面的製圖
法，三面皆以 45°角呈現。

Baseline grid｜基線網格
用以排列行文的基準線。

Beard｜字腮
鉛字塊字身從字肩到字面之間的斜面部位。
〔或稱「字頸」（neck）、「斜面」（bevel）。〕

Blad｜試印本
進行正式印製前，先印出其中一小部分並施以
簡單裝訂；用以檢視頁面設計、封皮、印製品
質，亦可充當出版商的行銷材料。

Chinese binding｜中式裝訂／摺子裝
書籍裝訂形態之一；書頁以正反連續摺疊而
成；「法式裝訂」的同義詞。

CMYK
印刷使用之四種基本色料：青、洋紅、黃、黑
的簡稱。

Co-edition｜共同版本
由不只一個出版單位出版的書籍，例如：某部
在美國出版、以英文書寫的書籍，在德國、西
班牙可能會交由其他出版單位翻譯、印行。

Codex｜冊（子）
（古語用法）以書本形態裝訂而成的書寫內容
——相對詞為「卷（子）」。

Colophone｜尾署
書後記述該書書名、行文字型、印刷方式……
等印行資訊的說明文。〔功能與形態均頗類似
中國傳統雕版印本書之「牌記」；其中大部分
功能，現今已被版權頁取代。〕

Colour gamut｜色域
光譜中肉眼可見、或以 CMYK 四色料或 RGB 三
色光印出來的色彩範圍。

Colour separation｜分色
將全彩圖片析分成青色、洋紅色、黃色、黑四
色的流程。

Compositor｜植字員／揀字工
負責植字的人，特別指稱傳統金屬活字印刷領
域的分工。

Continuous tone｜連續階調
圖像包含從最淺到最深（1% 到 100%）的階調
範圍。

Corner flag｜角旗
包覆在書籍右上角的三角形小紙片或紙卡，用
以刊載促銷訊息。

Debossing｜壓凹
使用金屬版型加壓，在紙頁或封皮上壓出文字
或圖形的凹痕。

Descender｜降冪部
小寫字母筆劃突出於基線以下的部位。

Didots｜迪多點
標示字體級數的單位，由 François Ambroise
Didot 於 1783 年左右制定，廣泛通行於歐洲
（但英國除外）。

Directional｜方向指示
以箭頭符號或文字敘述（例如：「左圖」、「右
圖」等）連結圖片與圖註的標註方式。

Dry proof｜乾打樣
不透過印刷流程印製的樣稿，例如：照相打
樣、數位打樣等。

Duotones｜雙色調
使用兩片半色調網屏以特別色印製的圖像。

Dust jacket｜書衣／護封
環繞精裝書的書體、用以保護封皮的紙。

Embossing｜拱凸
運用凹、凸版型上下夾擠，在紙面上壓出文字
或圖形的凸痕。

Endmatter｜後輔文
所有置於書後、不屬於內文本體的內容之泛
稱，例如：附錄、名詞解釋、圖版提供者列
表、誌謝資料、索引。有時亦稱做「後附」
（subsidiaries）。

Endnotes｜尾註
行文註解統一列於全書最後。

Endpapers｜環襯／蝴蝶頁
黏附於精裝書前後硬板、用以連結鞏固硬封與
書蕊的紙張；通常會施以圖飾。

Factorial grids｜階乘網格
不用長度細分，而以欄位、間隔數目為單位制
定的版面規劃系統。

Flatplan｜落版單
同時呈現全書所有頁面版面編排的圖表，可供
編輯人員、設計者組織章節，安排印帖的頁面
配置。

Foil blocking｜燙金
在封皮硬板上壓出文字或圖形並填入金屬箔料
的裝飾手法。

Folio｜1 頁碼／2 對開
1 以紙葉之單面為單位，用以識別書頁次序的
數字。
2 紙張的規格之一：大小為全張紙對摺一次。

Footnotes｜腳註
行文中的註解列於該頁的地腳餘白。

French binding｜法式裝訂
書籍裝訂形態之一；不以傳統的集合摺帖、
而是以反覆摺疊紙張組裝成的書籍。可能會
先用數張紙裱接成連續的紙葉再予裝訂。〔與
「中式裝訂」一樣，「法式裝訂」亦是不盡精確
的說法；在某些場合，「法式裝訂」指的是某
種介於平裝與精裝之間的裝訂形式。東亞古
籍尋常的裝訂形式：線裝，英文是 Japanese
binding 或 thread binding。〕

Frontispiece｜卷首扉畫
置於書名頁之前或與書名頁相對的圖版。

Frontmatter｜前輔文
所有置於書前、不屬於內文本體的內容之泛
稱，例如：書名頁、目次頁、前言、序文……
等。有時亦稱做「前附」（preliminary matter,
prelims）。

Full-bleed｜滿版出血
圖版不設在圖框內，而是溢滿所有的頁面。

Gatefold｜摺頁／開門頁／拉頁
一枚大於正常書頁、突出於切口而又沿著切口
往內摺入書中的延長頁面，形態彷彿開、闔一
扇門。展開摺頁時，其面積約略是正常書頁的
兩倍。雙開摺頁（double gatefold）則是指相
對的左右兩側同時設置摺頁，全部展開時版面
可達單頁面積之四倍大。

Golden section｜黃金比例
切分直線、平面或切割紙張的比例關係；其短
邊與長邊的比例等同於長邊與長短總合之比
例。以代數公式表示，即：a:b=b:(a+b)；其
十進位值約合 1:1.61803。

Gravure printing｜蝕刻印刷
凹版印刷技法之一；在銅版上蝕出文字或圖
像，製成印版，印墨滲入凹痕，當印刷機將紙
張壓覆在印版上，紙張吸出印墨即完成印刷。

Greyboard │灰紙板
用來當做精裝書封皮的硬紙板，有各種不同的質地、厚度。

Grid │網格
以水平和垂直線條組成，將頁面區隔出欄位與間距，讓設計者編排圖片與文字等頁面元素時有所依據，並使之具備條理的版面架構。

Half-title │簡書名頁
正式書名頁之前、簡略交代書名的頁面。

Halftone │半色調
將連續階調的照片、圖繪篩濾成大小不等的網點或線紋，以便用於印刷的網屏。

Hand-setting │手工組字
從鉛字架上以人工挑揀個別的熱鑄鉛字塊排列成詞、句的工序。

Histogram │直方圖／柱狀圖
長條圖的籠統稱呼，用來量測分門別類的頻率。在數學領域中，直方圖用於記錄數據的頻率與比重。

Hot-metal type │熱鑄字
以機具鑄造成的字模。將燒熔的金屬灌入模型之中，冷卻後凝固成個別的金屬活字或成排的行文。

Ideogram │表意符號
表示某種抽象意念的符號，相對於代表具體物件的象形符號（參見「pictogram │象形符號」條）。

Imposition │拼版
在組成一份印帖的全張紙兩面安排書頁的正確位置。

Incunabula │搖籃本
西元1501年以前印行的書籍。較常用以指稱1455年古騰堡發明活字印刷以後的早期印本書籍。

Intaglio printing │凹版印刷
印刷方式之一，讓印墨落在印版凹陷內；當紙張壓覆在印版上，便將印墨吸捺到紙面上。

Interval │欄間距
頁面上兩個文字欄之間的空間。

Isometric │等角測繪
可用單張圖繪出物體上、左、右三面的製圖法（三面皆以30°角呈現）。

Justification │左右齊行
逐行排列的行文左、右兩端皆抵靠欄框邊界；因而各行行文的字詞間距會有出入。其他排列方式有「靠左／不齊右」：行文完全沿著左側欄邊排列；與之相反的則是「靠右」。

Keyline │框線
顯示邊界、插圖周圍或文字區塊的細框線，通常印成黑色（因為在印刷作業中，通常稱黑墨為「主色」〔key〕），但現今通常也用以稱呼其他顏色印製的細線。

Leader line │指示線
從圖註標籤或編號延伸，指向圖像中某個部位的線段。

Leading │行間
以人工揀字，行與行之間是藉著插入不同厚度的鉛片隔出水平空間。電腦植字則是以設定基線的方式營造行間。

Leaf │葉
書中的單張紙，經常也被籠統當成「頁」，但「一葉」應由（正、反）兩面組成。

Lenticulation │（透鏡光柵）立體成像
印製圖片的特殊方式，當觀者從不同位置觀看時，圖片中的物件會呈現立體的影像。

Letterform │字體
手寫或鑄造字的形貌。

Letterpress │凸版印刷
圖文印刷的初始形態，通常使用金屬或木製活字與鉛版。

Linocut │麻膠雕版
凸版印刷技法之一，在亞麻油氈版塊上刻出反向圖案製成印版。

Modernist grid │現代派網格
網格體系之一，將行文區域劃分成若干面積相等的圖格。網格皆根據基線推演而來。欄位間隔的距離通常會與圖格之間的距離相符。

Modular scales │模矩級數
依據某種比例關係的級數階層，如費氏數列。

Moiré pattern │錯網花紋
當兩片（或兩片以上）網屏重疊在一起產生的漩渦狀或環圈狀花紋。由於這種現象會干擾圖像，通常都該極力避免；但如果運用巧妙，也可以利用它營造出特殊的視覺效果。

Octavo（寫成8vo）│八開
一張全開紙連續對摺三次，形成八葉共十六頁的摺帖之大小。

Orthographic drawing │正投影製圖
製圖法之一，依相同比例，以方正垂直視角描繪立體物件的各個面。

Overprinting │疊印
將某顏色印到另一種顏色之上，須動用兩塊以上的印版。

Ozalid │奧澤利曬圖機
可在塗布重氮化合物（diazo compounds）的紙張上曬製乾式樣稿的機具。

Page │頁
每張書葉的一個單面。

Pantone matching system │彩通配色系統
商品名，收錄上千種顏色（包括粉色與金屬色）的印墨樣本，可用以對應特別色與CMYK四色之間的轉換。

Parchment │羊皮紙
以攤平的羊皮做成的書寫材料；英文另一同義字為vellum。

Pastedown │接封襯頁
黏貼在封皮硬板內側的半邊環襯／蝴蝶頁。

Photoetching │照相蝕刻
製版技法之一，在金屬片上無圖案部位的表面塗布防腐蝕材料，再把版片泡入強酸溶液內，裸露的金屬表面受到腐蝕，形成凹陷的圖形。

Pica │派卡
量測字級的單位，一派卡等於十二點。

Pictogram │象形符號
以圖案代表具體的人事物；圖像化的名詞。

Pilcrow │分段標（¶）
（可能起源自中世紀的）圖案符號，代表重新開始一段接續的文意；分別段落的記號。

Planographic printing │平版印刷
印墨塗布在印版表面，讓紙張平覆於上的印刷方式。

Quadtones │四色調
分別用四片半色調網屏，以特別色加以印製的圖片。

Quarto（寫成4to）│四開
一張全開紙連續對摺兩次，形成四葉共八頁的摺帖之大小。

Recto │1 正面／2 右頁
1 紙張或書頁的前面。
2 跨頁的右手頁。

Registration │ 定位／套準

進行印刷時確認所有色墨都能準確印在正確位置的工序。

Relief printing │ 凸版印刷

印刷技法之一，先將印墨沾附於印版凸起部位，再轉印到紙面。

RGB

色光三原色：紅、綠、藍的簡寫；運用電腦與電視螢幕的色彩顯示。

Roman numerals │ 羅馬數字

經常當做書籍前附頁面的頁碼數字：i / I = 1, ii / II = 2, iii / III = 3, iv / IV = 4, v / V = 5, vi / VI = 6, vii / VII = 7, viii / VIII = 8, ix / IX = 9, x / X = 10, xi / XI = 11,……l / L = 50, c / C = 100。〔D = 500, M = 1000。〕

Rubric │ 紅色文前首字母

往昔在內文印製完成之後再逐一以手工用朱墨色描繪的首字母。現代書籍章節、文段起首的佔行、加大字級的首字母，如果是以其他顏色印製，也可以稱為「rubric」。

Scatter proofs │ 散樣

自各印帖中隨機抽印出樣稿，供檢驗圖片、墨色的印製品質之用。

Shoulder-notes │ 旁註

行文中的註解排列於書頁的切口餘白處。

Show-through │ 透印／透背／過影

紙頁上的印墨透到背面。由於這種現象會干擾正常行文和圖片，通常都會極力避免；但亦可巧妙運用，讓書頁呈現某種景深效果。

Side story │ 邊欄

有別於內容主體的獨立行文，置於欄位旁，提供內文提及事物之參考、對照。

Signature │ 印帖／摺帖

印張經摺疊、切齊後的狀態；集合數個摺帖，便湊成一本書的書頁。單一摺帖包含的頁數必定是 2、4、8、16、32、64 或 128 頁。〔依序為全開、對開、四開、八開、十六開、三十二開，與六十四開。〕

Source-notes │ 參引註解

註記某段內容的來源；可以用腳註、旁註、尾註或章末註的方式處理。

Stencil printing │ 孔版印刷

使用型版或模版的印刷方式，油墨通過版片時，部分被實心部位阻擋，部分則可透過版片上的鏤空部位印到紙面上。

Storyboard │ 情節串流圖板

逐頁繪出版面草圖，可對全書流程一目了然。

Superprint │ 同色疊印

在某個顏色區域內，疊印上不同濃淡的同一種顏色。

Swatchbook │ 紙樣／色樣／色票本

由廠商製作，實際收錄各種紙張、紙板或印墨色彩的樣本冊子。

Throwout │ 拉頁

沿著前切口或上切口摺進書中的延長紙頁，翻開時可同時展示許多不同頁面。

Tipping in │ 植貼

在書中貼進其他紙質資料。〔通常是另版印製的插圖、地圖或表格。〕

Trapping │ 補漏白

設定較淡顏色區域些微增量，讓後印的較暗顏色有少許疊印餘裕，兩個顏色之間的接壤邊緣便不會出現空白。

Tritones │ 三色調

分別用三片半色調網屏，以三種特別色印製的圖片。

Tummy band │ 書腰帶

環護書籍的狹長帶狀紙條。

Verso │ **1** 反面／**2** 左頁

1 紙張或書頁的背面。

2 跨頁的左手頁。

Wet proofs │ 濕打樣

用印刷機具印製的樣稿。

Woodcut │ 木刻

凸版印刷的技法之一，須在木板上以相反方向刻出圖像或文字。

Wrong-reading │ 反植

書上或印版上因植字失誤，造成字面呈現方向相反（鏡射）。

X-height │ X 高

小寫字母主體的高度，以該字體的小寫 x 之基線到字面上緣為基準。

中英索引 （粗體字頁數代表圖說）

中英索引

附錄

英中索引 （粗體字頁數代表圖說）

圖片出處（數字代表頁碼）

7 British Library
10t Bridgeman Art Library/Giraudon/Louvre
10b British Library
11t Bridgeman Art Library/Private Collection, Archives Charmet
11b Chinese Communist Party, Author's Collection
24 Francis Boutle Publishers, London
25 Master of Arts Communication Design (MACD) Central Saint Martins College of Art & Design
26 Booth-Clibborn Editions, London
27 Two-Can Publishing, London
40t Graeme Murray & Fabian Carlsson, Ediburgh & London
40bl Scalo, Zurich
40br Lemniscaat, The Netherlands
41t Tango Books, London
41b Booth-Clibborn Editions, London
53 University of California Press
54, 55t Verlag Niggli Ag, Switzerland
55b Lars Müller Publishers, Switzerland
61 Royal Automobile Club
66 ©Harper Collins, London
68 Éditions du Rouergue, France
71 Church House Publishing, London
85 Lowry Press, Manchester
95 Bridgeman Art Library/The Stapleton Collection
96 Verlag Niggli Ag, Switzerland
97 Chronicle Books, California
102l Ocho Y Medio, Libros De Cine, Spain
102r Index Book, Spain
103l Laurence King Publishing Ltd
103r, 104l Lowry Press, Manchester
104r Index Book, Spain
105l Two-Can Publishing, London
107 Genehmigte Lizenzausgabe für Unipart Verlag GMBH, Remseck bei Stuttgart, 1995
109 Conferenza Episcopale Italiana CEI-UELCI, Fondazione di Religione 'Santi Francesco d' Assisi e Caterina da Siena' Roma 2004
111 Frederick Warne (Publishers) Ltd
112t Danish edition, 2000©Lindhardt of Ringhof A/S, Denmark
112b Brown, Sons & Fergusen Ltd. Glasgow
113t Collins Publishers, London
116 Drive Publications Ltd for the Automobile Association
118c Penguin Group UK
118b Gustavo Gili S.A.
119 Two-Can Publishing, London
120 Macmillan Ltd
121 ©Harper Collins, London
122 Collins Publishers, London
124t Macdonald and Jane's, London
127t Hatje Cantz Verlag, Germany
127b ©Hermann Bollmann, New York
128 ©Haynes Publishing 1999
131 Chronicle Books, California

132t ©2006 The Lego Group
132b Demetra, Italy
133t ©Ladybird Books, Ltd
134 Dorling Kindersley Ltd
136 Drive Publications Ltd for the Automobile Association
137 MACD Central Saint Martins College of Art & Design
138 J.R. Group
139 MACD Central Saint Martins College of Art & Design
142 Storyboard by the author, book published by Two-Can Publishing, London
148b D.A.P./Distributed Art Publishers, Inc
149 Jonathan Cape, London
150 Phaidon Press
153, 154t, 154c MACD Central Saint Martins College of Art & Design
154b Centraal Museum, Utrecht
155 Dries van Noten
155b Uitgeverij 010 Publishers, The Netherlands
156t Heinemann Publishing
156bl ©2005 Rcs Libri S.P.A., Milano
156br Media Vaca, Spain
157tl E.P. Dutton & Co. Inc., New York
157tr Éditions Gallimard, Paris
157b Chronicle Books, California
158b Harry N Abrams Inc
159 Aktok, London 1991
162-165 Penguin Group UK
166tl ©1999 bei Droemersche Verlagsanstalt Th. Knaur Nachf. München
166tr Templum, Skopje
166bl Deutscher Taschenbuch Verlag GMBH & Co. KG, München
166br Rowohlt Tashenbuch Verlag
167tl Fischer Taschenbuch Verlag
167tr, 167br DeBols!llo/Random House Mondadori
167bl Random House Mondadori
168tl Wydawnictwo Dolnoslaskie Spólka
168tr Giulio Einaudi editore s.p.a., Torino
168bl Livre de Poche
168br Rosman Publishing, Moscow
170tl Chronicle Books, California
170bl Verlag Niggli Ag, Switzerland
170br Lars Müller Publishing
173 Argo/Suhrkamp Verlag, Frankfurt am Main
175 Haymarket Publishing
177t Ediciones Paidós Ibérica, S.A., Spain
177b ©1991 Bundesamt für Landestopographie 3084 Wabern
180 Chronicle Books, California
185 ©1938-1942 by confraternity o the Precious Blood
189 Lorre & Brydone Printers, London
201 Jonathan Cape, London
208tl Gordon Davey, Brighton University
208tr Simon & Schuster Inc
208b MACD Central Saint Martins College of Art & Design

209t PRC Publishing London/Grange Books PLC
211t St. Bride Printing Library
211b Private Collection
220, 221 Wyvern Bindery, London
222l M Project
222r Booth-Clibborn Editions, London
225 Laurence King Publishing Ltd
227c, 227r MACD Central Saint Martins College of Art & Design
229 Booth-Clibborn Editions, London
230t Chronicle Books, California
231tl Laurence King Publishing Ltd
231tr Royal College of Art, London
231bl Princeton Architectural Press
231br Phaidon Press
232 Laurence King Publishing Ltd
235tl Lucy Choules
235bl Royal College of Art, London
237t, 237tc MACD Central Saint Martins College of Art & Design
237b Phaidon Press
238 Uitgeverij de Arbeiderspers, Amsterdam
240 University of Chicago Press
上表未列出者皆為作者提供

致謝

感謝往昔與現在的許許多多學生與同儕於無心之間促成了這本書。感謝中央聖馬汀藝術設計學院（Central Saint Martins College of Art & Design）傳播設計研究所（MA Communication Design）的同學慨允我在書中收錄他們的裝幀作品；感謝所內教職員的襄助，特別是：Danny Alexander、Andrew Foster、John Ingledew、Sadna Jaine、Val Palmer、Gary Powell、Ros Streeton 與 Mike Smith 等幾位。感謝 Wendy Baker、Blue Baker-Haslam 與 Blaise Baker-Haslam、倫敦印刷學院（London College of Printing）的 Karl Henry 與 Ian Noble 於本書撰寫過程中給予鼓勵；還有其他幾位人士給予我特別的協助：聖馬汀學院的圖書館長 Pat Dibben、家兄 Martin Haslam、出借教會禮拜用書的 Helen Matthews 院長、Andew Boag、聖馬汀學院的活版印刷技師 Nick Nienham、聖馬汀學院的 Ollie Olsen 與 Malcolm Parker 提供多件印刷成品、於第四部中實地演示書籍裝訂工序的 Wyvern，以及 Phil Baines 同意我在〈附錄〉中援用我們合作的《植字與排版術》一書既有的內容，特此致謝。感謝 Danny Alexander、Martin Slivka 一前一後完成本書的攝影工作；誠摯感謝 Laurence King 出版公司協助本書編製工作的同仁：特約編輯 Jo Lightfoot、企劃編輯 Anne Townley、文稿編輯 Nicola Hodgson，並向付出過人耐心並給予龐大支持的資深編輯 Emily Asquith 與圖片查找暨徵用事務專員 Peter Kent 致以謝忱。

題獻

謹將本書獻給來不及看到這本書完成卻賦予甚多啟迪、生前逢書店必逛的先父——彼得·哈斯蘭（1938年4月14日—2005年2月28日）。

書設計【長銷15年經典版】（原書名：書設計）

入行必備權威聖經，編輯、設計、印刷、風格全事典

作　　　者　安德魯・哈斯蘭（Andrew Haslam）
譯　　　者　陳建銘
封面設計　蔡南昇、白日設計（二版調整）
美術設計　吉松薛爾
執行編輯　吳莉君

行銷企劃　王綬晨、邱紹溢、蔡佳妘
總 編 輯　葛雅茜
發 行 人　蘇拾平
出　　　版　原點出版 Uni-Books
　　　　　　Facebook: Uni-Books 原點出版
　　　　　　Email: uni-books@andbooks.com.tw
　　　　　　台北市 105 松山區復興北路 333 號 11 樓之 4
　　　　　　電話：（02）2718-2001　傳真：（02）2718-1258
發　　　行　大雁文化事業股份有限公司
　　　　　　台北市 105 松山區復興北路 333 號 11 樓之 4
　　　　　　24 小時傳真服務（02）2718-1258
　　　　　　讀者服務信箱 Email: andbooks@andbooks.com.tw
　　　　　　劃撥帳號：19983379
　　　　　　戶名：大雁文化事業股份有限公司

初版一刷　2014 年 01 月
二版一刷　2023 年 03 月
定價　　　699 元
ISBN　　　978-626-7084-85-4（平裝）

大雁出版基地官網：www.andbooks.com.tw

Book Design
Text © 2006 Andrew Haslam
This book was produced and published in 2006 by Laurence King Publishing Ltd., London.
Complex Chinese translation copyright © 2009 by Uni-books, a division of AND Publishing Ltd.
ALL RIGHTS RESERVED

國家圖書館出版品預行編目資料

書設計：入行必備權威聖經，編輯、設計、印刷、風格全事
典 / 安德魯・哈斯蘭（Andrew Haslam）著；陳建銘 譯 . ─ 二
版 . ─ 臺北市：原點出版：大雁文化發行，2023.3
264 面；21 × 25 公分 譯自：Book Design
ISBN 978-626-7084-85-4（平裝）
1. 印刷 2. 設計 3. 圖書加工 4. 圖書裝訂

477　　　　　　　　　　　　　　　　112001104